SCHUBERT,
HOLZSCHLIFF-FABRIKATION

DRITTE AUFLAGE

WERKE FÜR DIE PAPIERFABRIKATION

VON

MAX SCHUBERT

WEIL. FABRIKDIREKTOR a. D.
PROFESSOR AN DER HOCHSCHULE ZU DRESDEN

★

HERAUSGEGEBEN VON

DR.-ING. E. H. ERNST MÜLLER

GEHEIMER HOFRAT
ORD. PROFESSOR AN DER TECHNISCHEN HOCHSCHULE ZU DRESDEN
WISSENSCHAFTLICHER LEITER DES DEUTSCHEN FORSCHUNGS-INSTITUTES FÜR TEXTILINDUSTRIE IN DRESDEN

★

1. DIE PRAXIS DER PAPIERFABRIKATION
2. DIE ZELLULOSE-FABRIKATION
3. DIE HOLZSCHLIFF-FABRIKATION

VERLAG VON M. KRAYN / BERLIN W 10

DIE HOLZSCHLIFF-FABRIKATION

UNTER BERÜCKSICHTIGUNG DER NEUESTEN ERFAHRUNGEN UND FORTSCHRITTE VOM TECHNISCHEN UND WIRTSCHAFTLICHEN STANDPUNKTE AUS

VON

MAX SCHUBERT

WEIL. FABRIKDIREKTOR a. D. UND PROFESSOR AN DER TECHNISCHEN HOCHSCHULE ZU DRESDEN

★

MIT 103 ILLUSTRATIONEN

★

DRITTE VERMEHRTE UND VERBESSERTE AUFLAGE

VON

ING. FRITZ HOYER, CÖTHEN (ANH.)

VERLAG VON M. KRAYN / BERLIN W 10

1925

DRUCK VON SIEGFRIED SCHOLEM, BERLIN-SCHÖNEBERG

VORWORT ZUR DRITTEN AUFLAGE

Trotzdem die zweite Auflage des vorliegenden Werkes schon seit geraumer Zeit vergriffen ist, konnte erst jetzt daran gedacht werden, eine dritte Auflage zu bearbeiten. Die schweren Jahre, die unser deutsches Volk hinter sich hat, haben auch hier ihren hemmenden Einfluß ausgeübt, zugleich aber auch einen befruchtenden Einfluß gerade auf die Holzstoffindustrie gehabt, die sich in den letzten Jahren wider Erwarten entwickelt hat.

In den letzten Jahren sind auf diesem Gebiete so grundlegende Veränderungen getroffen worden, daß eine vollkommene Neubearbeitung des ganzen Stoffes erforderlich wurde. Alles Nebensächliche und Veraltete mußte wegfallen, um Raum für die unendlich vielen Neuerungen zu schaffen, die doch in erster Linie den Leser des Buches interessieren.

Selbstverständlich war es auch nicht möglich, auf die einzelnen Konstruktionen der verschiedenen Fabriken näher einzugehen, das konnte nur da geschehen, wo eine Bauart einen typischen Vertreter einer Maschinengattung darstellt, wie z. B. bei den Magazinschleifern, bei den stetigen Schleifern, bei allen anderen Maschinen mußte es genügen, die Grundzüge klarzulegen.

Besonderer Wert wurde auch darauf gelegt, neuere Arbeitsverfahren zu beschreiben, die für die Zukunft der ganzen Holzschlifferzeugung zweifellos von einschneidender Bedeutung sein werden. Es sei da in der Hauptsache an die neueren Quetschverfahren zur Herstellung von Stoff aus Holz auf mechanischem Wege ohne eigentliche Schleifverfahren erinnert, sowie an Verfahren, die eine Vervollkommnung der Braunholzstoffgewinnung bedeuten und die Möglichkeit geben, auf einem ähnlichen Wege einen hellen Stoff herzustellen. Auch die Verwertung von Abfallholz wird in Zukunft eine größere Rolle spielen müssen, deshalb wurden die geeigneten Verfahren und Wege dazu ebenfalls in ausführlicher Weise behandelt.

Weggelassen wurde dagegen der in der zweiten Auflage hinzugefügte Abschnitt über den Wert der Wasserkräfte. Der Grund dafür ist darin zu suchen, daß man leicht geneigt ist, den Wert einer Wasserkraft falsch einzuschätzen oder ihn gar zu überschätzen. Auch läßt sich der Wert einer Wasserkraft durchaus nicht einwandfrei auf Grund allgemeiner Regeln feststellen. Die Wasserkraft spielt heute auch bei weitem keine so große Rolle mehr in der Holzschleiferei wie in früheren Zeiten, wo man der Ansicht war, daß nur eine Wasserschleiferei wettbewerbsfähig sein könne.

Zum Schlusse sei noch allen denjenigen Firmen gedankt, welche die Arbeit durch Hergabe von Material oder durch leihweise Ueberlassung von Bildstöcken unterstützten.

Möge auch diese dritte Auflage ihren Zweck erfüllen und sich unter den Fachgenossen viele Freunde erwerben.

Cöthen (Anh.), im Juli 1924

FRITZ HOYER, Ing.

DAS HOLZ

Für den Papiermacher sind bestimmend für den Wert einer Holzart die Eigenschaften, welche seine Fasern besitzen. Allerdings spielt ja auch der Verwendungszweck eine große Rolle, je nachdem, ob es sich um Holz zur Zellstoffabrikation oder um Holz zur Herstellung von Holzschliff handelt. Man kann ja wohl im großen und ganzen sagen, daß Zelluloseholz mit gleichem Vorteil auch zu Schleifholz verwendet werden kann, aber nicht umgekehrt. In allen Fällen haben aber die Holzart, der Standort, also die Bodenart, auf der das Holz gewachsen ist, und das Klima einen großen Einfluß. Auch die einzelnen Teile des Baumes sind sehr unterschiedlich in ihrer Eignung. Diese Eigenschaften schwanken sogar bei den einzelnen Teilen des Stammes, also ob äußere oder innere, ältere oder jüngere, den Aesten und den Zweigen, besonders aber bei den Astansatzstellen, die meistens ganz wertlos sind, da sie sich entweder gar nicht oder nur unvollkommen schleifen lassen und dann auch einen unreinen Stoff ergeben. Auf alle diese Eigenschaften hat ganz besonders der Wuchs des Baumes einen Einfluß.

Am wertvollsten würden also die schlanken Teile der dickeren Stämme sein, doch kommen diese meistens als Nutzholz zur Verwendung. Am besten geeignet ist 10—25 cm starkes Stammholz, das nur wenig Astansätze besitzt. Verkrüppelte Aeste und Stämme eignen sich weniger zur Holzschlifferzeugung, da sie sich durch die üblichen Verfahren nicht so in ihre Fasern zerlegen lassen, daß man einen brauchbaren Stoff erzielen könnte. Auch bei den sonst schlank gewachsenen Stämmen finden sich mitunter beträchtliche Verschiedenheiten in der Härte des Holzes, die sich aus dem Wachstum erklären. Besonders bei den Nadelhölzern finden sich oft sehr harte Kerne, die sich durch ungewöhnliche Ablagerungen von Harz und Fettstoffen bilden. Solches Holz sollte zur Holzschlifferzeugung nicht verwendet werden, da es seiner Aufschließung große Hindernisse entgegensetzt.

Auch die durch die Jahresringe bedingten Wachstumperioden beeinflussen die Art und die Bildung der Fasern. Das Wachstum, das bei unseren Bäumen bekanntlich durch den Winter unterbrochen wird, zeigt das periodische Fortwachsen des Holzringes durch bestimmte Grenzen, die man als Jahresringe bezeichnet. Diese Grenzen werden durch die verschiedene Weise der Ausbildung der Zellen des Holzkörpers hervorgerufen. Sobald im Frühjahr die Vegetation beginnt, erwacht auch die Tätigkeit des Verdickungsringes, es bilden sich nach innen neue Holz- und Gefäßzellen, nach außen neue Rindenzellen. Die im Frühling entstandenen Holzzellen unserer Nadelhölzer sind weit und schwach verdickt, der Baum verbraucht um diese Zeit den größten Teil seiner Säfte für die Ausbildung seiner neuen Triebe und seiner Blätter. Je mehr sich die letzteren ihrer völligen Ausbildung nähern, um so mehr verdicken sich später, etwa im Anfang des Sommers, die entstehenden Zellen. Wenn der Trieb des Jahres entwickelt ist, dann werden die Holzzellen, die der Verdickungsring von nun an bildet, immer enger, sie erscheinen jetzt tafelförmig, ihre Wandung wird immer stärker verdickt, bis zuletzt im Spätherbst die Vegetation, wie es scheint, ganz erlischt, um im kommenden Frühjahr von neuem zu beginnen. Auf die letzte Reihe der Herbstzellen folgt daher immer die erste Reihe der Frühjahrszellen, daher die scharfe, schon mit dem bloßen Auge erkennbare Grenze der Jahresringe eines Nadelholzbaumes. Die Herbstzellen der meisten Bäume erscheinen mit bloßem Auge betrachtet, ihrer verdickten Wände halber dunkler gefärbt, während die Frühjahrszellen weiter und lufterfüllt sind, und eine weißere Färbung haben.

An den Jahresringen erkennt man das Alter eines Baumes, man kann aber daraus auch seine Lebensgeschichte lesen und feststellen, wie er in dem einen oder dem anderen Jahre gewachsen ist. Man erkennt, ob das Wachstum in dem einen Jahre mehr an der einen oder an der anderen Seite stattgefunden hat, man kann auch aus diesen Eigenschaften des Holzringes auf bestimmte Verhältnisse, welche sie herbeiführen mußten, schließen. Bäume, die frei stehen, entwickeln in der Regel starke Aeste und Zweige, das Höhenwachstum bleibt beschränkt, der Stamm verdickt sich mehr. Die Jahresringe des Holzes sind in diesem Falle breiter, das Frühjahrsholz herrscht vor. Stellt man eine Fichte oder eine Tanne von der einen Seite frei, während die andere Seite im enggeschlossenen Bestande bleibt, d. h. von anderen Bäumen gleicher Höhe umgeben ist, so wird vorzugsweise die freie Seite neue Zweige bilden, infolgedessen wird auch der Holzring der freien Seite breiter ausfallen, es wird auch hier mehr Frühjahrsholz gebildet. Wenn ein gefällter Stamm nach einer Anzahl sehr schmaler Jahresringe mit einemmale viel breitere zeigt, so ist anzunehmen, daß der Baum, der anfangs im enggeschlossenen Bestand gestanden hat, plötzlich ringsum durch das Fällen der anderen Bäume freigestellt wurde. Die Krone konnte sich in diesem Falle mehr ausbreiten. Sind die

Jahresringe an einer Stelle breiter als an der anderen, so ist für die Seite der breiteren Holzlagen in der Regel ein lichterer Stand anzunehmen. Bäume, die am Abhange eines Berges stehen, entwickeln nach der freien Seite hin mehr Zweige und deshalb gleichfalls stärkere Holzlagen.

Das Holz der breiteren Jahresringe ist, weil es mehr Frühjahrsholz enthält, natürlich leichter als das Holz der schmalen Jahresringe, obschon das Verhältnis des Frühjahrsholzes zum Herbstholz so ziemlich das gleiche ist. Wo es darauf ankommt, ein recht festes Holz zu erzielen, beschränkt man deshalb das Wachstum der Jahresringe; man erreicht das durch den Betrieb des geschlossenen Bestandes. Die Masse des Holzes gewinnt dadurch in der Breite keineswegs, wohl aber in der Härte und somit an Wert. Das ist auch von Bedeutung für die Holzschleiferei. Besonders werden diese Eigenschaften auch durch die klimatischen Verhältnisse beeinflußt, indem sich bei den Nadelhölzern, die in wärmeren Gegenden gewachsen sind, mehr Sommerfasern finden, als bei den in kälteren Gegenden gewachsenen, bei denen die Winterfasern überwiegen. Daraus erklärt sich auch, daß das Holz der nordischen Gegenden oder aus höheren Gebirgslagen als Schleifholz in den meisten Fällen zu bevorzugen sein wird.

Die Sommerfasern haben eine durchschnittliche Länge von 3,5 bis 4,5 mm, eine Breite von 0,03 bis 0,06 mm und eine Wandstärke von 0,002 bis 0,003 mm; hingegen werden die Winterfasern nur 2,5 bis 3,5 mm lang, 0,015 bis 0,030 mm breit und haben 0,005 bis 0,008 mm Wandstärke.

Das Durchschnittsgewicht der einzelnen Holzarten beträgt im lufttrockenen Zustande auf den Festmeter: Aspe (Populus tremula) 750 kg, Birke (Betula alba) 690 kg, Buche (Fagus silvatica) 740 kg, Eiche (Quercus) 860 kg, Erle (Alnus) 530 kg, Lärche (Larix europeae) 620 kg, Linde (Tilia) 510 kg, Pappel (Popolus alba) 510 kg, Tanne (Abies pektinata) 480 kg, Weide (Salix) 510 kg, Fichte (Pinus excelsa) 470 kg und Kiefer (Pinus sylvestris) 550 kg.

Der Aschegehalt der Hölzer auf das Lufttrockengewicht bezogen ist durchschnittlich: Fichte 0,54 v. H., Kiefer 9,56 v. H., Tanne 0,48 v. H., Aspe 0,56 v. H., Birke 0,53 v. H., Linde 0,75 v. H., Weide 0,43 v. H., Rotbuche 0,61 v. H.

Beim Laubholz zeigt sich oft eine Aehnlichkeit der Bastfasern mit den Winterfasern des Nadelholzes, sie sind aber meist noch kürzer und zeichnen sich durch große Geschmeidigkeit aus. Die

Fasern werden selten über 3 mm lang, oft nur 0,5 mm, die Breite beträgt bis zu 0,25 mm, die Wandstärke ist etwas größer als bei den Winterfasern des Nadelholzes. Zur Holzschlifferzeugung sind die Laubhölzer aber nur in sehr beschränktem Maße verwendbar, eigentlich kommt nur die Aspe in Frage.

Da die Kenntnis der einzelnen Holzarten von größter Wichtigkeit für die Erzeugung eines guten Holzschliffes ist, so sollen hier kurz die hauptsächlichsten Eigenschaften der in Frage kommenden Hölzer besprochen werden.

Die Fichte (Pinus excelsa), auch gemeine Fichte, Tanne, Schwarztanne und Rottanne genannt, hat fast vierkantige, stachelspitzige Nadeln und findet sich in ganz Deutschland. Sie bildet, ohne in den Tiefländern ausgeschlossen zu sein, in allen deutschen Gebirgen den Hauptbestand des Nadelholzes und ist der Hauptgegenstand der Forstkultur. In ihren oberen Grenzen bezeichnet sie überall in zwerghaften Krüppelformen die Baumgrenze. Wenn sie in reinen Beständen gezogen wird, hat sie bei zusagendem Boden die größte Holzerzeugung von allen Nadelhölzern. Sie verlangt ein nicht zu warmes Klima und erreicht eine Höhe bis zu sechzig Metern. Das Alter ist sehr verschieden, kann aber unter günstigen Bedingungen sehr hoch werden.

Die Fichte hat keinen so astreinen Stamm, wie z. B. die Kiefer, da die Ansätze der Aeste nicht so rein ausfaulen, denn das Holz der Fichtenäste ist sehr dauerhaft und von ganz anderer Beschaffenheit wie das des Stammes. Im trockenen Zustande kann das Fichtenholz so hart werden, daß eine Bearbeitung mit Beilen und Messern kaum möglich ist; solches Holz ist dann zur Holzschlifferzeugung nicht geeignet, da es einen viel zu hohen Kraftverbrauch verlangt, ohne eine gute Ausbeute an brauchbarem Stoff zu ergeben.

Die Kultur der Fichte ist nun nicht so einfach, wie z. B. die der Kiefer, da die Pflanzen namentlich in jungen Jahren vielen Gefahren ausgesetzt sind. Besonders anhaltende Trockenheit kann große Schonungen vernichten, da die Wurzeln nicht sehr tief gehen. Im Alter von 30 bis 50 Jahren werden die Fichtenbestände leicht durch Wind- und Schneebruch vernichtet, ganz besonders aber ist sie den Angriffen zahlreicher Insekten ausgesetzt, die natürlich zum Teil den Wert des Holzes wesentlich herabmindern.

Die Säfte der Fichte sind nicht so sehr reich an Harzen, das Holz hat auch keine Harzgallen, deshalb fault auch das lange bloßgelegte und den Einflüssen der Witterung ausgesetzte Holz bald ein. Das Benagen von Wild und das Scharren von Harz sind daher der Fichte nicht zuträglich.

Die Farbe des Fichtenholzschliffes ist hellgelb und unterliegt bei sachgemäßer Lagerung keiner Veränderung. Die Faser ist ziemlich lang und fein, da das Fichtenholz unter allen Nadelhölzern das dichteste ist. Die Ausbeute beim Schleifen ist gut, da das Holz harzarm und daher weich ist. Das Fichtenholz bildet daher auch den größten Anteil an den verarbeiteten Schleifholzmengen.

Die Kiefer oder Föhre (Pinus sylvestris), auch als Kienbaum bezeichnet, besitzt in Deutschland unter allen Nadelbäumen die größte Verbreitung, da sie sich sowohl in den südlichen wie in den nördlichen Gegenden findet, außer im Hochgebirge. Man kann sie daher auch als das Nadelholz der Niederung bezeichnen. In südeuropäischen Ländern nimmt sie die kennzeichnende Form der Pinie an (Pinus piniae). Ihr Alter, ihre Größe und vor allen Dingen die Beschaffenheit des Holzes hängen sehr von dem Klima ab. Im hohen Norden, besonders auch in Rußland und Polen, erreicht sie ein sehr hohes Alter und erzeugt ein wertvolles Holz mit engen Jahresringen. Sie ist also langsamwüchsig. In Süddeutschland wird sie kaum über 80 Jahre alt und liefert ein Holz, das mit dem in kälteren Gegenden gewachsenen kaum noch eine Aehnlichkeit hat.

Die Kiefer bildet keine großen Astmengen, die Aeste sind ziemlich kurz aber sehr krumm und auch meistens nicht sehr stark. Die Nadeln übertreffen alle anderen an Länge. Die Kiefer reinigt sich bis zu einer gewissen Höhe selbsttätig von den Aesten, da deren Ansätze absterben und ausfallen, wenn sie noch ziemlich jung sind, so daß in den meisten Fällen der untere Teil eines Kiefernstammes ganz rein von Aesten ist. Bei Kiefern, die auf sandigem und lehmigen Boden gewachsen sind, der ihrem Wachstum am meisten zusagt, dehnt sich diese Astreinheit bis zu etwa neun Metern Höhe aus. Das Holz der Kiefer ist harzreicher als das aller anderen einheimischen Nadelhölzer. Je älter das Holz wird, desto mehr tritt diese Eigenschaft auf, da sich mit zunehmendem Alter fortwährend harzige Bestandteile des Saftes in den Zellen ablagern. Infolge dieses hohen Harzgehaltes neigt das Kiefernholz auch viel weniger zur Fäulnis.

Die Faser der Kiefer ist an und für sich nicht sehr grob und hat einen rötlich-gelblichen Schein. Das Holz läßt sich wohl gut schleifen, da vor allen Dingen auch die Aeste nicht sehr hart sind, doch macht sich besonders bei älteren Bäumen der hohe Harzgehalt oft recht störend bemerkbar. Ihre hauptsächlichste Verwendung findet sie daher in der Braunholzschleiferei, bei der der Harzgehalt durch das Dämpfen oder Kochen entfernt wird. Auch bei geflößten Kiefern oder bei solchen, die längere Zeit im Wasser gelegen haben, vermindert sich der Harzgehalt und verschwindet oft ganz, da das Holz ausgelaugt wird (siehe auch Seite 19).

Die Kiefer ist sehr raschwüchsig. Die Farbe des Holzes und damit des daraus hergestellten Holzschliffes ist etwas dunkler wie bei der Fichte und auch bei der Tanne, die Farbe verändert sich aber beim Lagern kaum.

Die Tanne (Abies pektinata), auch als Edeltanne, Pechtanne, Weißtanne bezeichnet hat breite und flache Nadeln. Die Tanne kommt besonders in den Gebirgswäldern Deutschlands unter anderen Nadelhölzern eingesprengt vor und bildet im Schwarzwald, im Riesengebirge, im Glatzer Gebirge und in den mit dem Thüringer Walde zusammenhängenden Gebirgszügen zusammenhängende Bestände. Die nördlichste Grenze bildet der Ostharz. In einer Höhe über 500 m gedeiht sie nicht mehr.

Das Holz der Tanne ist sehr harzarm, fast harzfrei. Die Stammbildung ist sehr regelmäßig und bis zu einer großen Höhe astrein. Die Rinde ist glatt und weißlich, nur bei älteren Bäumen aufgesprungen. Die Tanne erreicht ein sehr hohes Alter und eine große Höhe bis zu 50 m. Sie wird aber leicht von der Kernfäule betroffen.

Das Holz hat eine hellgelbe Färbung, ähnlich der der Fichte, die Faser ist aber gröber. Die Farbe des Holzschliffes ist ebenfalls hellgelb, fast noch heller wie bei der Fichte, verändert sich aber beim Lagern leicht in schmutziggrau, so daß der Stoff unansehnlich wird. Zum Schleifen wird das Holz rein fast gar nicht verwendet, sondern nur gemischt mit Kiefern.

Die Lärche (Larix europeae, Pinus larix), auch gemeine Lärchentanne genannt, besitzt einzeln oder büschlig zusammenstehende Nadeln, die alle Jahre abfallen. Ihr Hauptvorkommen beschränkt sich auf Nordrußland, die Alpen und Deutschland in gleicher Höhe mit der Fichte und besonders in deren oberer Grenze mit dieser die Baumgrenze bildend. Im Tieflande kultiviert man die Lärche, die sehr raschwüchsig ist und deshalb sehr viel angebaut wird. Wirklich heimisch ist sie in Mitteleuropa aber nur im Riesengebirge, in den Karpathen, in Vorarlberg, in den bayerischen und österreichischen Alpen und im Taunus.

Das Holz ist sehr astreich und weniger der Beschädigung durch Insekten ausgesetzt, weil sich in ihm, besonders aber im Alter, sehr viel Harz, ähnlich wie bei der Kiefer, ablagert. Die Faser des Holzes kann nicht als grob bezeichnet werden, ist aber von matterer, dunklerer Färbung wie bei der Kiefer. Die Lärche wird zur Papierstofferzeugung kaum verwendet, da auch die Bestände nicht sehr groß sind und ihr Wert für andere Zwecke höher ist.

Die Lärche kann sich nur in einem Klima, dessen mittlere Jahrestemperatur nicht über 3—4° Wärme beträgt, zu einem starken Baum entwickeln, mit zunehmender Wärme wird das Holz schlechter. Das wertvollste Holz liefert sie in den rauhen Gegenden der deutschen Mittelgebirge. Während sie unter günstigen Verhältnissen ein hohes Alter erreichen kann, wird sie auf dem Sandboden der Ebene nicht über 40 Jahre alt.

Die Aspe (Populus tremula), auch Espe oder Zitterpappel genannt, ist dasjenige Laubholz, welches vorwiegend zur Papierstofferzeugung in Frage kommt. Die Aspe zeichnet sich durch Schnellwüchsigkeit und Anspruchslosigkeit an den Boden aus. Sie ist in ganz Deutschland verbreitet, findet sich aber im Norden häufiger als im Süden. Das hat seinen Grund darin, daß sie eigentlich ein Niederungsbaum ist, da sie in erster Linie angeschwemmten Boden bevorzugt. In höheren Gebirgsregionen sind die Lebensbedingungen nicht günstig, denn wenn sie auch das Klima verträgt, so wird sie doch von den einheimischen Nadelhölzern sehr bald unterdrückt.

Je nach der Beschaffenheit des Bodens wird sie bis zu 20 m hoch und weist einen schönen, astreinen, walzenförmigen Stamm auf. Ihr Alter wird nicht hoch und nimmt in wärmerem Klima ab und in kälterem zu. Die Rinde ist nur in der ersten Jugend glatt, dabei spröde und mit einem festen Ueberzug bedeckt, der bald am Fuß aufspringt und dicke Lager von abgeplatzter Rinde bildet.

In der Rinde gelagertes Aspenholz ist dem Verderben sehr ausgesetzt, auch geschält kann es nicht lange aufbewahrt werden. Das Holz neigt sehr zur Fäulnis durch Kern- und Stockfäule. Es wird auch leicht von Insekten angegriffen, allerdings meist nur bei stärkeren Stämmen, indem sich die Schädlinge am Fuße des Stammes einbohren und große Höhlungen ausfressen, so daß die Stämme stockfaul werden. Das Aspenholz soll daher möglichst frisch gefällt verschliffen werden. Die Aspe erzeugt nicht viele Aeste, die meist auch nur schwach sind.

Früher hat man die Aspe als Forstunkraut bekämpft, kultiviert sie aber jetzt mehr, was besonders leicht ist, da man nur die zahlreichen Wurzelschößlinge zu lösen und einzupflanzen braucht, die dann auf geeignetem Boden schnell anwachsen und sich weiterentwickeln.

Die Faser ist milchigweiß und verändert sich durch Lagerung nicht, sie ist lang und geschmeidig, die Ausbeute ist von allen Schleifhölzern die größte, da das Holz sehr weich ist.

Die Birke (Betula alba), auch Weißbirke oder Maibirke genannt, bildet besonders in Nordeuropa große Wälder, während sie in Deutschland selten in geschlossenen Beständen auftritt, sondern meist unter anderen Laub- und Nadelhölzern zerstreut ist. Die Größe, welche die Birke erreichen kann, richtet sich nach dem Standort, die Stärke des Stammes wird im allgemeinen nicht sehr groß. Die Rinde der Birke ist in der ersten Jugend braunrot, fängt aber bereits nach sechs bis acht Jahren an, sich weiß zu färben. Anfangs ist sie ganz dünn, mit zunehmendem Alter wird sie aber dichter und lederartig, daß die Verdunstung des Saftes aus dem Holze und damit das Austrocknen verhindert wird. Das ist auch die Ursache, warum ungespaltenes oder ungeschältes Birkenholz, wenn es gefällt in der Rinde liegen bleibt, sehr rasch verdirbt.

Die Faser des Holzes ist sehr fein, aber kurz; die Farbe verändert sich beim Lagern sehr schnell in ziegelrot.

Die Buche (Fagus silvatica), auch Rotbuche oder gemeine Buche genannt, findet sich in ganz Nordwestdeutschland. Sie ist hier in großen Beständen vorherrschend, wenngleich sie auch in anderen Gegenden sehr viel anzutreffen ist. In den Gebirgen zieht sie sich meist an den südlichen Hängen hin und in den Tälern, da sie eigentlich ein Baum der Niederung ist. Für ihr Wachstum beansprucht sie einen besonders geeigneten Boden, der humusreich, wenn auch nicht gerade tiefgehend sein muß. Im Verhältnis zu anderen Holzarten ist ihr Wuchs sehr langsam, sie erreicht aber eine große Stammdicke und mitunter auch eine bedeutende Höhe.

Die Faser ist fein und nicht zu kurz, besitzt allerdings eine etwas mattere Färbung, die aber beim Lagern nicht so leicht der Veränderung unterliegt. Das Buchenholz läßt sich infolge seiner Härte gegenüber anderen Holzarten sehr schwer schleifen, so daß die Ausbeute nur gering ist.

Die Linde (Tilia) ist an ein bestimmtes Klima nicht gebunden, ebensowenig an einen Boden von besonderer Beschaffenheit. Sie ist deshalb in allen Gegenden verbreitet, kann aber als eigentlicher Waldbaum nicht bezeichnet werden; freistehend gedeiht sie viel besser. Sie erreicht ein sehr hohes Alter, wird aber schon lange vor dem Absterben kernfaul. Das Holz ist außerordentlich weich, die Faser ist fein und kurz, die Farbe steht der des Aspenschliffes etwas an Weiße nach, sie ist etwa blauweiß. Für die Holzschlifferzeugung kommt sie kaum in Frage.

Die Eiche (Quercus) kommt in Deutschland in verschiedenen Arten, teilweise zerstreut, teilweise in großen Beständen vor. Ihre Verwendung als Schleifholz kommt nicht in Frage, da sie nur eine geringe Faser ergibt, viel Kraft zum Schleifen braucht und auch viel zu teuer ist.

Die Erle (Alnus), auch gemeine oder Schwarzerle genannt, findet sich überall an nassen und sumpfigen Stellen, wo sonst kein anderes Holz mehr gedeiht. Wenn sie auch zum Schleifen keine große Kraft beansprucht, so kommt sie als Schleifholz doch nicht in Frage, da sie eine wenig brauchbare Faser ergibt.

Für den Holzschliffabrikanten ist es nun von großem Wert zu wissen, mit welchen Gefahren er bei der Lagerung seiner Holzvorräte zu rechnen hat. Alle Nadelhölzer sind gewissen Zerstörungen ausgesetzt, die ihren Zerfall früher oder später zur Folge haben und die Hölzer ganz oder teilweise unbrauchbar machen. Diese Zerstörungserscheinungen können nun auf verschiedene Ursachen beruhen; sie können ihren Keim bereits im Wald am lebenden Baum oder im Schlag beim Lagern oder auch erst auf dem Holzplatz erhalten. Die durch diese Umstände hervorgerufenen Zerstörungen können mitunter so bedeutend werden, daß große Verluste entstehen und bedeutende Bestände vernichtet oder als Schleifholz unbrauchbar werden. Die Gefahr ist um so größer, als diese Erscheinungen sich mitunter nur sehr schwer feststellen lassen und zum Teil ansteckend sind, so daß auch von Haus aus gesundes Holz davon befallen wird.

Diese Zerstörungserscheinungen des Holzes äußern sich nun hauptsächlich auf zweierlei Weise, und zwar in Insektenfraß und in Fäulnis. Während nun der Insektenfraß an und für sich leichter festzustellen ist, bereitet das bei dem zur Fäulnis neigenden Holz Schwierigkeiten. Es ist aber für die Holzschleiferei von größter Bedeutung, die Ursachen dieser Erscheinungen zu kennen, besonders dann, wenn man darauf angewiesen ist, große Bestände auf Lager zu nehmen, die mitunter jahrelang liegen müssen ehe sie zur Verarbeitung kommen.

Wirksame Vorbeugungsmaßnahmen gibt es nun dafür nicht, denn die bei Bauholz sonst üblichen Konservierungsverfahren können für Schleifholz natürlich nicht in Frage kommen.

Einen großen Anteil an den Zerstörungen haben, wie bereits erwähnt, die Insekten, die besonders das lebende Holz im Walde befallen und minderwertig machen, aber auch sehr oft gefälltes Holz auf dem Schlage und auf dem Lagerplatz nicht verschonen.

Zunächst sind es da eine ganze Reihe von Käfern, die besonders das auf dem Stamme stehende Holz im Walde befallen. Unter ihnen spielen die Rüsselkäfer eine große Rolle, die mitunter sehr klein sind und doch ganz verheerende Beschädigungen anrichten können. Diese Rüsselkäfer sind durch einen rüsselartig verlängerten Kopf gekennzeichnet, an der Spitze dieses Rüssels stehen die Freßwerkzeuge. Der größte Teil dieser Rüsselkäfer lebt von Pflanzenstoffen, manche Arten leben nur auf einer Wirtschaftspflanze, andere wieder leben auf einer großen Anzahl von Wirtschaftspflanzen, ohne daß diese miteinander verwandt zu sein brauchen. Die Schädlichkeit der Rüsselkäfer ist sehr verschieden, da bisweilen nur die Larve schädlich ist oder nur der ausgebildete Käfer.

Ein einzelnes Aufführen der großen Anzahl dieser Schädlinge und ihre Kennzeichen würde hier zu weit führen; eine sehr gute Zusammenstellung gibt aber das Buch: J. Will, „Die wichtigsten Forstinsekten", Verlag von J. Neumann in Neudamm.

Neben den Rüsselkäfern sind noch die Borkenkäfer von Interesse, die sowohl auf Laub- wie auf Nadelholz vorkommen. Man muß bei ihnen in rindenbrütende und holzbrütende Arten unterscheiden, in beiden Fällen finden sich im Holze kennzeichnende Fraßbilder.

Andere Schädlinge aus der Insektenwelt an den Nadelnutzhölzern sind gewisse Schmetterlinge, deren Schädlichkeit sich allerdings nicht auf das Holz selbst erstreckt, wie bei den meisten Käfern, sondern auf Raupenfraß an den Nadeln, so daß die Entwicklung des Baumes gehemmt, mitunter ganz unterbunden wird. Der Schaden macht sich namentlich auf dem Holzplatz bemerkbar, und zwar nicht direkt, sondern durch verminderte Widerstandsfähigkeit des Holzes gegen andere Einflüsse. Diese Schädlinge haben aber insofern eine große Bedeutung, als sie die Güte des Holzes beeinträchtigen, da durch den Raupenfraß die Stämme kränkeln, wenn sie nicht gar absterben. Abgestorbenes Holz ist aber bekanntlich als Schleifholz unbrauchbar.

Zu diesen Schmetterlingen gehören vor allen Dingen der Kiefernspinner (Dendrolinus pini), dessen Raupen durchschnittlich vor der Ueberwinterung 150 und nach derselben 600 Nadeln fressen. Er findet sich hauptsächlich an Kiefern, kommt aber bisweilen auch an Fichten vor.

Den hauptsächlichsten Schädling unter den Schmetterlingen bildet aber die zur Klasse der Spinner gehörige Nonne (Symandria monacha), die infolge ihres großen Schadens von Bedeutung ist. Gegen die Nonnenplage gibt es kaum ein Hilfsmittel, selbst Leimringe versagen, auch starker Frost ist nicht in der Lage, die Eier abzutöten. Die Raupen vernichten sich oft dadurch selbst, daß sie von der Wipfelkrankheit oder Schlafsucht befallen werden, sie wandern dann triebartig bis zum obersten Wipfelende empor und sammeln sich hier in großen Mengen an und gehen infolge Nahrungsmangel zugrunde.

Der Einfluß des Nonnenfraßes auf die Nadelbäume ist verschieden. Die Kiefer erholt sich fast ausnahmslos wieder, die Fichte wird jedoch bei Massenvermehrung derart geschädigt, daß die Bestände ohne Unterschied des Alters eingehen. Der Grund liegt darin, daß bei der Kiefer die jungen Triebe durch reichlichen Harzüberzug vor dem Fraß geschützt sind, während bei den Fichten gerade die Maitriebe durch die Raupen gefressen werden. Die hochschäftige Kiefer kann sich leichter von den Raupenmassen entlasten als die Fichte mit ihren weit hinabreichenden Aesten und Zweigen.

Die Bekämpfung aller dieser Schädlinge muß schon im Forst erfolgen, so daß eine Bebrütung des Holzes nicht mehr stattfinden kann. Zeigen sie sich auf dem Holzplatze, so ist meistens nicht mehr viel dagegen zu tun. Man kann aber der Ausbreitung vorbeugen, indem man vor allen Dingen dafür sorgt, daß die Eier und Larven sich nicht weiter entwickeln können. Das hauptsächlichste Mittel dazu ist das Schälen des Holzes und eine trockene, luftige Lagerung. Die Rinde muß vom Lagerplatz sorgfältig entfernt werden, zeigen sich in ihr Larven oder Eier oder lassen sich die typischen Fraßbilder feststellen, dann ist durch Verbrennung der Rinde eine Weiterverbreitung zu verhüten. Holz, das die Kennzeichen des Käfernfraßes trägt, ist gesondert zu lagern und schnellstens zu verarbeiten. Solche Hölzer neigen nämlich auch zu anderen Krankheiten und unterliegen den Angriffen anderer Schädlinge viel leichter als vom Käferfraß freies Holz. Aehnlich liegt der Fall beim sogenannten Nonnenholz, das an und für sich gesund ist, wenn es rechtzeitig geschlagen wurde. Das Holz ist aber ebenfalls wenig widerstandsfähig gegen die Angriffe anderer Schädlinge und sollte daher schnellstens verarbeitet werden, wobei sich dann bei Schleifholz keine Nachteile zeigen und der daraus hergestellte Holzschliff vollwertig ist, wenn das Holz nur sonst gesund ist und nicht etwa vom Käferfraß oder Fäulnis befallen ist. Aber gerade beim Nonnenholz findet sich recht oft Käferfraß, da ein großer Teil der schädlichen Käfer sekundäre Schädlinge sind, d. h. Holz befallen, das durch andere Ereignisse geschwächt ist.

Solche elementare Ereignisse, welche die Bedingungen für die sekundären Schädlinge begünstigen, sind auch Wind- und Schneebruch. Wenn dieses an und für sich gesunde Holz schnellstens gefällt, aufgearbeitet und abgefahren wird, dann ist die Gefahr nicht groß, daß es durch Käferfraß minderwertig wird, und kann auch bei geeigneter Behandlung und Lagerung auf dem Lagerplatz lange liegen, ohne in Gefahr zu laufen, durch andere schädigende Einflüsse zerstört zu werden. Grundbedingung ist auch hierbei, daß man den Holzplatz von allen Nistgelegenheiten für Schädlinge freihält.

Die Verluste an Schleifholz durch Fäulnis sind oft viel größer als man im allgemeinen anzunehmen geneigt ist. Man schenkt diesen Erscheinungen oft noch viel zu wenig Beachtung und nimmt sie als ein notwendiges Uebel hin. Schon im Walde, ganz besonders aber auf dem Lagerplatze ist das Holz allerlei zerstörenden Einflüssen ausgesetzt. Die Keime dieser Zerstörungserscheinungen sind überall vorhanden und befallen alles Holz, auch das lebende, auf dem Stamme stehende. Einzelne Holzsorten besitzen ja nun von Haus aus eine größere Widerstandsfähigkeit gegen diese zerstörenden Einflüsse, so daß die Gefahr geringer ist, aber auch bei dieser Eigenschaft spielen allerlei Nebenumstände eine Rolle, so z. B. der Boden, auf dem das Holz gewachsen ist, so daß sich mitunter ein und dieselbe Holzart sehr verschieden verhält. Auch die Fällzeit kann auf diese Eigenschaft einen bestimmenden Einfluß haben, obgleich im allgemeinen die Meinungen darüber noch sehr getrennt sind und oft behauptet wird, daß das im Sommer geschlagene Holz dem im Winter gefällten gleichwertig sei. Diese Behauptung kann aber durch nichts bewiesen werden, denn wie sich aus den weiteren Ausführungen zeigt, weist das im Winter, also in der Zeit der Vegetationsruhe geschlagene Holz, wo die Säfte nicht mehr im

Stamme zirkulieren, sondern in dauerhafter Form in den Zellen abgelagert sind, einen wesentlich höheren Widerstand gegen die Fäulniserreger auf, da infolge der Ablagerung der Säfte, die Lebensbedingungen für die Fäulniserreger fehlen.

Selbst an und für sich gesundes Holz ist also nicht ganz vor den Zerstörungen geschützt, so daß man noch lange nicht vor Verlusten gesichert ist, wenn man auch beim Ankauf größte Sorgfalt walten läßt. Die bei Bau- und technischen Hölzern sonst verwendeten Konservierungsverfahren können für Schleifholz nicht in Frage kommen, da sie eine Veränderung der Substanz zur Folge haben.

Das einzige für Schleifholz in der Praxis mitunter zur Anwendung kommende Konservierungsverfahren, das bei dem Schleifen nicht hinderlich wird, sondern im Gegenteil unter Umständen die Güte und Brauchbarkeit des Holzes noch verbessern kann, ist die Auslaugung oder Wässerung des Holzes, die mitunter schon ganz unabsichtlich erfolgt, wenn das Holz geflößt wird.

Es ist ja eine bekannte und erwiesene Tatsache, daß das geflößte und gewässerte Holz gewisse Vorteile besitzt und einen größeren Widerstand gegen Fäulniserreger hat. Die meisten dieser Schädlinge können sich daher in geflößtem Holz überhaupt nicht entwickeln. Durch das fließende Wasser werden nämlich die Säfte des Holzes, soweit sie wasserlöslich sind, was allerdings zum größten Teile zutrifft, mehr oder minder stark ausgelaugt. Diese Auslaugung geht natürlich sehr langsam vor sich und dauert, wenn man sie vollkommen durchführen will, mindestens zwei bis drei Sommer hindurch. Eine so lange Wässerung kann natürlich nicht in Frage kommen und tritt auch beim Flößen nicht ein.

Man hat ja nun schon vorgeschlagen und versucht, die Auslaugung des frisch gefällten Holzes im Walde vorzunehmen, der Zweck kann damit vollkommen erreicht werden, das Verfahren kann aber für die Praxis nicht in Frage kommen, da es umständlich und teuer ist.

In der Hauptsache liegt ja die Gefahr bei dem im Walde lagernden Holze, aber auch lebendes und auf dem Stamme stehendes wird davon befallen. Eine zuverlässige Schutzmaßregel gibt es eben nicht, denn es läßt sich auch sehr schwer erkennen, ob das Holz zur Fäulnis neigt oder die Keime schon in sich trägt, meist wird man das erst feststellen können, wenn der Schaden bereits eingetreten ist.

Die Ursachen dieser Zerstörungen sind nun Bakterien, Pilze, Sporen und dergleichen Mikroorganismen. Diese Organismen sind überall vorhanden und befallen alles Holz, also auch das lebende und auf dem Stamme stehende, namentlich, wenn es durch andere Ereignisse und Einflüsse geschwächt ist. Diese Schädlinge fressen sich dann gewissermaßen durch das Holz hindurch und bringen es zur Fäulnis. Es verhalten sich ja nun die einzelnen Holzarten gegen die Angriffe der Fäulniserreger sehr verschieden, aber gerade unsere Nadelbäume, soweit sie zur Holzschleiferei zur Verwendung kommen, weisen keine allzu hohe Widerstandsfähigkeit auf.

Das Faulen des Holzes geht nun von der Zerstörung gewisser Saftbestandteile aus und wird durch gewisse Pilze meist eingeleitet und sehr gefördert, woraus sich auch die große Ansteckungsgefahr erklärt. Das Ersticken (Blau- oder Braunwerden des Holzes) oder das Anlaufen des Holzes im Splint ist nicht unbedingt gefährlich, wenn das Holz schnellstens verarbeitet wird.

Die Fäulnisbewohner oder Saprophyten wachsen nur da, wo gewisse organische Körper in Fäulnis oder Verwesung übergegangen sind und nähren sich aus den organischen Verbindungen, in welche dabei die toten vegetabilen Bestandteile zerfallen. Zu diesen gehören auch die Schimmelpilze und viele andere kleine Pilze, welche nur auf verwesenden oder faulenden Pflanzenteilen wachsen, desgleichen diejenigen mikroskopisch kleinen Pilze, welche die Begleiter der Gärungen sind. Aber auch die sogenannten Humusbewohner sind hierher zu rechnen, welche nur auf Humusboden wachsen und sich aus den organischen Verbindungen des durch die Verwesung vegetabilischer Teile entstandenen Humus ernähren. Gewisse dieser Pilze scheinen auch für die Ernährung der Pflanzen unentbehrlich zu sein, indem nämlich die Saugwurzeln dieser Pflanzen an ihrer ganzen Oberfläche innig mit einem aus Pilzfäden gesponnenem Mantel verwachsen sind, welche die Nahrung vom Boden auf die Wurzel überträgt. Aus Pilz und Wurzel ist dann ein einheitliches Organ, eine sogenannte Pilzwurzel geworden.

Die Zahl dieser Fäulnisbewohner ist nun außerordentlich groß, ihre Bestimmung ist nicht einfach, da sie oft nur mikroskopisch klein sind und oft auch sehr viel Aehnlichkeit miteinander aufweisen.

Diese zerstörenden Organismen bedürfen nun zu ihrer Entwicklung und Tätigkeit der Luft und der Feuchtigkeit und eines gewissen Wärmegrades. Wo diese Bedingungen nicht vorhanden sind, können sie sich nicht entwickeln. Man muß also demnach den

Verlusten an Holz durch Fäulnis vorzubeugen suchen, indem man es so lagert, daß diese Bedingungen niemals gleichzeitig gegeben sind und so die Lebensbedingungen für die Fäulniserreger fehlen.

Diese ganzen Holzkrankheiten, die man oft auch einfach mit Ringfäule, Rotfäule, Weißfäule, Wundfäule, Grünfäule, Blaufäule bezeichnet und zu denen auch der Hausschwamm zählt, beruhen auf dem Auftreten und auf der Tätigkeit niederer Pflanzenarten. Diese niederen Pflanzen bestehen meist aus einem mikroskopisch erkennbaren Pilz, der durch unzählige Pilzfäden für sich und seine Sporen die Nahrung aus dem Holze zieht. Diese Pilzfäden wirken dann gleichzeitig als Erreger einer chemischen Zersetzung.

Da diese Pilze überall vorhanden sind, so liegt eine große Gefahr für die Lagerbestände vor. Wenn sich die Fäulnis aber einmal auf dem Lagerplatze zeigt, dann ist eine gewissenhafte Untersuchung nötig. Alles befallene und verdächtige Holz muß aussortiert werden; falls es noch möglich, ist eine schnelle und getrennte Verarbeitung erforderlich, andernfalls kann nur das Verbrennen helfen, um ein Weitergreifen zu verhüten.

Am harmlosesten von allen diesen Fäulniserscheinungen ist noch die sogenannte Blaufäule, die ebenfalls auf der Einwirkung bestimmter Pilze beruht. Diese Pilze nähren sich aber nur von den im Holze befindlichen Säften wie Zucker und Stärke, und greifen das Gerüst des Holzes und die Zellulose nicht an, so daß das Holz auch in den meisten Fällen für Schleifzwecke verwendbar sein wird. Für Braunholzschliff hat die Blaufäule aber gar nichts zu sagen.

Die Blaufäule ist allerdings sehr ansteckend, da die Pilzsporen durch Windverwehung und gewisse im Holze brütende Käfer verbreitet werden und somit auch ganz gesundes Holz befallen können. Geflößtes oder gewässertes Holz wird nie von der Blaufäule befallen. Die Blaufäule beschränkt sich auch nur auf gewisse Zeiten und zwar die Monate Juni bis Mitte Oktober.

Als ein gutes und auch brauchbares Mittel, da es einfach und billig ist, hat sich nach angestellten Versuchen die dauernde Feuchterhaltung des Lagerholzes bewiesen. Nach Versuchen von Münch zeigte sich nämlich, daß keiner der zerstörenden Pilze frisches Holz befiel, das 50 v. H. Wasser enthielt. Man kann also durch dauerndes Besprengen in gewissen Grenzen ganz gut eine Konservierung des Holzes erzielen. Ein leichter Nebel genügt, um das Holz hinreichend naß zu erhalten und so gegen die Fäulnis zu schützen; man hat außerdem noch den Vorteil einer erhöhten Feuersicherheit. Solches besprengtes Holz setzt zwar außen etwas Schimmel an, doch ist diese Erscheinung nur oberflächlich.

Man hat wohl auch Versuche mit chemischen Konservierungsmitteln gemacht, aber entweder sind diese zu teuer und umständlich, oder sie haben eine Verfärbung und Veränderung des Holzes zur Folge, so daß sie für Schleifholz nicht in Frage kommen können.

Auf die Güte und die Widerstandsfähigkeit des Holzes hat die Schlagzeit unbedingt einen Einfluß. Als beste Zeit hierfür ist zweifellos der Winter, also die Zeit der Vegetationsruhe anzusehen, da dann die Säfte des Holzes in haltbarerer Form abgelagert sind. Daraus ergibt sich auch wieder, daß das in Gegenden mit langem, schweren Winter gewachsene Holz besonders gute Eigenschaften haben muß.

Im allgemeinen kann man sagen, daß sich im Winter geschlagenes Nadelholz länger in der Rinde hält, und zwar bis zu etwa zwei Jahren, bei längerem Lagern macht sich ein Vorschälen erforderlich, was aber bei im Sommer geschlagenem Holz stets vorgenommen werden sollte, um ihm ein rasches Austrocknen zu ermöglichen. Das Liegenlassen in der Rinde sollte aber auch bei dem in der Rinde geschlagenem Holze vermieden werden, da es sonst leicht zu Brutstätten für Schädlinge werden kann. Bei geeigneter Vorbehandlung und zweckentsprechender Lagerung läßt sich die Haltbarkeit des Holzes auch auf längere Zeit ausdehnen.

Da von der zweckmäßigen Lagerung und richtigen Anlage der Holzplätze die Erhaltung des Holzes und die Verhütung von Verlusten durch Fäulnis aber auch die Wirtschaftlichkeit des ganzen Betriebes abhängt, so soll hier noch einiges über die richtige Anlage von Holzplätzen gesagt werden.

In der Hauptsache kommt es darauf an, daß die Holzplätze trocken sind. Man soll also zu ihrer Anlage kein sumpfiges Gelände verwenden, sondern einen festen Boden, der sich leicht entwässern läßt. Im Interesse einer guten und leichten Entwässerung ist es sogar vorteilhaft, den Platz zu kanalisieren. Eine etwa vorhandene Grasnarbe soll man entfernen und dafür sorgen, daß Gras und Unkraut nicht wieder wachsen können, denn sie bilden leicht Brutstätten für Ungeziefer und Schädlinge und halten den Platz dauernd feucht, so daß die Fäulnis begünstigt wird.

Das zur längeren Einlagerung bestimmte Holz stapelt man in ein bis zwei Meter langen Rollen von Ost nach West im Freien auf. Es ist hierbei Grundbedingung, daß die Luft überall Zutritt

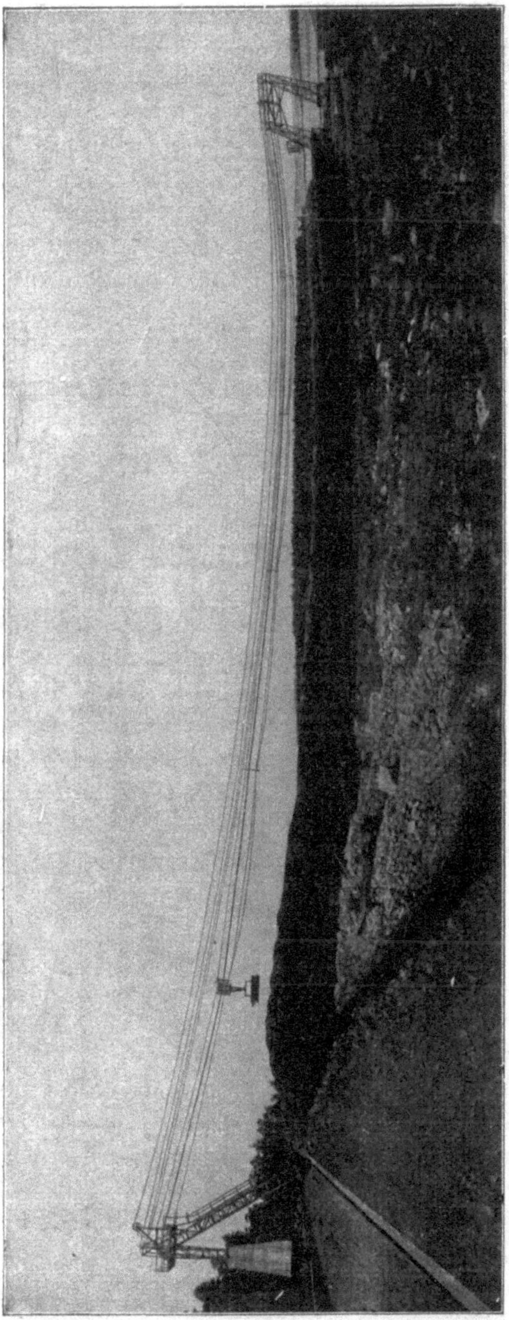

Abb. 1

hat, deshalb sind auch Schuppen als ungeeignet zu bezeichnen, ganz abgesehen davon, daß deren Anlage bei der oft nötig werdenden Stapelung von tausenden von Festmetern Holz große Kosten verursachen würde. Zur Erleichterung der Luftzufuhr lasse man zwischen den einzelnen Stapeln 1—3 m breite Gänge, je nach der Länge der Rollen, die gleichzeitig zur Holzabfuhr benutzt werden können. Die Rollen dürfen nicht unmittelbar auf dem Boden lagern, damit die Luft auch von unten Zutritt hat. Diese Stapel können beliebig lang sein und bis zu 4 m hoch; die Höhe wird dadurch bestimmt, auf welche Weise man stapelt. Bei mechanischer Stapelung kann man bis zu weit größeren Höhen gehen. Um der Luft auch unter den Stapeln den Zutritt zu ermöglichen, empfiehlt es sich, auf Sockeln alte Eisenbahnschienen zu verlegen, welche dann als Unterlage für die Rollen dienen. Balken sollte man für diesen Zweck vermeiden, da durch sie immerhin die Gefahr der Ansteckung des Holzes besteht.

Für die Holzplätze kann nun neben der in kleineren Betrieben üblichen Stapelung der Rollen von Hand noch die Stapelung durch verschiedene mechanische Mittel in Frage kommen. Man verwendet dazu bei großen Anlagen mit Vorteil die sogenannten Kabelkrane, die sich den verschiedensten Verhältnissen anpassen lassen. Den Abmessungen der Lagerplätze sind dabei im allgemeinen keine Grenzen gesetzt. Die Kabelkrane gestatten es aber, sonst ungeeignetes Gelände und steil abfallende Uferstrecken als Lagerplätze zu verwenden auf denen ein Verkehr mit Gleisbahnen nicht möglich ist. Abbildung 1 zeigt die Ansicht einer solchen Kabelkrananlage einer großen Zellstoffabrik. Wie daraus ersichtlich, findet bei ihnen der Verkehr in der Luft statt, so daß der ganze Lagerraum für die Stapelung frei bleibt, während die Gleisbahnen viel Raum für sich beanspruchen. Auch eine hohe Stapelung des Holzes ist bei den Kabelkranen leicht durchzuführen, und zwar bis zu einer Höhe von 12 Metern, während das bei Gleisbahnen immer mit erheblichen Schwierigkeiten verbunden, wenn nicht ganz undurchführbar ist.

Die Abbildung 2 zeigt die Prinzipienskizze von Kabelkranen.

Vorteilhaft benutzt man bei der Verwendung von solchen Kabelkranen Holzgreifer, die mit festen oder fahrbaren Gestellen zusammenarbeiten, in denen die Bündel von Anfang an die Gestalt des geschlossenen Greifers erhalten, so daß dessen Inhalt vollkommen ausgenutzt werden kann. Man kann aber mit Hilfe der Greifer das Holz auch von den üblichen Stößen entnehmen. Es stehen aber dieser Anwendung mitunter große Schwierigkeiten ent-

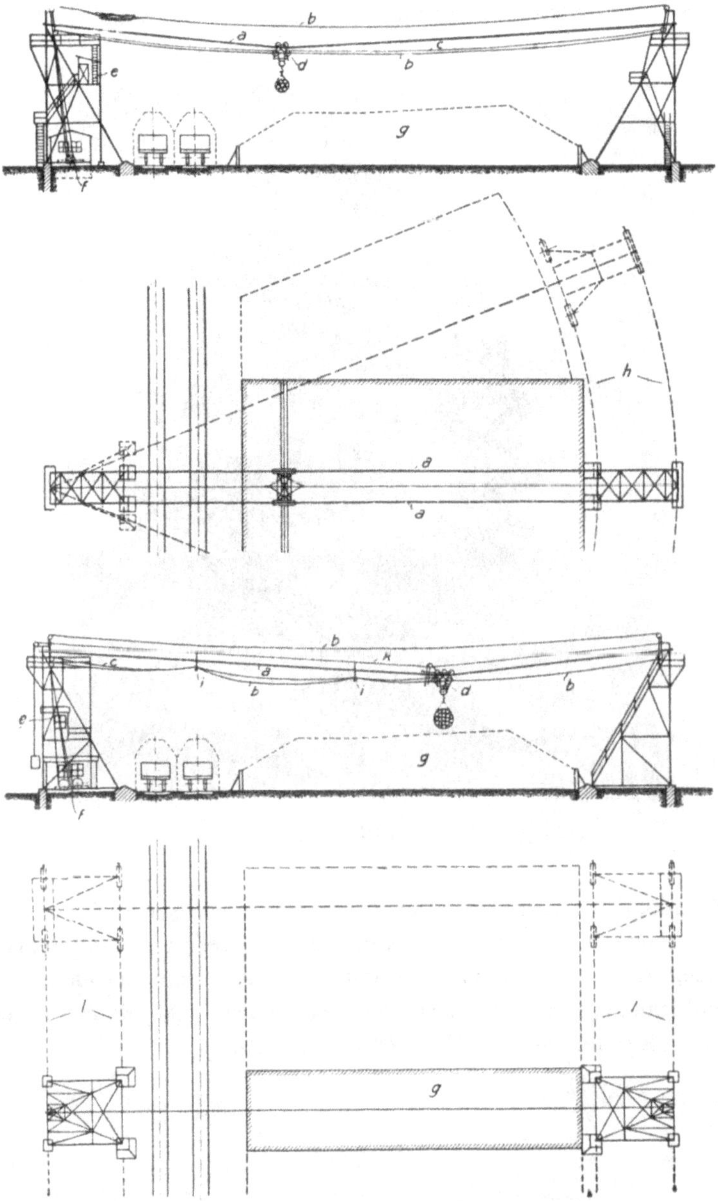

Abb. 2

gegen, die nicht in der Konstruktion der Greifer und in deren Wirkung zu suchen sind, sondern in der oft regellosen Lagerung des Holzes. Besonders die Entnahme aus Eisenbahnwagen ist nicht

Abb. 3

direkt möglich, da der Greifer die Rollen hier gar nicht erfassen kann; es müssen in diesem Falle erst die Bündel von Hand gemacht werden. Aber unter allen Umständen gewährleisten sie eine große Beschleunigung und Verbilligung der Arbeit. Abbildung 3 zeigt einen Holzgreifer bei der Entnahme von Holz.

*

DIE HOLZVORBEREITUNG

DIE HANDSCHÄLUNG, MASCHINENSCHÄLUNG, DIE SÄGEMASCHINEN, HACKMASCHINEN UND BOHRMASCHINEN

Das vom Lagerplatz entnommene oder aus dem Walde kommende Holz muß nun, ehe es zum Verschleifen gelangt, geputzt und sauber geschält werden, wenigstens soweit es sich um Holz zu Weißschliff und Holzpappen handelt, während bei der Verwendung zu braunen Pappen das Putzen nicht unbedingt so sorgfältig erfolgen muß, wenn es auch in diesem Falle im Interesse eines reinen und fleckenfreien Stoffes erwünscht wäre.

Das Schälen kann nun sowohl mit der Hand als auch mit Maschinen erfolgen. In kleineren und älteren Betrieben ist immer noch die Handschälung weit verbreitet und wird sich auch kaum durch die Maschinenschälung verdrängen lassen, da die modernen Schälmaschinen eine sehr hohe Leistung aufweisen und infolgedessen nur da wirtschaftlich arbeiten können, wo sie auch tatsächlich voll ausgenutzt werden.

Das Werkzeug des Handschälers besteht nun in einem Schälmesser und in einem Beil, welches er gegebenenfalls zum Aushacken der Aeste benutzt. Er legt sich die zu schälende Rolle auf einen Bock und putzt so alle Rinde, Bast usw. sauber ab. Bei gewissenhafter Arbeit ist die Handschälung natürlich sehr sauber und sparsam, da sich ein guter Schäler leichter den Unebenheiten des Holzes anpassen kann, als die vollkommenste Maschine. Er wird infolgedessen auch den geringsten Holzverlust verursachen. Die Leistungen der Handschäler sind nun sehr verschieden. Die nützlichste Holzlänge dafür ist 1 m, bei schwächeren Stämmen sind auch noch Rollen von 2 m Länge angängig, ganz unzweckmäßig sind aber Längen unter 1 m. Bei glattem Holz mittlerer Stärke, also von 12—16 cm Durchmesser, leistet ein guter Handschäler in acht Stunden 3—4 Raummeter; wenn auch eine größere Anzahl stärkerer Stücke dabei sind, kann er auch auf 5—6 Raummeter kommen, darüber hinaus aber in den seltensten Fällen. Meistens wird sich aber noch dünneres Holz dazwischen finden, wie oben angegeben, so daß der oben aufgeführte Durchschnittswert der Leistung zutreffen dürfte. Bei schwächerem Holz sinkt die Leistung überhaupt und beträgt oft nur 3—4 Raummeter in acht Stunden, besonders aber dann, wenn man alte Leute zum Schälen verwendet.

Es ist auch nicht im Interesse mit Höchstleistungen beim Handschälen zu rechnen, die nur dann erreicht werden können, wenn allerlei günstige Umstände zusammentreffen. Eine Kalkulation kann nur auf Grund eines Durchschnittes aufgestellt werden.

Aber schon bei mittleren Holzschleifereien kommt heute immer mehr die Schälmaschine zur Einführung, die natürlich große Leistungen aufweist und heute unter Berücksichtigung der schnelleren Arbeit und der dadurch erzielten Lohnersparnis mindestens genau so wirtschaftlich arbeitet wie die Handschälung, in großen Betrieben aber unter allen Umständen überlegen ist, vorausgesetzt, daß man Schälmaschinen verwendet, die den billigerweise an sie zu stellenden Anforderungen gerecht werden.

Von einer Rindenschälmaschine, die diesen Anforderungen entspricht, ist nun zu verlangen, daß sie mit möglichst wenig Schälverlusten arbeitet, daß die Schälung sauber ist, ohne eine Nachschälung von Hand zu verlangen und daß die Leistung in der Zeiteinheit ein mehrfaches der Handschälung beträgt, ohne viel Bedienung zu verlangen. Was nun die Schälverluste anbelangt, so ist zu berücksichtigen, daß diese unter einen gewissen Prozentsatz nicht gedrückt werden können, während die durch Unachtsamkeiten in der Bedienung der Maschine hervorgerufenen Verluste zum größten Teile vermieden werden können. Letztere Verluste sind aber auch bei der Handschälung vorhanden. Bei dieser ist man in dieser Beziehung vielmehr von der Aufmerksamkeit und Gewissenhaftigkeit der Schäler abhängig, als bei guten Schälmaschinen, bei denen mitunter sogar ein beabsichtigtes Vergehen vorliegen muß, wenn die Verluste zu groß werden.

Die größte Schwierigkeit lag bei den Schälmaschinen darin, daß es sich nicht um gleichmäßige zylindrische Rollen handelt, daß der Rollendurchmesser in weiten Grenzen schwankt und daß die Dicke der Rinde immer verschieden ist, ja oft sogar bei ein und derselben Rolle in weiten Grenzen schwanken kann.

Während amerikanische Maschinen in der Hauptsache mit verstellbaren Messern arbeiten, welche die Maschine zu kompliziert machen und den Arbeiter leicht veranlassen seine Aufmerksamkeit von der eigentlichen Schälarbeit abzulenken, zeigen deutsche Konstruktionen wesentlich einfachere Bauart, die sich auch für deutsche Verhältnisse, wo das Holz meist vorgeschält angeliefert wird, besser bewährt haben.

Eine gewisse Gefahr ist stets darin zu erblicken, daß das Schälen meist im Akkord erfolgt, der Arbeiter wird also ein verständliches Interesse daran haben, möglichst viel fertig zu bringen. Das muß dann entweder auf Kosten der Sauberkeit oder auf Kosten der Sparsamkeit gehen, meist wird letzteres der Fall sein; er wird also die Maschine so einstellen, daß das Holz bei einmaligem Durchgang sauber geschält ist, wobei er teilweise einen viel zu starken Span nimmt. Bei allen Schälmaschinen ist daher die Drehgeschwindigkeit von bestimmendem Einfluß auf die Sauberkeit und vor allen Dingen auf die Sparsamkeit. Wenn dieselbe vermindert

Abb. 4

wird, so wird erklärlicherweise sofort ein erheblich dickerer Span genommen. Die Schälmaschinen müssen daher zuverlässige Dreh- und Vorschubvorrichtungen für das Holz haben.

Es gibt nun eine ganze Reihe von recht brauchbaren Schälmaschinen, die den Anforderungen, die man billigerweise an sie stellen kann, vollauf gewachsen sind, so daß sie wertvolle Hilfsmaschinen für die moderne Holzvorbereitung in den Holzschleifereien darstellen.

Die Firma Albert Bezner in Ravensburg, die auf dem Gebiete des Schälmaschinenbaues bahnbrechend vorgegangen ist und deren Erzeugnisse auf Grund ihrer reichen Erfahrungen heute zu den leistungsfähigsten und vollkommensten zählen, stellt mehrere Arten Schälmaschinen her, die im Folgenden kurz beschrieben werden sollen.

Abbildung 4 zeigt eine einfache Schälmaschine, den Schnellschäler RS. Die horizontale Lage der Messerscheibe und ihre Form lassen den Schnellschäler besonders geeignet sein zum Schälen von Rundhölzern jeder Stärke und Länge, zum Schälen von gespaltenen Hölzern (Scheitern), zum Entfernen vorstehender Aeste und zum Reinigen von Stirnholz. In vielen, besonders sparsam schälenden Betrieben wird der Schnellschäler RS. vorteilhaft zum Nachputzen der Rindenrückstände an maschinengeschälten Hölzern verwendet. Die Bedienung ist einfach: Das Holz wird auf Tisch und Holzauflage ruhend, leicht an der Messerscheibe vorbeigedreht. Der Schälabgang ist gering, da die Messerscheibe sich der Form des Holzes vollkommen anschmiegt. Wo stark krummes Holz verarbeitet werden soll, findet eine besondere steilkonische Messerscheibe Verwendung, die auch bei großen Krümmungen und Vertiefungen sauberes und sparsames Schälen gestattet.

Abb. 5

Im Gegensatz zum Schnellschäler RS., mit seiner Holzführung von Hand, geschieht bei dem in Abbildung 5 wiedergegebenen Sparschäler RLC. das Schälen des Holzes ganz selbsttätig. Dabei wird das zu schälende Holz durch zwei Zackenräder schraubenförmig unter einer Messerscheibe vorwärts bewegt. Die senkrecht gelagerte Messerscheibe hat einen verhältnismäßig kleinen Durchmesser. Aber gerade dadurch erhält sie eine große Anpassungsfähigkeit an das zu schälende Holz. Die großen Stärkenunterschiede desselben bedingen eine Grobeinstellung (die Voreinstellung) der Messerscheibe durch ein Handrad und eine Feineinstellung, die mit einem Schälhebel über der Messerscheibe ausgeführt wird. Der Sparschäler RLC. eignet sich zum Schälen von Rundholz in den Stärken von 6—35 cm und beliebigen Längen von 1 m aufwärts. Bei unrundem und krummen Holz mit großen Vertiefungen und auch bei besonders sparsamer Schälweise bleiben an dem Holz Rindenflecke zurück, die, wie oben schon gesagt wurde, in vielen Betrieben sehr vor-

Abb. 6

teilhaft auf dem Schnellschäler RS. entfernt werden. Bei einem außerordentlich geringen Kraftverbrauch von 10—12 PS im Mittel ist die Leistung des Sparschälers RLC. bei einem mittleren Holzdurchmesser von 20 cm etwa 100 rm in 10 Stunden.

Eine Schälmaschine gleich der oben beschriebenen, aber nur für besonders dünnes Holz, ist der in Abbildung 6 dargestellte Sparschäler KS. Dieser ist für Rundholz von 4—12 cm, alleräußerst bis 20 cm Durchmesser und beliebiger Länge bestimmt. Die Leistung beträgt bei einer Holzstärke von 12 cm etwa 50 rm in 10 Stunden, bei nur 8 PS mittleren Kraftverbrauch.

Abb. 7

Zum Schälen von sehr dickrindigem und rauhem Holz eignet sich gut der Sparschäler RLB. Er ist ähnlich gebaut wie die beiden vorgenannten Sparschäler, hat aber eine bedeutend größere und schwerere Messerscheibe, die ein für den genannten Zweck mehr entsprechendes gewaltmäßigeres und plumperes Schälen gestattet.

Sämtliche Schälmaschinen haben einen gesammelten Späneauswurf, der ohne Schwierigkeit mit den Rohrleitungen für die Späneabsaugung in Verbindung gebracht werden kann.

Eine andere Bauart zeigt Abbildung 7 und zwar eine Schälmaschine 830 E der Firma Heinrich Wigger & Co. in Unna i. W. Diese Maschine ist ganz besonders zum Sauberschälen vorgeschälter und unregelmäßiger Hölzer bestimmt. Das Andrücken des Holzes erfolgt von Hand an die konische Schälscheibe, welche 830 mm Durchmesser hat und Schälmesser von schiefwinkliger Form trägt,

Abb. 8

deren Schneide am Außenende scharf gekrümmt ist. Der Schältisch ist verstellbar, die Länge des Holzes kann beliebig sein, doch sind natürlich durch die Handlichkeit gewisse Grenzen gesetzt. Ein ähnliches Modell der gleichen Firma ist mit zwei Messerscheiben ausgerüstet, deren jede einen Durchmesser von 1230 mm hat und nur fünf Schälmesser besitzt. Die Schälmethode dieser Maschinen nähert sich am meisten der Handschälung, da die Hauptfläche der Schälscheibe fast eben ist. Hierdurch werden lange Späne in der Faserrichtung erzielt, man kann also Hölzer bis zu 1,2 m Länge nur durch einmaliges rasches Herumdrehen jeder Längshälfte vor der Scheibe fertig schälen. Vertiefungen werden mit den abgerundeten Messerenden am konischen Scheibenrand ausgeputzt.

Aehnlich der Maschine ist die neue Schälmaschine 1030 E der gleichen Firma konstruiert und zwar ist sie für sofortige Fertigschälung kurzen Holzes bestimmt, eignet sich also besonders für Schleifereien. Die Bauart der Maschine 1030 E ist in allen Einzelheiten der Schälmaschine 830 E nachgebildet, nur ist sie im Hinblick auf ihren Verwendungszweck mit wesentlich flacherer Schälscheibe ausgerüstet. Infolge ihrer Leichtigkeit und des bequemen, stabilen Zusammenbaues ist diese Maschine vorteilhaft ein Ersatz für die bisherige Doppelschälmaschine dieser Firma.

Die Eisengießerei und Maschinenfabrik A.-G. Bautzen i. Sa. baut ihre Schälmaschinen in drei Typen und zwar:

A. als Schäl- und Nachschälmaschinen,

B. als Schälmaschinen mit Andrückvorrichtung,

C. als Schälmaschinen für Sägewerksabfälle.

Die Type A, die in Abbildung 8 gezeigt ist, findet Verwendung für Rollen von 500 bis 1200 mm Länge und leistet in 10 Stunden bei 1,5—3 PS Kraftverbrauch 20 bis 40 rm. Die Maschine besitzt Messerscheiben mit abgerundeten Kanten, die auch bei unrunden und ästigen Hölzern eine gute und sparsame Schälung gestatten, der Schälverlust kann durch die Möglichkeit genauester und leichter Messereinstellung auf das geringste Maß herabgedrückt werden.

Die Type B leistet bei 4—6 PS-Kraftbedarf in 10 Stunden 8—12 rm und eignet sich zum Schälen von 1000 bis 1200 mm langen Hölzern. Sie hat eine mechanische Andrückvorrichtung für das Holz. Die Bedienung ist so einfach, daß sie selbst von ungeübten Arbeitern vorgenommen werden kann. Das Holz wird mit von Hand regulierbarem Druck an die Messerscheibe gepreßt.

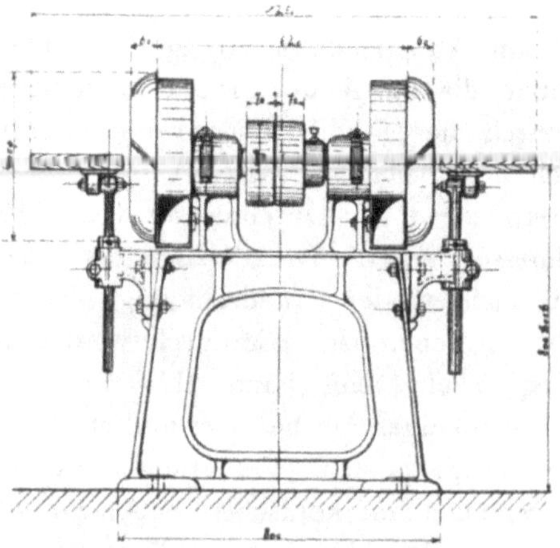

Abb. 9

Die Type C, welche in der Abbildung 9 gezeigt ist, ist für Sägewerksabfälle, Schwarten usw. bestimmt. Die Verwendung solcher Abfälle zur Holzschleiferei ist heute von größerer Bedeutung, da die Holzpreise immer mehr dazu zwingen, auch dieses an und für sich gute Holz zu verschleifen. Die Maschine ist mit zwei stark gewölbten Messerscheiben ausgestattet, welche eine tadellose und flotte Schälung ermöglichen. Die Leistung in zehn Stunden beträgt 10—15 rm bei einem Kraftbedarf von 1—2 PS.

Die Rindenschälmaschine Modell KMW. der Firma Ph. Nebrich in Cöthen i. Anh. ist in Abbildung 10 gezeigt. Sie dient zum Schälen von Hölzern bis zu 3 m Länge, dünnere Hölzer können auch

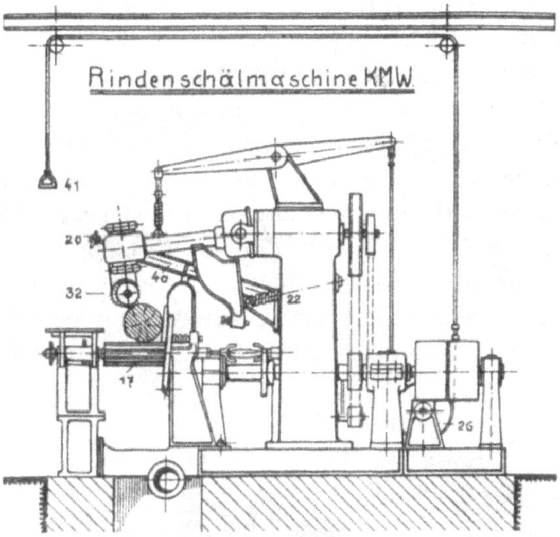

Abb. 10

bis zu 5 m Länge geschält werden, wenn sie gerade sind. Die Leistung dieser Maschine ist abhängig von dem mittleren Durchmesser der Stämme und von der Beschaffenheit des Holzes und beträgt bei Stämmen von einem mittleren Durchmesser von etwa 15 cm in der Stunde bis zu 20 Kubikmeter. Bei einigermaßen gutem und geradem Holz soll der Schälverlust nur etwa 6—8 v. H. betragen, da die Maschine eine zweckmäßige Holzvorschubvorrichtung besitzt und die Form und Anordnung der Messer zweckmäßig ist. Die Maschine wird durch einen Mann bedient, der das Handrad (20) und den Seilzug (41) betätigt und im übrigen nur darauf acht zu geben hat, daß die Zuführung der Stämme in der richtigen Weise erfolgt. Bei dieser Maschine kommen immer nur Stämme von demselben Durchmesser an die gleiche Stelle der Schälscheibe, woraus sich eine gleichmäßige Abnutzung der Messer ergibt, da die Dicke der Rollen stets wechselt. Die Messer der Maschine sind fest und arbeiten immer mit dem geeigneten Messervorsprung. Da sie gerade Schneiden haben, so macht das Schleifen und das Einpassen keine Mühe.

Die Stämme werden durch federnde Stützen und angetriebene Rollwalzen (17) getragen, welche die Stämme vor und nach dem Schälen weiterbefördern. Durch geeignete Puffer zu beiden Seiten der Schälscheibe werden die Rollen in ruhiger Lage erhalten. Die Vorschubgeschwindigkeit des Holzes ist abhängig von dem Winkel, mit dem die Speiserolle (32) gegen den Stamm arbeitet. Dieser Winkel wird automatisch geändert, so daß die Vorwärtsbewegung des Stammes unabhängig von seinem Durchmesser ist.

Die Einstellung der Speiserolle erfolgt vom Stande der Bedienung aus durch Verlängerung oder Verkürzung der Stange (40), was durch Drehen des Handrades (20) erfolgt. Das Heben und Senken der Rolle (32) geschieht durch Betätigung des Seilzuges (41), wobei zum Heben der Rolle die Winde (26) in Wirkung tritt. Man hat dadurch eine feinfühlige Regelung des Anpreßdruckes in der Hand, je nachdem ein schwerer oder ein leichter Stamm geschält werden muß. Das zu starke Anpressen der schwächeren Stämme wird durch die Feder (22) verhindert.

Abb. 11

Eine zu den Schälmaschinen zu zählende Vorrichtung ist die Holzentrindungs- und Waschtrommel der Zeitzer Dampfkessel- und Apparatefabrik G. Schumann, Zeitz, die in Abbildung 11 gezeigt ist. Man verwendet diese Vorrichtung in der Hauptsache zum Schälen gedämpfter oder gekochter Hölzer zur Braunholzfabrikation. Die anhaftende Rinde wird ohne Verlust durch Stoß- und Reibung der Hölzer untereinander und durch gleichzeitiges Auffallen der Klötze auf die den Mantel der Trommel bildenden Eisenstäbe erreicht. Das zum Waschen der Hölzer erforderliche Wasser wird durch die Welle eingelassen. Die abgelöste Rinde fällt durch die von den Stäben des Mantels gebildeten Schlitze unter die Trommel. Ganz besonders hat sich die Trommel als vorteilhaft erwiesen beim Schälen von ganz dünnen Hölzern, die man von Hand nicht vorteilhaft oder überhaupt nicht schälen kann, die aber heute besonders in der Braunholzfabrikation immer mehr zur Verarbeitung kommen müssen.

DIE SÄGEMASCHINEN

In weitaus den meisten Fällen müssen die geschälten Rollen auf Schleiflänge geschnitten werden, da nur selten die Schleifer eine solche Breite haben, daß ein ungeteiltes Verarbeiten möglich ist.

Der wichtigste Bestandteil dieser Sägemaschinen ist nun das Sägeblatt, denn von ihm hängt in erster Linie die gute Wirksamkeit der Maschine und die Sparsamkeit des Arbeiters ab. Je dünner das Sägeblatt ist, desto dünner fällt auch die Schnittfuge aus und desto geringer wird natürlich der Holzverlust. Die Dicke der Sägeblätter ist allerdings nach unten gewissen Grenzen unterworfen. Ihr Material soll aus bestem zähem Tiegelgußstahl bestehen. Die Zusammensetzung und Härte muß vollkommen gleichmäßig ohne alle Risse, Schiefer oder alle sonstigen Fehler sein. Man gebe daher bei der Bestellung dem Lieferanten am besten den Verwendungszweck auf. Um ein gleichmäßiges und sauberes Arbeiten zu ermöglichen, muß ein Sägeblatt gut und gleichmäßig gerichtet und gespannt sein, besonders die Kreissägen dürfen sich nicht werfen. Die Härte soll dem zu schneidenden Material angepaßt sein, wobei das Blatt eher etwas zu hart als zu weich sein kann, da naturgemäß harte Sägen die Schärfe länger halten. Solange sich das Sägeblatt noch stauchen oder schärfen läßt, ist es nicht zu hart.

Von größter Bedeutung ist die Form und die Schränkung der Zähne, die dem Verwendungszweck angepaßt sein müssen. Beim Teilen der Holzrollen handelt es sich nur um Querschnitt, es muß also jede einzelne Faser durchgeschnitten werden, so daß sich infolge des höheren Widerstandes ein höherer Kraftverbrauch ergibt als beim Längsschneiden, was nur in einem Spalten besteht. Beim Querschneiden wirken die Zähne wie Messer, sie müssen also aufrechtstehend, spitz, scharf und klein sein. Im nassen Zustande schneiden sich faserige Hölzer, wie es die zum Holzschliff verwendeten sind, schwerer, da der Zahn die Faser oft nicht mehr schneidet, sondern herausreißt. Eine nicht zu unterschätzende Bedeutung haben die Zahnlücken, die die Sägespäne während des Schnittes aufnehmen müssen. Die Leistung der Säge hängt also zum Teil von ihnen ab. Hierbei ist zu beachten, daß das Volumen der Sägespäne bei nassem Holz etwa fünfmal so groß ist, als bei trockenem. Bei richtiger Wahl des Spitzenwinkels leistet die ununterbrochene Dreiecksverzahnung mehr als die sogenannten amerikanischen Verzahnungen.

Ebenso von Wichtigkeit ist die Schränkung der Zähne. Würden sie nicht geschränkt sein, so würde sich das Blatt in den Schnittfugen klemmen und den Kraftverbrauch bedeutend steigern. Einen gleichen Zweck verfolgt das Stauchen der Zähne, das allerdings in Deutschland nicht sehr gebräuchlich ist. Durch das abwechselnde Rechts- und Linksausbiegen der Zähne wird die Schnittfuge breiter als das Blatt. Die Schränkung darf aber auch nicht übertrieben werden. Das Stauchen verlangt ein zähes Material und die Verwendung eines kleinen Spitzenwinkels, jede einzelne Zahnspitze wird dadurch nach beiden Seiten verbreitert. Das Verfahren hat einige Vorteile für sich, da die Zähne nicht aus der Blattebene gebogen

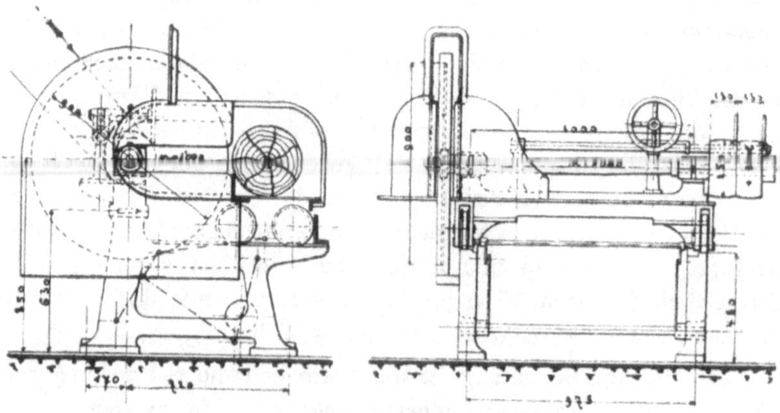

Abb. 12

zu werden brauchen, sie vermögen infolgedessen einen höheren Widerstand zu bieten, das Material wird dichter und zäher, jeder Zahn schneidet gleichzeitig mit zwei Seiten, so daß sich die Schnittzahl erhöht.

Wenn die Zähne durch öfteres Schärfen zu klein geworden sind, so ist ein Nachzahnen nötig, was durch Ausfeilen erfolgen kann oder besser durch Ausstanzen mit einem besonderen Apparat.

Es haben sich nun für die Zwecke der Holzschleiferei eine ganze Reihe besonderer Bauarten der Sägemaschinen herausgebildet, welche die Arbeit vereinfachen und erleichtern.

Die Abbildung 12 zeigt eine Kreissäge mit beweglichem Tisch, wie sie von der Firma J. M. Voith in Heidenheim a. Brenz gebaut wird. Die Bauart der Maschine ist aus der Abbildung deutlich sichtbar. Der verschiebbare Tisch ermöglicht es, die Holzrollen leicht gegen das Sägeblatt zu schieben, nach vollendetem Schnitt geht der Tisch selbsttätig zurück; da die Maschine Hölzer bis zu 35 cm Durchmesser schneiden kann, so ist sie auch fur große Schleifereien geeignet. Durch eine besondere und eigenartig angeordnete Schutzhaube über dem Sägeblatt sind Unfälle der bedienenden Arbeiter so gut wie ausgeschlossen.

Eine andere Bauart der Kreissägen, die sich besonders da eignet, wo große und schwere Holzrollen geteilt werden müssen, ist die schwingende Kreissäge, die in Abbildung 13 in einer Bauart der Eisengießerei und Maschinenfabrik A.-G. zu Bautzen gezeigt ist. Grundsätzlich ist ja diese schwingende Säge auch nur eine Kreissäge, das Holz wird aber hier nicht gegen das Sägeblatt geschoben, sondern wie aus der Abbildung ersichtlich, von oben nach unten geschnitten. Die Rollbahn für die Holzrollen kann natürlich beliebig verlängert werden, die Rollen kann man auch durch Kegelräder antreiben, so daß der Transport ohne irgendwelchen Aufwand an menschlicher Arbeit vonstatten geht. Die ganze Wirkungsweise der Maschine läßt sich aus der Abbildung klar erkennen.

Alle Kreissägen haben nun natürlich auch die Nachteile dieses Systems, die in der Hauptsache in größerem Schnittverlust und größerem Kraftverbrauch bestehen; es lag daher nahe, daß man auch die in der Holzbearbeitung so bewährten Bandsägen sich für die Holzschleifereien nutzbar machte. Man mußte zu diesem Zwecke natürlich besondere Bauarten schaffen, da die sonst üblichen Bandsägen nicht verwendbar waren. Bei den Bandsägen läuft bekanntlich ein endloses, bandförmiges Sägeblatt uber Rollen. Infolge der dünnen Sägeblätter fällt die Schnittfuge nur sehr schmal aus, was auf den Holzverlust den günstigsten Einfluß hat. Da die Bandsägen außerdem nur eine geringe Reibung des Blattes aufweisen, so ist der Kraftverbrauch bei ihnen geringer als bei allen anderen Sägemaschinen.

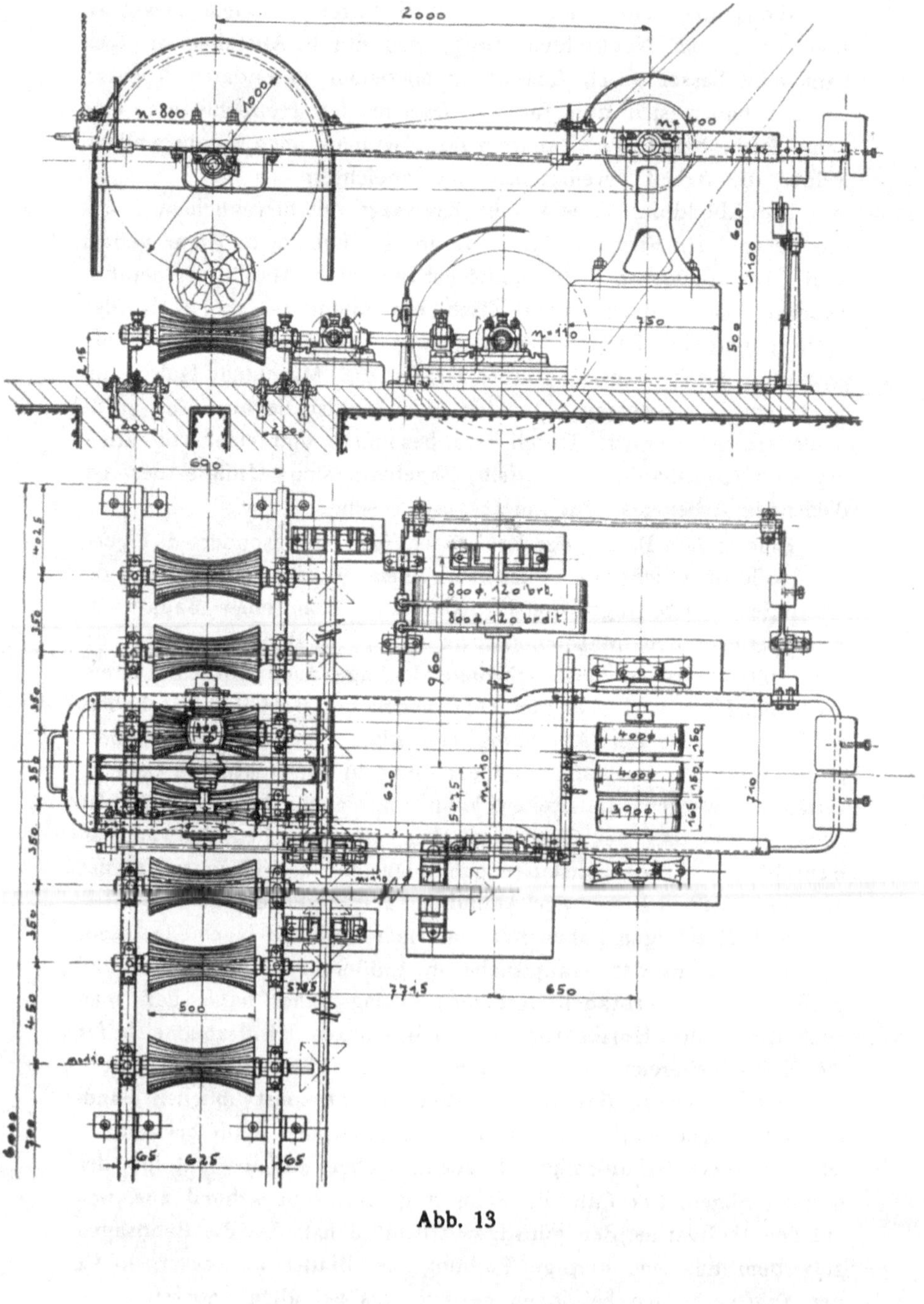

Abb. 13

Alle Kreissägen haben nun natürlich auch die Nachteile dieses Systems, die in der Hauptsache in dem großen Schnittverlust und in dem großen Kraftverbrauch bestehen. Dazu kommt noch die durch die daraus folgende Raffineurstoffbildung äußerst unangenehm empfundene splitterige („bärtige") Schnittfläche. Bei Verwendung von Bandsägen liegen die Verhältnisse bedeutend günstiger. Statt der Schnittbreite der Kreissäge von 4—6 mm wird mit der Bandsäge

Abb. 14

eine Schnittbreite von 1 mm bis höchstens 1,5 mm erreicht, bei vollkommen glatter, also splitterfreier Schnittfläche. Normale Bandsägen mit einem über 2 Blattrollen laufendem Sägeblatt eignen sich nun freilich nicht für Holzschleifereien wegen ihres zu kleinem freien Holzdurchlasses.

Eine für Holzschleifereien besonders geeignete Bauart ist die in Abbildung 14 gezeigte Schleifereisäge SS. der Firma Albert Bezner in Ravensburg. Bei dieser Maschine läuft das Sägeblatt über 3 Rollen. Dadurch wird innerhalb des Sägeblattes ein freier Raum für 2 m Holzlänge erzielt. Zu den oben genannten Vorzügen der Bandsäge ist bei der Schleifereisäge noch ihr geräuschloser Gang zu erwähnen und die durch ihre Konstruktion erreichte hohe Betriebssicherheit. Der Kraftbedarf der Maschine ist je nach Zustand des Sägeblattes, sowie nach Stärke und Beschaffenheit des Holzes etwa 1½—2 PS. Die Schleifereisäge SS. leistet bei einem mittleren Holzdurchmesser von 17 cm bis 600 Schnitte in der Minute. Bei 17 cm starkem Holz von 2 m Länge, das in 1 m Länge geschnitten werden soll, ergibt das etwa 18—20 rm in 1 Stunde. Die Bedienung der

Maschine ist einfach und dabei nicht so anstrengend als bei der Kreissäge, da das Holz auf einem Wagen liegend, leicht und ohne besonderes Nachdrücken durch das Sägeblatt geführt wird.

SPALTMASCHINEN

Bei kleineren Pressenschleifern macht es sich oft erforderlich, daß man zu starke Holzrollen spaltet, da sie in ihrer ganzen Stärke nicht in die Schleiferkästen eingebracht werden können. Man kann dieses Spalten ja nun wohl mit dem Beil oder mit Keilen von Hand vornehmen, hat aber dann mit einer mühseligen, Zeit und Lohn verschwendenden Arbeit zu rechnen und mit ziemlich viel Splittern. Es empfiehlt sich daher immer besondere Spaltmaschinen zu verwenden, die diese Arbeit in viel kürzerer Zeit mit wenig Kraftverlust und mit einem sauberen Schnitt ausführen.

Abb. 15

Naturgemäß müssen diese Maschinen ihrem Zwecke entsprechend sehr kräftig gebaut sein und eine lange, sichere Führung des Stößels haben, damit das Durchstoßen des Holzes mit Sicherheit erfolgt. Wie die Abbildung 15 zeigt, besteht diese Maschine, die von der Firma Albert Bezner in Ravensburg gebaut wird, aus einem schweren gußeisernen Gestell, in dem die kräftige Stahlkurbel gelagert ist. Bei kleineren Maschinen erfolgt der Antrieb durch eine als Schwungrad ausgebildete kräftige Vollscheibe, bei schwereren Maschinen, wie die Abbildung, durch ein reichlich starkes Zahnradgetriebe mit Winkelzähnen.

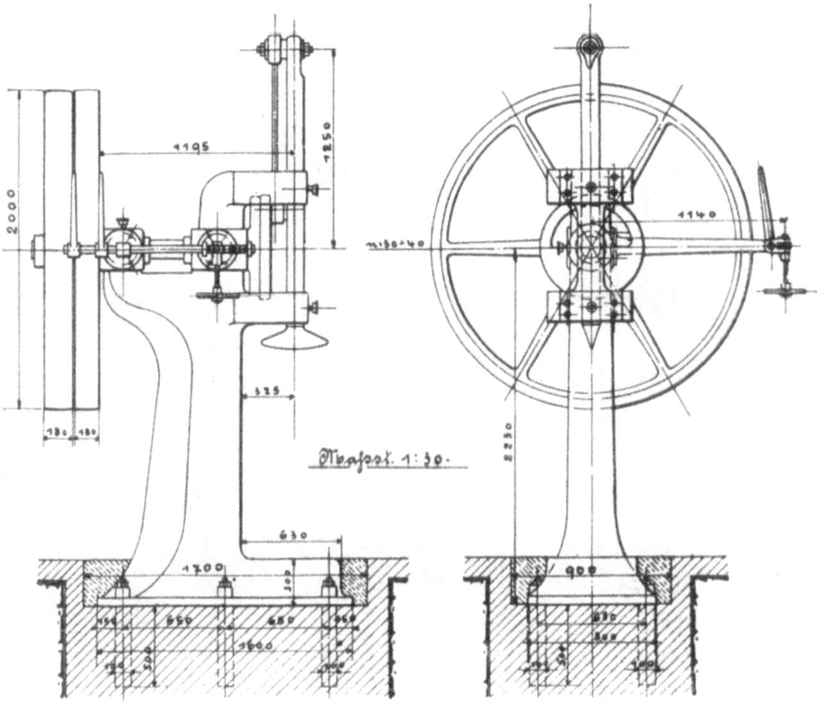

Abb. 16

Die Abbildung 16 zeigt eine Ausführung dieser Spaltmaschinen der Firma J. M. Voith in Heidenheim a. Brenz. Aus dieser Abbildung ist die Bauart und die Wirkungsweise der Maschine klar zu erkennen, so daß sich eine nähere Beschreibung erübrigt.

ASTBOHRMASCHINEN

Namentlich bei der Herstellung von bestem Feinschliff ist ein Entfernen der Aeste aus dem Holze erforderlich. In der Hauptsache verwendet man dazu Astbohrmaschinen, die sowohl als Wand- als auch als Ständerbohrmaschinen ausgebildet werden. Die Wandbohrmaschinen, wie sie in Abbildung 17 in einer Bauart der Eisengießerei und Maschinenfabrik A.-G. Bautzen gezeigt sind, bestehen nur aus

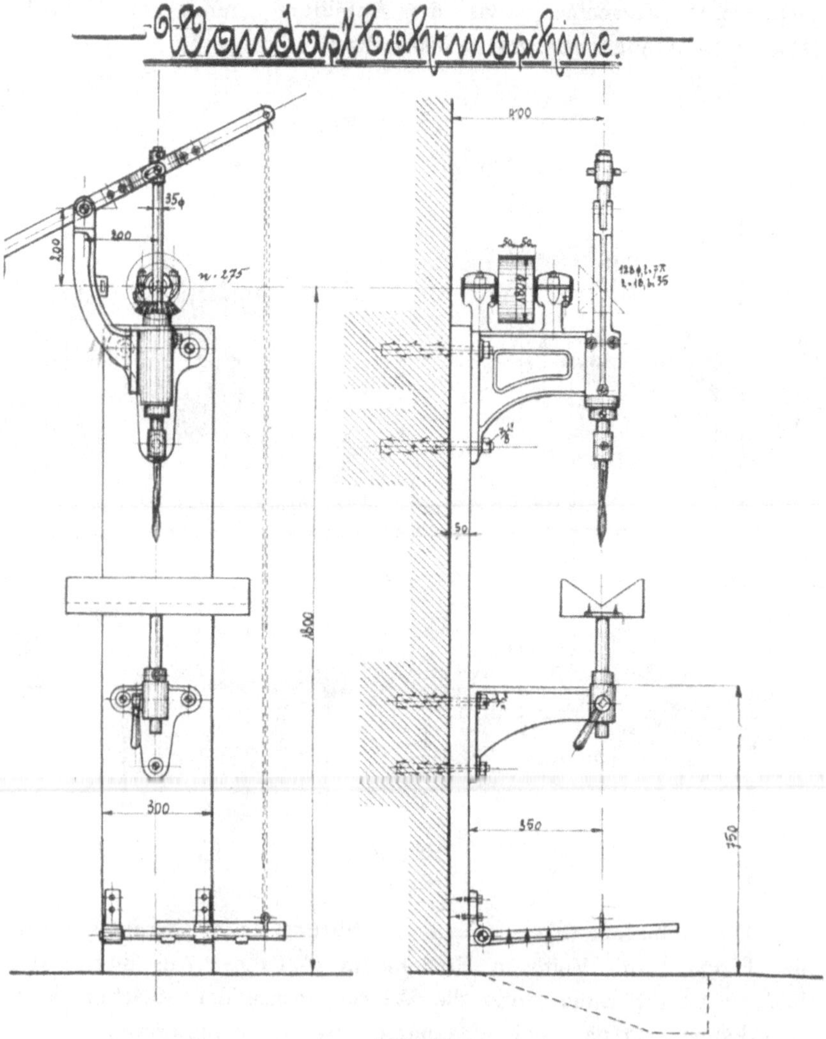

Abb. 17

einer vertikalen Bohrspindel. Die Wirkung und die Bauart bedarf weiter keiner Erläuterung.

Die Abbildung 18 zeigt eine Ständerbohrmaschine der Firma J. M. Voith in Heidenheim a. Brenz.

SPÄNEABSAUGUNG

In einer modernen Holzputzereianlage muß man auch Rücksicht auf die hygienischen Anforderungen nehmen und die Maschinen mit selbsttätiger Absaugung der Späne und des entstehenden Staubes einrichten. Die Einrichtung solcher Anlagen bringt viele Vorteile

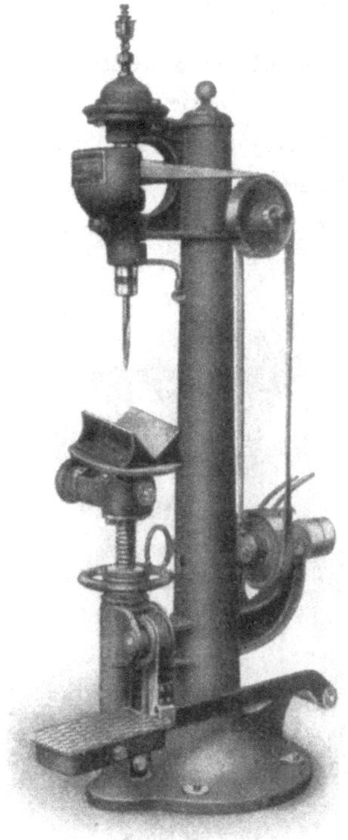

Abb. 18

mit sich. Die Arbeitsmaschinen bleiben stets sauber und daher in allen Teilen leichter zu überwachen, die Arbeitskräfte zum Entfernen der Späne werden gespart und Verletzungen und Unfälle beim Transport vermieden, die für die Lungen so schädliche Staubentwicklung kann bei guten Anlagen fast ganz vermieden werden und endlich wird die Feuergefährlichkeit der Betriebe ganz bedeutend herabgemindert.

Der Exhaustor mit den erforderlichen Leitungen wird vorteilhaft unter dem Fußboden angebracht. Wenn es die Verhältnisse nicht anders erlauben, z. B. wo die Absaugung noch nachträglich eingebaut werden muß, kann auch eine andere Führung der Rohre in Frage kommen.

Vom Exhaustor werden die abgesaugten Späne und Abfälle und auch der Staub durch die Druckleitungen nach dem Späneabscheider befördert, der auf einem erhöhten Standpunkt an der Stelle stehen soll, wo man die Späne hinhaben will, also z. B. im Kesselhaus. In diesem Späneabscheider werden die Späne ohne mechanische Mittel durch Zentrifugalwirkung von der Luft getrennt, die dann oben auch von Staub gereinigt ins Freie entweicht. Der Raum unter dem Späneabscheider soll geschlossen und so groß sein, daß die Masse der geförderten Späne bis zur Entleerung, welche durch einen Schieber erfolgt, darin Platz hat. Die Rohrleitungen setzen sich zusammen aus glatten Stücken, Krümmern,

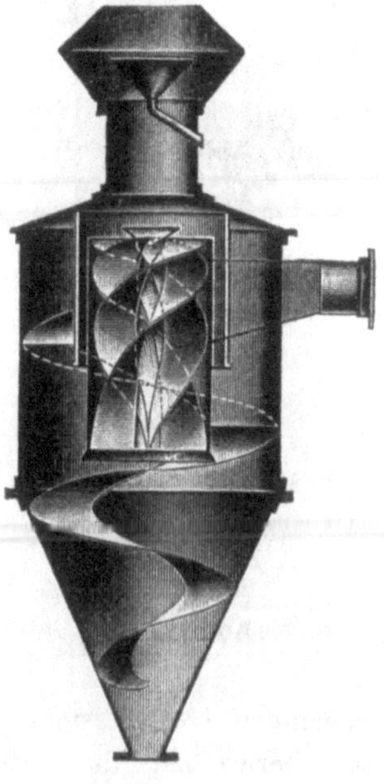

Abb. 19

Verjüngungen mit Abzweigen, Gabelstücken, Absperrschiebern, Verschraubungsflanschen usw.

Die Arbeitsweise der Späneabscheider gestaltet sich nun folgendermaßen: Die mit Staub und Spänen erfüllte Luft tritt durch die an der Seite des Abscheiders (Abbildung 19) befindliche Eintrittsöffnung tangential in dessen oberen Teil ein, wobei sie eine kreisende Bewegung annimmt. Zugleich wird der Luftstrom durch einen spiralförmigen Schneckengang während einer Umdrehung um die Höhe des Eintrittsquerschnittes abwärts geleitet, so daß sie mit dem eintretenden neuen Luftstrom nicht in Berührung kommen kann. Infolge dieser zweckdienlichen Führung des Luftstromes wird die Wirkung des Apparates wesentlich vergrößert, der Widerstand vermindert und hierdurch eine bedeutende Ersparnis an Kraft erzielt. Der spezifisch schwere Staub und die Späne werden durch die Zentrifugalkraft nach den Wandungen des Abscheiders geschafft und bewegen sich, geführt durch die Spirale, nach unten, wo sie unmittelbar abgenommen werden können. Die gereinigte Luft entweicht durch das Austrittsrohr, das durch eine Regenhaube mit Luftverteilungskegel abgedeckt ist, ins Freie.

Das Wegschaffen der Späne durch Arbeiter hat den großen Uebelstand, daß die Reinigung niemals gründlich erfolgt und daß sich dadurch der feine Staub naturgemäß an denjenigen Stellen unter der Maschine absetzt, wo Fett und Oel abtropfen. Derartige, mit Fett und Oel getränkte Späne entzünden sich aber erfahrungsgemäß leicht und bilden so für die Holzvorbereitung eine große und ständige Feuersgefahr. Die pneumatische Späneabsaugung hat außerdem noch den Vorteil, daß die Entfernung der Späne sofort und gründlich erfolgt, so daß sich nicht Brutstätten für Fäulniserreger und andere Schadlinge bilden können.

SCHÄLSPÄNEVERWERTUNG

Die nicht unbeträchtliche anfallende Spänemenge wurde bisher häufig bei Betrieben mit Dampfkraftanlagen unter den Kesseln mit Kohle vermischt verbrannt. Das geschah in den meisten Fällen wohl weniger um eine Heizwirkung zu erzielen, als vielmehr nur den lästigen Abfall zu beseitigen. Denn die losen Schälspäne bedeuten ja eine erhebliche Feuersgefahr für jeden Betrieb, sind außerdem, besonders wenn noch das Sauerkraut aus den Schleifern dazu kommt, wahre Niststätten für Fäulniserreger und Schädlinge. Es ist deshalb viel wirtschaftlicher, wenn man diese Abfälle in geeigneten Preßwerken zu Rollen preßt, die sich ohne Gefährdung des Betriebes bequem aufstapeln lassen, ein leichtes Transportieren gestatten und ein gutes Verbrennen mit besserer Heizwirkung ermöglichen.

Abb. 20 stellt die Anlage eines solchen Preßwerkes der Firma Albert Bezner in Ravensburg dar. Die mit diesem Preßwerk hergestellten Preßrollen haben eine Länge von etwa 1 m und, je nach ihrem Querschnitt bei den kleineren Maschinen ein Gewicht von

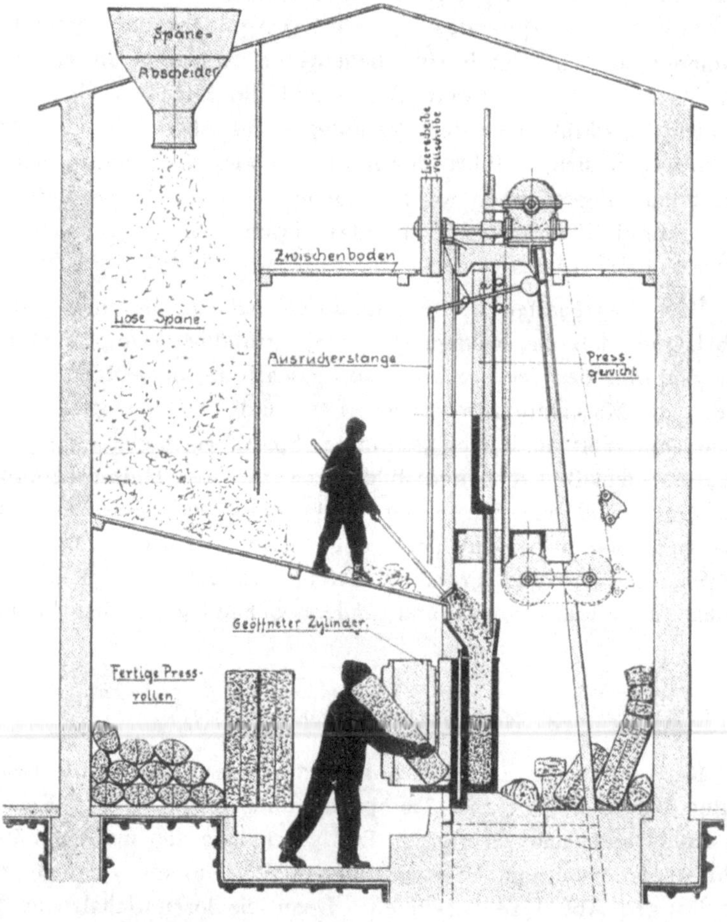

Abb. 20

etwa 20 kg bzw. 40 kg bei den größeren Maschinen. Da es sich bei den Preßwerken stets nur um Verarbeitung von Abfallmaterial handelt, ist es sehr günstig, daß zu dem inneren Zusammenhalten der Preßrollen keine teure chemische und andere Bindemittel nötig sind. Ein dünner Draht, der um die Preßrollen geschlungen wird, genügt vollkommen, selbst bei weiten Transporten. Bei Lagerung der Preßrollen können in den Aufbewahrungsräumen dem Gewicht nach 4—6 mal so viel Preßrollen als lockere Späne aufbewahrt werden. Die Preßrollen brennen wie Scheitholz, sie halten die Glut lange an, brennen vorzüglich und entwickeln eine intensive Hitze: 100 kg Preßrollen ersetzen den Heizwert von ungefähr 60 kg Steinkohlen, während 100 kg lockere Späne dem Heizwert von nur etwa 25 kg Steinkohlen entsprechen. Der Kraftbedarf des Preßwerkes beträgt bei der kleinen Maschine nur $1\frac{1}{2}$—2 PS, bei der größeren Maschine ungefähr 2,5 PS. Die stündliche Leistung ist bis 300 kg Späne bei der ersten, und etwa 600 kg Späne bei der zweiten Größe, oder je etwa 15 Preßrollen.

*

DAS SCHLEIFEN DES HOLZES

Die Holzschleifer haben den Zweck, die Fasern aus dem Holzkörper herauszulösen, man unterscheidet nun grundsätzlich folgende Verfahren, mit denen man Holzschliff für die verschiedensten Verwendungszwecke herstellen kann, und zwar als Kalt-, Warm- und Heißschliff.

Man kann diese Stoffsorten nun nach verschiedenen Verfahren herstellen, und zwar:

1. Als Querschliff, bei dem das Holz mit seinen vorwiegend längs liegenden Fasern im rechten Winkel zur Schleifrichtung an-

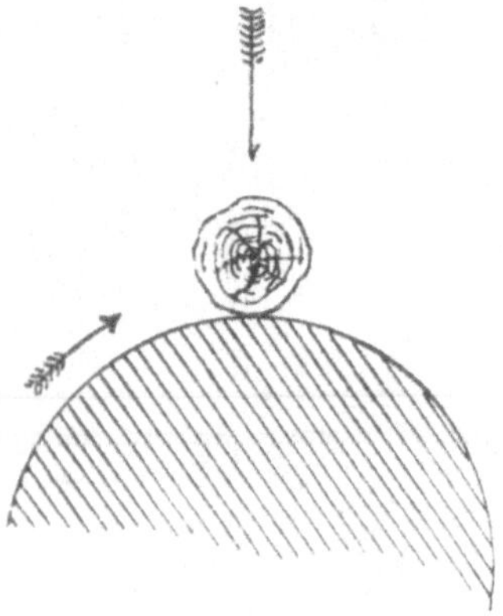

Abb. 21

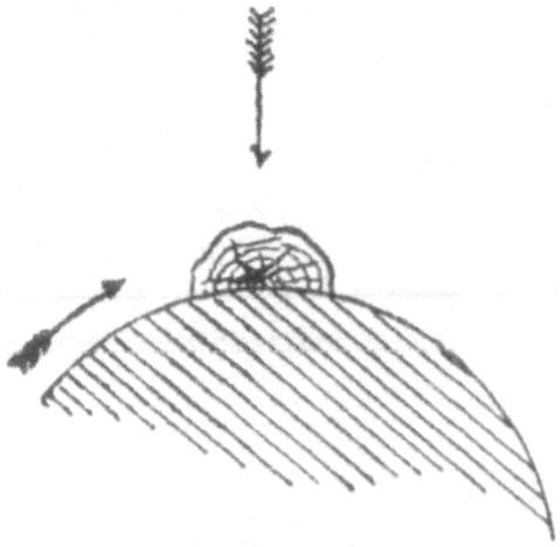

Abb. 22

gepreßt wird. Der Querschliff ist das heute fast ausschließlich angewendete Verfahren, obgleich auch der Längs- und der Diagonalschliff recht gute Ergebnisse erzielen. Die Schleifklötze liegen also senkrecht zur Drehrichtung des Steines Abbildung 21 und 22. Die Holzfasern werden also seitwärts vom Stamme abgeschliffen, und zwar anfangs nur in einer mathematischen Linie, die sich aber zu einer breiten Fläche vergrößert, je mehr der Klotz abgeschliffen wird. Bis zur Mitte ist dann das Maximum erreicht und dann beginnt wieder eine Abnahme. Während des Maximums bremst der Klotz den Stein am meisten, was außerdem den Nachteil hat, daß das Spritzwasser nicht so leicht an alle Punkte der Schleiffläche gelangen kann, was für ein gutes Mahlen und Reinigen des Steines von Wichtigkeit ist. Der Stoff ist verhältnismäßig sehr kurz. Die Welle des Steines kann sowohl horizontal liegen (Vertikalschleifer) als auch vertikal (Horizontalschleifer). Letztere Bauart hat wohl den Vorteil, daß der Druck nicht einseitig auf der Welle wirkt, da die Schleifkästen gleichmäßig am ganzen Umfange des Steines verteilt werden können. Als großer Nachteil hingegen ist bei ihr zu betrachten, daß der Antrieb unter den meist in Holzstoffabriken zu findenden Verhältnissen Schwierigkeiten macht, da er entweder durch Kegelräder oder Halbkreuztriebe erfolgen muß. Eine direkte Kupplung der Schleiferwelle mit der Welle des Antriebsmotors ist daher nicht immer möglich und beschränkt sich nur auf Wasserturbinen und Elektromotoren, deren Ausführung mit stehender Welle keine großen Schwierigkeiten macht, allerdings im letzteren Falle Sonderkonstruktionen verlangt, die teuer sind. Bei Schleifern mit horizontaler oder liegender Welle sind jedoch alle Antriebsmöglichkeiten gegeben.

2. Als Längsschliff, bei dem das Holz mit seinen längsliegenden Fasern in gleicher Richtung wie die Schleifrichtung liegt, die Anordnung der Welle kann wie beim Querschleifen horizontal und vertikal sein. Durch das Längsschleifen werden die vorwiegend parallel zur Längsrichtung des Holzes liegenden Fasern mehr abgeschält, so daß sie naturgemäß länger bleiben müssen. Das geschah früher, indem man die Klötze dicht nebeneinander nicht quer über den Stein, sondern in der Drehrichtung auf denselben legte und andrückte, wie es die Abbildungen 23 und 24 zeigen. Dadurch ergab

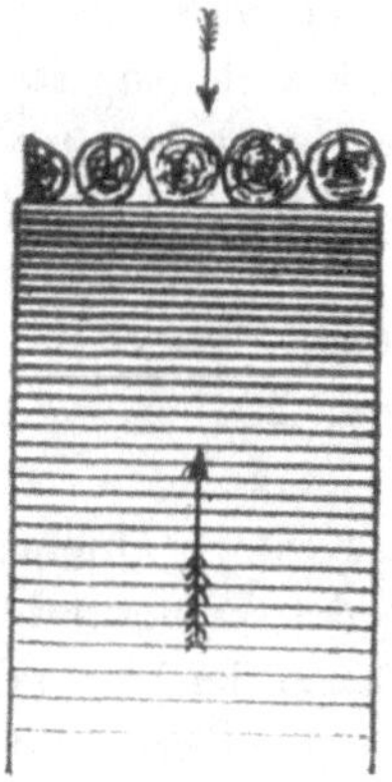

Abb. 23

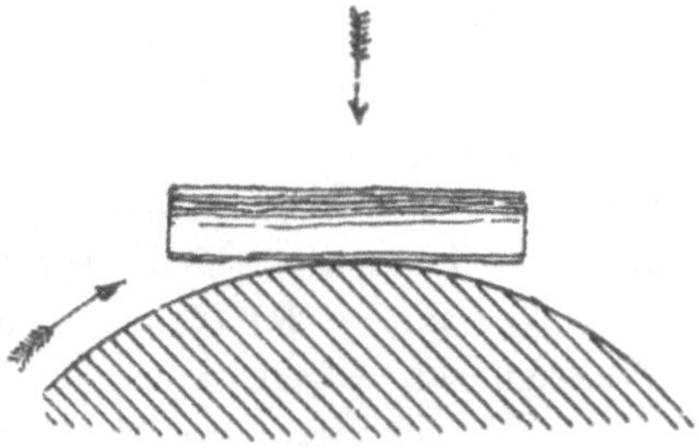

Abb. 24

sich jedoch der Uebelstand, daß die einzelnen Klötze so aufgearbeitet wurden, wie es Abbildung 25 zeigt. Hierbei fallen rechts und links vom Stein große Holzstücke ab und außerdem wird die arbeitende Schleiffläche so groß, daß das Spritzwasser schlecht oder gar nicht hindurch kann und die Poren des Steines sich mit Holzschliff verstopfen, der Stein also sehr leicht stumpf wird. Die Beseitigung dieses Uebelstandes erfolgte dadurch, daß man drei oder mehr kleinere Schleifsteine dicht hintereinander aufstellte und das zu schleifende Holz in ganzen Stammlängen oder wenigstens in Stücken von 4—5 m über sämtliche Steine hinweglegte und dem Holze eine hin- und hergehende Bewegung gab. Die einzelnen Holzstücke

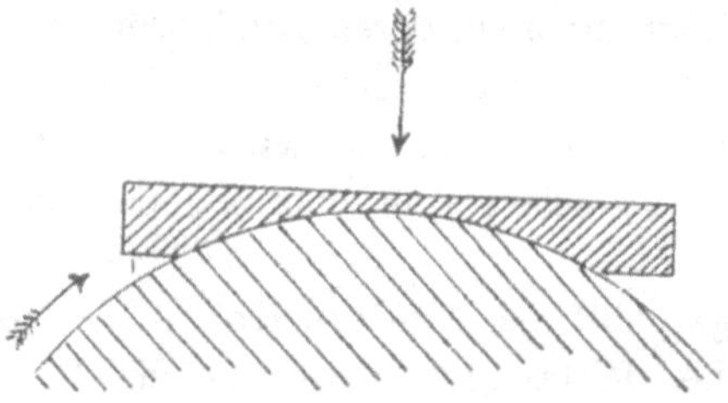

Abb. 25

wurden zu diesem Zwecke in einen langen eisernen Rahmen gelegt, der durch eine Pleuelstange mit einer Kurbel verbunden war und von dieser hin- und hergehende Bewegung erhielt. Dadurch konnten die Stämme gleichmäßig abgeschliffen werden, die Steine blieben mit Ausnahme des oberen Teiles stets frei, konnten vollkommen abgespritzt werden und boten so dem Holze eine stets scharfe Fläche dar. Diese Längsschleifer wurden später verschiedentlich verbessert, bleiben aber immerhin komplizierte Maschinen, so daß sie heute nicht mehr gebaut werden; erst der weiter unten besprochene stetige Schleifer hat die Möglichkeit gegeben, brauchbare Apparate für Längsschliff zu bauen.

Daß sich der Längsschliff auch sonst nicht besonders einbürgern konnte, mag darauf zurückzuführen sein, daß er, wenn er auch länger als der Querschliff ist, so daß das Papier fester wird, doch steifer und spröder als der Querschliff ausfällt, so daß sich bei der Verarbeitung auf der Papiermaschine leicht Schwierigkeiten zeigen, indem er das Wasser leichter fahren läßt, da er nicht schmierig ausfällt. Für dicke Papiere und für Holzpappen würde allerdings diese Eigenschaft als Vorteil zu bezeichnen sein.

3. Als Diagonal- oder Schrägschliff, bei dem die Faserrichtung des Schleifholzes in einem mehr oder minder großen Winkel zur Schleifrichtung liegt. Da bei diesem Verfahren die Anpressung des Holzes nicht am Umfange des Steines erfolgen kann, sondern an dessen Stirnseite vorgenommen werden muß, so müssen die

Apparate stehende Wellen haben. Abbildung 26. Diese Schleifer sind auch unter dem Namen Kopfschleifer bekannt. Infolge der Wellenanordnung haben sie natürlich auch alle Nachteile dieser Schleifer bezüglich des Antriebes, sie besitzen aber den Vorteil, daß man den Stein an seinem Umfang durch Eisenbänder binden kann, so daß die Gefahr durch die Einwirkung der Zentrifugalkraft geringer wird; man könnte diese Schleifer daher auch mit größerer Umlaufsgeschwindigkeit betreiben.

Die Güte des Stoffes kann nun sehr verschieden sein, wie auch die Anforderungen seitens der Abnehmer in weiten Grenzen je nach dem Verwendungszweck schwanken. Im allgemeinen sollte man aber bestrebt sein, nur Qualitätsstoff herzustellen, also Feinschliff. Wenn man früher den alten Grundsatz hatte, daß das Papier im Holländer gemacht werde, so trifft das bei stark holzhaltigen Papieren nicht zu, denn diese werden auf dem Schleifer gemacht. Heute wird Holzstoff vielmehr auch zu besseren Papieren verarbeitet als vor dem Kriege. Begünstigt wird das durch die Ausbildung der Schleifverfahren und vor allen Dingen auch durch die Schaffung von Maschinen, die die Erzeugung eines Holzschliffes in höchster Vollendung gestatten. Bahnbrechend sind dabei diejenigen Papierfabriken vorgegangen, die sich eigne Holzschleifereien angegliedert haben, um sich den Stoff selbst herzustellen, sei es um sich vom Handelsschleifer unabhängig zu machen oder um den Schliff in einer Güte herzustellen, wie ihn der Handelsschleifer

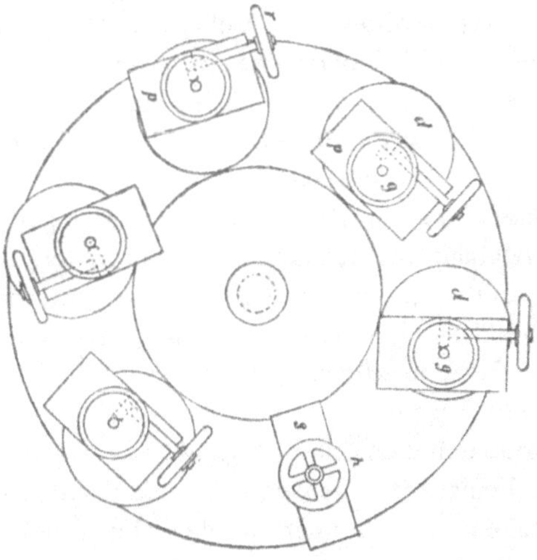

Abb. 26

aus begreiflichen Gründen nicht immer liefern kann, da er in dieser Beziehung zu vielen Anforderungen gerecht werden muß.

Unter allen Umständen sollte man aber danach hinstreben, Feinschliff zu erzeugen. Feinschliff ist ja nun an und für sich ein dehnbarer Begriff, da die verschiedenen Sorten, die einem besonderen Verwendungszweck angepaßt sind, als solcher bezeichnet werden können, ohne daß die eine die Eigenschaften der anderen haben muß. Schnellaufende Rotationsmaschinen verlangen einen anderen Schliff als für bessere Schreib- und Druckpapiere, während z. B. für zu überklebende Kartonpapiere ein feiner Schliff nicht erforderlich ist. Feinschliff darf im gelösten und stark verdünnten Zustande für das freie Auge erkennbare Faserbündel (Splitter) nicht mehr enthalten. Holzfasern sind höchstens 1—4 mm lang und 0,02 bis 0,07 mm stark und sind vorwiegend parallel zur Stammachse gelagert.

Feinschliff kann schmierig und rösch sein, je nach dem Verwendungszwecke. Je größer die Gesamtoberfläche der Faser, d. h. je schmieriger der Stoff ist, desto größer wird die Stärke des Erzeugnisses, desto größer also die Griffigkeit. Dieser Zustand ist nicht durch das Mahlen im Holländer zu erreichen, starkes Mahlen erzeugt Minimaloberfläche in quergeschnittenen Fasern. Schon bei der Herstellung des Schliffes ist eine Schmierigkeit zu erreichen, wenn Wert auf solchen Stoff gelegt wird. Durch die Verwendung von leicht geschärften, weichen Steinen erfolgt ein Ablösen und Quetschen der Fasern unter Schonung der Länge, ähnlich wie beim Mahlen im Holländer mit stumpfen Messern.

Feinschliff soll also vor allen Dingen splitterfrei sein. Die Güte des Holzschliffes ist natürlich abhängig von der Herstellungsweise und es ist nicht in allgemeiner Weise zu beantworten, welche Einrichtungen und Erzeugnisse die richtigen sind. Eine große Anzahl von Umständen haben ihren Einfluß auf die Güte des Stoffes.

Man kann Feinschliff ebensogut im Kalt- wie im Heißschleifverfahren herstellen, aber immer werden die erzielten Erfolge je nach den Verhältnissen verschieden sein. Vor allen Dingen muß man bemüht sein, schon auf den Schleifern von Anfang an einen möglichst splitterfreien Stoff herzustellen, gleichviel ob dieser rösch oder schmierig, lang oder kurz ausfallen soll, und nicht dem Sortierer und dem Raffinieur zumuten, die Splitter zu entfernen, man wird dann niemals zu einem guten Ergebnis kommen und neben hohem Stoffverlust eine unnötig hohe Kraftaufwendung brauchen. Es ist also falsch, die Splitterfreiheit durch nachträglich feine Sortierung erreichen zu wollen, obgleich diese nicht entbehrlich ist.

Auf die Güte des Schliffes haben nun bekanntlich folgende Umstände ihre bestimmenden Einflüsse:

Wahl des Holzes,
Steinart und Schärfung,
Pressendruck und Größe der Schleiffläche,
Umfangsgeschwindigkeit des Steines,
Kalt-, Warm- oder Heißschliff.

Es darf als bekannt vorausgesetzt werden, daß im allgemeinen durch frisches Holz leichter ein splitterfreier Stoff herzustellen ist, als mit altem und abgelagertem Holz, obgleich sich das Ziel natürlich auch mit diesem erreichen läßt. Gegebenenfalls macht es sich nötig, das Holz zu sortieren, um einen gleichmäßigen Stoff zu erzielen.

Ob nun künstliche oder Natursteine vorzuziehen sind, darüber kann ein allgemeines Urteil nicht gefällt werden, beide weisen Vorzüge und Nachteile auf, die weiter unten in einem besonderen Abschnitt behandelt werden sollen. Die Schärfe der Steine soll für Feinschliff nicht zu groß sein; beim Nachschärfen ist zu beachten, daß man den Pressendruck etwas zurückgehen lassen muß. Die künstlichen Steine verlangen ein viel selteneres Nachschärfen.

Die Menge des zugeführten Spritzwassers ist von größtem Einfluß auf das Erzeugnis und bestimmt im allgemeinen den Unterschied zwischen Kalt-, Warm- und Heißschliff. Man beschränke die Zugabe des Spritzwassers auf das geringste Maß, so daß der Stein nicht zu sehr verschmiert wird und keine zu große Erhitzung erfährt. Vor allen Dingen vermeide man auf einen sehr heiß gewordenen Stein große Mengen sehr kalten Spritzwassers zu bringen, da sich sonst Sprünge und Risse bilden, die den Stein unbrauchbar machen oder gar zu Steinexplosionen führen können. Bei geringem Wasserzusatz verschmiert der Stein in gewissen Grenzen und erwärmt sich, so daß warm geschliffen wird. Der Stoff bleibt am Stein sitzen und wird mit herumgenommen, kommt wieder zwischen Stein und Holz und wird auf diese Weise raffiniert, so daß er fein und schmierig ausfällt. Der Kraftverbrauch für die gleiche Menge Stoff steigt natürlich. Es ist aber dabei zu beachten, daß infolge des feineren und splitterfreieren Stoffes wesentlich weniger Raffineurstoff anfällt, so daß der Raffineur ganz bedeutend entlastet wird und die dadurch freiwerdende Kraft für den Schleifer nutzbar gemacht werden kann. Der geringere Anfall an solchem Grobstoff beträgt beim Warm- und Heißschliff gegenüber dem Kaltschliff bis zu 50 v. H., und auch mehr. Daraus erklärt es sich auch, daß bei modernen Großkraftschleifereien, die doch alle mehr oder weniger heiß schleifen, nur verhältnismäßig kleine Raffineure erforderlich sind.

Etwas anders verhält sich die Sache allerdings, wenn der Stoff unter dem Stein gestaut wird, so daß derselbe darin watet, und mit wenig Spritzwasser gearbeitet wird. Der Stein wird dann immer wieder in dem dicken Stoffbrei reingewaschen, man schleift dann heiß, wobei man an und für sich leichter einen splitterfreien Stoff erzielt. Es ist allerdings dabei zu beachten, daß das Erhitzen des Steines und des Stoffes über ein gewisses Maß nicht hinausgetrieben werden darf, da sonst mehr Schäden als Vorteile entstehen und der Kraftverbrauch ganz unverhältnismäßig steigt. Vorteilhaft ist es beim Heißschliff, das Wasser in möglichst kurzen Kanälen, also möglichst warm wieder auf den Stein zu bringen, so daß man mit einem Spritzwasser von 60—70° arbeitet. Namentlich bei schmierigem Feinschliff kann man dadurch eine Erhöhung der Erzeugung erzielen.

Das Sortieren des heißen Stoffes ist wesentlich leichter; die Sortierung läßt sich viel reiner durchführen, da sich die Stofffasern nicht so leicht zusammenbündeln, wie das bei kaltem Wasser der Fall ist. Es können feinere Lochungen für die Siebe verwendet werden und der anfallende Raffineurstoff wird geringer.

Zur Erreichung eines guten Feinschliffes ist es erforderlich, mit einem möglichst hohen Pressendruck zu arbeiten, und möglichst große Schleifflächen anzuwenden, damit der Stoff schon auf dem Schleifer zwischen Stein und Holz möglichst raffiniert wird. Die Art der Belastung der Pressen ist überhaupt beim Holzschleifen von größter Bedeutung, da sie eben auf die Güte und die Menge der Erzeugung einen bestimmenden Einfluß hat. Die Pressenbelastung kann grundsätzlich auf vier verschiedene Arten erfolgen, und zwar

1. durch direkte Gewichtsbelastung,
2. durch indirekte Gewichtsbelastung,
3. durch mechanischen Vorschub,
4. durch hydraulische Belastung.

Die Anwendungsmöglichkeit der direkten Gewichtsbelastung ist beschränkt, da sie nur da vorteilhaft anzuwenden ist, wo der Druck auf das Schleifholz senkrecht von oben wirken kann, also bei den Magazinschleifern, wo die Belastung allerdings nur zum Teil aus direkter Gewichtsbelastung besteht, zum größten Teil aber aus hydraulischer Belastung, und beim stetigen Schleifer, wo aber auch nicht allein die direkte Gewichtsbelastung wirkt.

Die indirekte Gewichtsbelastung kann nun erfolgen durch Winkelhebel, deren langer Hebelarm durch Gewichte belastet wird. Diese Art ist bei allen Schleiferarten anwendbar. Das andere Mal findet die direkte Gewichtsbelastung durch Zahnstangen und Preßplatten-Druckstangen, eingreifende Getriebe mit Band-, Schnur- oder Kettenrolle auf einer Achse Verwendung. Auf dieser Rolle liegt ein Band, eine Schnur oder eine Kette, durch die ein am Ende angehängtes Gewicht auf den Umfang der Rolle wirkt. Diese Ausführung ist bei allen Schleifersystemen anwendbar, wird aber bei neueren Bauarten nicht mehr gebraucht.

Der mechanische Vorschub der Pressen kann auf die verschiedenste Weise erfolgen und ermöglicht in seinen verschiedenen Ausführungen ein Einstellen des Pressendruckes nach den für eine bestimmte Holzsorte und Stoffart gemachten Erfahrungen. Obgleich der mechanische Vorschub schon bei den ersten betriebsfähigen Schleifern angewendet wurde, findet man ihn heute in verbesserten Ausführungen noch bei neueren Apparaten.

Die hydraulische Pressenbelastung ist nun als die vollkommenste anzusehen. Sie ermöglichte es überhaupt erst, Schleifer mit so großer Kraftaufnahme auf einen Stein zu bauen, wie sie heute in modernen Holzschleifereien zu finden sind.

Von größter Wichtigkeit ist auch die Gleichmäßigkeit des Ganges, die wieder durch verschiedene Umstände beeinflußt werden kann. Vorausgesetzt, daß die Regulierung und damit der Gang der Kraftmaschine vollkommen gleichmäßig ist, können Schwankungen in der Umfangsgeschwindigkeit des Schleifers durch Vorgänge im Schleifer herbeigeführt werden. So z. B. durch Preßkasten und Nachstellplatten, die nicht genügend an den Stein herangestellt sind. Die Hölzer schleifen sich erfahrungsgemäß niemals ganz gleichmäßig ab, so daß an den Seiten die Späne dünner werden als in der Mitte. Sie werden dann von dem Stein unter dem Preßkasten hervorgezogen, klemmen sich fest, besonders wenn Aeste darin sind, und verursachen so einen ungleichmäßigen Gang. Auch mit zunehmender Verringerung des Steindurchmessers durch das Schärfen und die Abnutzung leidet die Stoffgüte und -gleichmäßigkeit leicht, da dann naturgemäß die Umfangsgeschwindigkeit geringer wird.

Je größer die Preßfläche ist und je weniger Pressen auf einen Stein arbeiten, desto geringer ist die Gefahr der Schwankungen. Bei den vielpressigen Schleifern ist man sehr von der Aufmerksamkeit und der Gewissenhaftigkeit der Arbeiter abhängig.

KRAFTVERBRAUCH

Der Kraftbedarf beim Holzschleifen ist nun sehr verschieden und von mehreren Umständen abhängig, von denen die wichtigsten sind:

1. die Oberfläche des Steines,
2. der Pressendruck unter dem geschliffen wird,
3. die Umdrehungszahl des Steines,
4. die Art des Holzes,
5. das spezifische Gewicht, die Beschaffenheit und der Feuchtigkeitsgrad des Holzes,
6. die Lage des Schleifholzes in den Preßkästen.

Es ist nun kaum möglich, daß man Kraftverbrauchszahlen angeben kann, die auch nur einigermaßen für alle Verhältnisse passen. Man rechnet aber in Deutschland allgemein, daß man zur Erzeugung von 100 kg lufttrockenem Stoff in 24 Stunden einen Kraftbedarf von 5—7 PS hat, und zwar nur zum Schleifen, wozu dann noch der Bedarf für die Hilfsmaschinen zu rechnen ist, also für Sortierer, Raffineure, Entwässerungsmaschinen, Bütten, Pumpen usw. Man kann hierfür etwa 1,2—1,5 PS für 100 kg lufttrockenen Stoff in 24 Stunden rechnen, ist aber damit immer sehr abhängig von der Anlage, also vor allen Dingen von der Konstruktion der Hilfsmaschinen und vor allen Dingen von den Antriebsverhältnissen. Auch bei den Schleifern schwankt der Bedarf sehr mit der Größe der Kraftaufnahme auf einen Stein. Bei kleineren Einheiten mit nur wenigen PS Kraftaufnahme wird der Bedarf naturgemäß größer sein müssen, als bei großen Einheiten, die mehrere Hundert PS auf einen Stein aufnehmen können. Naturgemäß hat auch der Feinheitsgrad des herzustellenden Stoffes einen großen Einfluß auf den Kraftbedarf. Für feinste Schliffe muß man schon für 100 kg lufttrockenen Stoff in 24 Stunden mit 10 und sogar 12 PS rechnen. Amerikanische Schleifereien geben meist einen viel niedrigeren Kraftbedarf an, das hat seinen Grund darin, daß diese bei weitem keinen so feinen Stoff herstellen und vielfach auch nicht einmal raffinieren. Für deutsche Verhältnisse würde ein solcher Holzschliff unverkäuflich sein.

Alle Angaben über den Kraftbedarf von Holzschleifereien bauen sich nun mehr oder weniger auf den Versuchen Prof. Kirchners auf.

Der Einfluß der Steinbeschaffenheit äußert sich verschieden. Man erzeugt mit einem frisch geschärften Stein bis zu 2,5mal so viel Stoff, als mit einem stumpfen Stein bei gleichem Aufwand an Kraft. Die Ausbeute aus einem Festmeter Holz wird dadurch allerdings kaum beeinflußt, d. h. man erzeugt aus einem Festmeter mit einem scharfen Stein ebensoviel Stoff wie mit einem stumpfen. Bei sehr scharfen Steinen hat man aber mit einem größeren Anfall an Grobstoff zu rechnen, also an Splittern, die dann mit großem Kraftaufwand raffiniert werden müssen. Mit nicht allzuscharfen Steinen erzielt man allerdings bei höherem Kraftaufwand einen besseren Stoff.

Der Pressendruck äußert sich in nachstehender Weise: Mit zunehmendem Pressendruck sinkt der Kraftbedarf für 100 kg Stoff in 24 Stunden, man kann aber aus den Kirchnerschen Versuchen mit Sicherheit schließen, daß auch bei weiterer Steigerung des Pressendruckes als heute üblich der Kraftbedarf nicht mehr unter die heutigen günstigsten Ziffern von etwa 5 PS für 100 kg lufttrockenen Stoff sinken wird. Eine zu große Steigerung des Pressendrucks ist aber bedenklich und zu verhüten, da der erzeugte Stoff wieder splitteriger wird.

Die Umfangsgeschwindigkeit des Steines hat einen günstigen Einfluß auf den Kraftbedarf des Schleifers, da derselbe mit zunehmender Umfangsgeschwindigkeit sinkt. Die Steigerung der Umfangsgeschwindigkeit ist aber begrenzt, über die heute erzielten Geschwindigkeiten von etwa 18 m in der Sekunde wird man nicht mehr wesentlich hinausgehen können, da die Festigkeit des Steines hier mitspricht. Weder der Kunst- noch der Naturstein können mit Zuverlässigkeit größere Geschwindigkeiten aushalten, wenn man nicht in Gefahr laufen will, sich Steinexplosionen auszusetzen. Wenn in vereinzelten Fällen mit dem einen oder dem anderen Stein höhere Umfangsgeschwindigkeiten erreicht wurden, so handelt es sich um Ausnahmen.

Die Art des Holzes macht sich ebenfalls sehr verschieden bemerkbar. Zur Erklärung sei hiernach eine Tabelle von Versuchen Prof. Kirchners aufgeführt. Zu bemerken ist dabei noch, daß diese Versuche mit der für heutige Verhältnisse ziemlich niedrigen Umfangsgeschwindigkeit von 12 m/sek. und einem Pressendruck von 1385 kg/cm^2 bei reichlicher Spritzwasserzufuhr ausgeführt wurden. Es handelt sich also um Kaltschliff.

Holzart	Beschaffenheit		Benötigte Arbeit in PS/100 kg lufttrockenen Stoff in 24 Stunden gut geschärft	schwach geschärft
Fichte	frisch	weiß	3.09	—
	trocken	„	3 47	4.08
	„	braun	3.75	—
Kiefer	frisch	weiß	3 63	—
	trocken	„	3.27	—
	frisch	braun	3 45	—
	trocken	„	3 18	—
Aspe	frisch	weiß	2.82	3.52
	trocken	„	2 95	—
Pappel	frisch	„	3.62	3.92
Linde	„	„	3.73	4.04
Birke	„	„	3.26	—
Weide	„	„	3.09	4.29
Erle	„	„	—	3.51
Rotbuche	trocken	„	—	3.81
Eiche	„	„	—	4.34
Ahorn	frisch	„	—	5.14
Ulme	„	„	—	6.94

Unter der Bezeichnung weiß ist zu verstehen, daß das Holz im rohen Zustande verschliffen wurde, während unter braun gekochtes oder gedämpftes, also Braunholz, zu verstehen ist.

Das Kochen oder Dämpfen, das beim Abschnitt Braunholzstoff noch näher erörtert werden soll, hat auf den Kraftbedarf einen nicht unbedeutenden Einfluß, und zwar vor allen Dingen die Dämpfungsdauer. Der Einfluß wurde festgestellt wie folgt:

Dauer des Kochens ohne Druck	0	2	4	6	8	10	Stunden
Kraftbedarf	7.60	9.26	10.39	10.75	10.55	10.49	PS

Mit längerer Dämpfung oder Kochung steigt also der Kraftbedarf bis zu einer Behandlungsdauer von etwa 6 Stunden an, um dann langsam wieder abzunehmen. Der höhere Kraftverbrauch ist in erster Linie dadurch bedingt, daß durch die Vorbehandlung der ganze Holzkörper aufgelockert ist, indem ein großer Teil seiner Inkrusten gelöst wurde, so daß das Holz schlüpfrig wird und im Preßkasten federt.

Beim Heißschleifen wird die Wärme nicht äußerlich künstlich erzeugt, sondern nur durch den außergewöhnlich starken Druck des Holzes auf den Stein und die Anwendung von nur sehr wenig Spritzwasser hervorgerufen. Es kommt dann dazu, daß die Umfangsgeschwindigkeit des Schleifsteines 15—16, ja sogar neuerdings bis zu 18 m/sek. beträgt. Durch das Zusammenwirken dieser Verhältnisse wird natürlich eine sehr starke Reibung erzeugt, die Wärme entwickelt. Man betrachtete diese Wärme früher in der Holzschleiferei als schädlich, weil sie einen Kraftverlust bedeutet. Beim Kaltschliff wird aber ebensogut Wärme entwickelt, trotzdem man mit weit geringerem Drucke schleift, diese Wärme wird nur sofort durch die Anwendung der großen Mengen Spritzwassers unschädlich gemacht und kann dadurch auch nicht die günstigen Einflüsse auf den Stoff ausüben, die bei Warm- und noch mehr beim Heißschleifen vorhanden sind. Man hat früher bei Heißschliff einen Kraftverlust gegenüber dem Kaltschliff bis zu 50 v. H. errechnet, der aber tatsächlich nicht vorhanden ist, wenigstens in keinem Falle in so hohem Maße.

Der Einfluß des Pressendruckes auf den Kraftbedarf kennzeichnet sich am besten aus nachfolgender Tabelle, die ebenfalls auf Kirchnerschen Versuchen beruht.

a) Bei g Druck p. qcm Schleiffläche	b) Arbeitsverbrauch in PS	c) Leistung g lufttr. Stoff im ganzen i. d. Minute	d) Leistung g an lufttr. Stoff p. PS i. d. Minute	e) 100 kg lufttr. Stoff erford. in 24 Stdn. PS
50	0,94	5,6	6,0	11,5
100	1,44	16,0	11,2	6,2
150	2,06	27,2	13,6	5,1
245	2,81	45,6	16,8	4,1
385	4,06	64,0	16,0	4,3
500	5,06	59,4	12,0	5,8

Die Lage des Holzes in den Pressen hat naturgemäß ebenfalls einen nicht außer acht zu lassenden Einfluß auf den Kraftbedarf. Die größte Gefahr besteht darin, daß das Holz in den Pressen festklemmt, wenn es nicht sorgsam eingelegt wurde. Es besteht dann immer die Möglichkeit, daß in einer oder in mehreren Pressen das Holz klemmt, so daß die noch arbeitenden dann den ganzen Druck aufnehmen müssen. Der Stoff wird dadurch ungleichmäßig und gröber. Auch bei den weiter unten zu besprechenden Magazinschleifern kommt es vor, daß sich die Rollen im Magazin klemmen und dann sogenannte Brücken bilden. Die Wirkung ist dann die gleiche, als wenn sich das Holz in den Pressen klemmt. Man hat deshalb an diesen Schleifapparaten Vorrichtungen getroffen, welche das Klemmen unmöglich machen sollen.

Im Festheft des „Papierfabrikanten" 1911 ist eine Formel angegeben, welche es ermöglicht, den Kraftbedarf eines Schleifers für die Praxis hinreichend genau zu berechnen.

$$\alpha = F \cdot D \cdot n \text{ und } N = \alpha \cdot \beta$$

In dieser Formel bedeuten:

α = Leistungskoeffizient, als Vergleichsgröße der Leistungsfähigkeit im Verhältnis zu Durchmesser, Schleiffläche und Umdrehungszahl des Steines.

F = Schleiffläche in qm, d. h. die Summe der Flächen, auf denen das Holz gegen den Stein gepreßt wird.

D = Durchmesser des Steines in Meter.

n = Umdrehungszahl des Steines in der Minute.

β = Qualitätskoeffizient, der abhängig von der Art und der Güte des zu erzeugenden Stoffes ist, und zwar:

0,65—0,80 für feinen braunen Stoff und allerfeinsten Weißschliff.

0,75—0,95 für feinsten weißen Stoff, für weiße Holzpappen und feinste Lederpappen.

0,85—1,10 für feinen weißen Stoff und mittelfeine braune Pappen.

1,00—1,35 für mittleren weißen Stoff und ordinäre braune Pappen.

1,25—1,45 für groben weißen Stoff und weiße Pappen.

*

DIE HOLZSCHLEIFER

Als Gottlieb Friedrich Keller den Holzschliff entdeckte, da konnte er wohl kaum ahnen, zu welcher bedeutenden Industrie er den Grund legte. Er selbst hat wie so mancher Erfinder aber die Früchte seiner Arbeit nicht ernten können. Da Keller selbst nicht Fachmann war (er war bekanntlich Weber), so war er auch nicht in der Lage, geeignete Maschinen und Apparate zur Ausnutzung seiner Entdeckung zu schaffen. Erst Heinrich Völter in Verbindung mit Johann Matthäus Voith in Heidenheim brachten durch dauernde Versuche und Verbesserungen einen einigermaßen brauchbaren Schleifapparat auf den Markt. Es war das im Jahre 1852, wo in der Völterschen Papierfabrik in Heidenheim die zwei ersten Holzschleifer in Betrieb gesetzt wurden. Erst langsam kam diese neue Halbstoffgewinnung in Aufnahme. Erst die Weltausstellung im Jahre 1867 in Paris, wo zum ersten Male eine vollständige Holzschleiferei im Betriebe gezeigt wurde, beschleunigte den Aufschwung.

In dieser siebenzigjährigen Entwicklungsperiode haben die Holzschleifer eine mannigfaltige Veränderung durchgemacht, ehe man zu unseren heutigen vollkommenen Großkraftschleifern gelangte. Bald nach Voith nahmen auch andere Maschinenfabriken die Herstellung von Holzschleifern auf und suchten Maschinen zu schaffen, die möglichst vollkommen sind. Immerhin hafteten diesen ersten Bauarten eine ganze Reihe von Fehlern und Unvollkommenheiten an, deren Beseitigung erst nach und nach gelang, und zwar nicht zum mindesten auf Grund wissenschaftlicher Forschungen und Versuche.

Anfangs baute man nun die Schleifer sowohl mit Steinen, die um eine wagerechte Welle rotieren, als auch solche, die um eine senkrechte Welle rotieren. Die wagerechte Lage gestattet es, die Zuführung des Spritzwassers nach allen Schleifstellen leichter zu machen, andererseits wieder hat die stehende Welle nicht nur das Gewicht des Steines, sondern auch den Pressendruck aufzunehmen. Es machen sich also Spurlager nötig, die äußerst gewissenhaft hergestellt werden müssen und sorgfältig zu überwachen und bedienen sind.

Während man früher viele Pressen auf einen Stein wirken ließ, kommt man heute immer mehr auf Schleifer mit nur wenig Pressen, ja bei den neuesten Bauarten nur mit einer Presse zurück. Die Gefahr, daß der Stoff bei vielpressigen Schleifern totgeschliffen wird, ist nicht ganz ausgeschlossen, da er bei jeder folgenden Presse zwischen Stein und Holz gewissermaßen noch einmal raffiniert wird. Andererseits aber kann durch dieses nochmalige Schleifen zwischen Holz und Steine ein Raffinieren der Fasern erfolgen, so daß der Stoff viel feiner und splitterfreier wird. Dieser Umstand macht sich besonders beim Warm- und Heißschleifen bemerkbar.

Wie schon erwähnt, baute man früher auch Schleifapparate, deren Steine horizontal lagen und deren Stirnseiten die Schleifflächen bildeten. Bei diesen Schleifern tritt aber eine beträchtliche Belastung der Welle auf, da der Spurzapfen nicht nur das Gewicht des Steines, sondern auch noch den Druck der Pressen aufnehmen muß. Hingegen haben diese Horizontalschleifer den Vorteil, daß man den Stein mit eisernen Reifen binden kann. Man kann diese Apparate also mit größerer Umfangsgeschwindigkeit betreiben, ohne in Gefahr zu laufen, daß er zerspringt. Welche günstigen Einflüsse die Erhöhung der Umfangsgeschwindigkeit auf die Stoffgüte hat, beweisen die modernen Großkraftschleifer, bei denen man mit der Geschwindigkeit des Steines bis an die Grenze der zulässigen Belastung geht. Alle diese Horizontalschleifer haben aber außer den besprochenen Nachteilen noch den des größeren Raumbedarfes gegenüber dem jetzt allgemein üblich gewordenen Vertikalschleifer. Bei den bei modernen Großkraftschleifern üblichen Schleifbreiten von 1 m und darüber würden außerdem bei den Horizontalschleifern ziemlich große Schwierigkeiten in der Bedienung entstehen.

Heute baut man ausschließlich Vertikalschleifer, da ihre Vorteile die der Horizontalschleifer bei weitem überwiegen. Die Hauptvorteile bestehen bei ihnen in geringem Raumbedarf, leichter Bedienung, bequemen Antriebsmöglichkeiten, vor allen Dingen direkter Kupplung mit jeder Antriebsmaschine, und gleichmäßiger Abführung des Stoffes nach beiden Seiten hin. Der hohe Achsdruck, der sich aus der einseitigen Belastung des Steines durch die Pressen ergibt, kann nicht als so nachteilig empfunden werden, obgleich ein Arbeitsverlust durch die hohe Reibung unter ein gewisses Mindestmaß nicht zu bringen ist. Durch geeignete Lagerkonstruktionen, Schmierung, Wasserkühlung und starke Lagerzapfen läßt sich aber der Verlust erträglich machen.

Die zunehmende Bedeutung des Holzschliffes in der Papiererzeugung verlangte aber Apparate, deren Güte- und Mengenleistung beträchtlich höher ist, als man bisher gewöhnt war. Neben der Steigerung der Mengenleistung, um der großen Nachfrage überhaupt gerecht zu werden, mußte eine Erhöhung der Güteleistung gehen, da die modernen Schnelläuferdruckpapiermaschinen einen Stoff verlangen, der ein störungsfreies Arbeiten ermöglicht. Man sah bald ein, daß man die im Schleiferbau eingeschlagenen Wege verlassen mußte und ging bei der Neukonstruktion von dem Urbild des Schleifers wieder aus. Es entwickelte sich um etwa 1900 aus dem ursprünglichen Vertikalschleifer der moderne Großkraftschleifer, der ebenfalls heute ausschließlich als Vertikalschleifer, also mit horizontaler Welle gebaut wird. Während man früher Apparate mit für heutige Verhältnisse nur geringem Kraftaufnahmevermögen baute, ist man im Laufe der Zeit zu Apparaten gelangt, die 1000 PS und mehr aufnehmen können, ja es bestehen schon eine Anzahl von Apparaten mit einer Kraftaufnahme bis zu 2500 PS. Es ist erklärlich, daß hierzu die alten Schleiferkonstruktionen mit ihren Schleifbreiten von $1/3$ bis $1/2$ m und mechanischer Anpressung nicht zu gebrauchen waren, man mußte schon zu größeren Abmessungen und hydraulischer Pressenbelastung übergehen.

Etwa im Jahre 1900 ging man in Amerika zum Heißschleifen über und wenige Zeit hinterher folgte Deutschland, obgleich der Warm- und der Heißschliff eigentlich deutsche Erfindungen sind.

Bekanntlich gelingt ja nun die Zerlegung des Holzes auf einem mit Wasser benetzten Schleifstein selten so, daß die Fasern unversehrt und in ihrer vollen Länge herausgelöst werden, es muß immer mit Splittern und Faserbündeln im ablaufenden Stoff gerechnet werden. Da aber diese Splitter und ungelösten Faserbündel die Güte des Stoffes benachteiligen und eine kostspielige Nachbehandlung, Sortierung und Raffinierung verlangen, so muß man von Anfang an bemüht sein, auf dem Schleifer einen Stoff herzustellen, der diese Mängel in möglichst geringem Maße aufweist. Man kann das aber nur erreichen durch Beeinflussung der mechanischen Einwirkungen des Steines auf das Holz und durch gewisse chemische Einflüsse. Die mechanische Einwirkung kann man durch geeignete Auswahl des Steines in bezug auf Körnung, Schärfe und Härte erreichen, sowie durch den Druck, unter dem das anzupressende Holz steht und durch die Umfangsgeschwindigkeit des Steines. Eine gewisse chemische Einwirkung kann man durch das Warm- und Heißschleifen erzielen, da durch das sich erhitzende Wasser und die Dampfbildung der ganze Holzkörper gelockert wird, indem sich ein Teil der Inkrusten löst, so daß sich die Fasern viel eher in ihrer ganzen Länge aus dem Holzkörper herauslösen lassen. Durch die Dampfbildung tritt eine weitere Lockerung des Holzkörpers ein, so daß auch die Einwirkung des heißen Wassers noch vollkommener ist, indem sich Zellschleim bildet.

Gegenüber den alten Schleifern für Kaltschliff wendet man heute Pressendrücke bis zu 5000 gr/qcm an und auch darüber, die Umfangsgeschwindigkeit ist auf 15—16 m und heute sogar bis 18 m/sek. gesteigert worden. Höhere Geschwindigkeit sollte aber unter den heutigen Verhältnissen immer noch mit größter Vorsicht oder besser gar nicht angewendet werden, da 18 m schon sehr nahe an der Festigkeitsgrenze der Steine liegen, so daß ein Zerspringen nicht ausgeschlossen ist. Während man beim Kaltschliff auf 1 kg trocken gedachten Stoffes bis zu 500 Liter Spritzwasser verwendet, braucht man beim Heißschleifen nur etwa den zehnten Teil. Das setzt aber voraus, daß der Stoff unter dem Stein gestaut wird, so daß dieser darin watet. Wollte man das unterlassen, so würde der Stein bald verschmieren und keine Wirkung mehr haben. Durch das Schleifen mit wenig Spritzwasser wird der Stoff stark erhitzt, fast bis zur Siedehitze, so daß er raucht. Dieser heiße Stoff reinigt den Stein ununterbrochen, so daß ein Verschmieren nicht stattfindet; der Stoff verliert nämlich durch die Erhitzung seine Schmierigkeit, gewinnt diese jedoch wieder, sowie er abgekühlt ist.

Die erhöhten Anforderungen an die Schleifapparate in bezug auf Mengenleistung, Güte des Stoffes und Verringerung des Kraftbedarfes für 100 kg Stoff konnten nur erreicht werden durch Erhöhung der Kraftaufnahme auf einen Stein, durch erhöhte Umlaufgeschwindigkeit, durch stärkeren Pressendruck und durch Vergrößerung der Schleifbreite. Die Verringerung des Kraftbedarfes trotz größerer Güte des Erzeugnisses konnte man in der Hauptsache nur erreichen, indem man sogenannte Großkraftschleifer baute, die 500 bis 1000 PS und mehr Kraft aufnehmen können. Es liegt auf der Hand, daß ein Apparat, der z. B. 1000 PS Kraftaufnahme auf einen Stein hat, wesentlich geringere Reibungsverluste aufweist, als die Gesamtsumme der Reibungsverluste von z. B. zehn alten Apparaten von je nur 100 PS Kraftaufnahme ausmachen. Durch sachgemäßes Durchkonstruieren der Lagerung, Verwendung von breiten Lagern mit Ringschmierung oder Umlaufschmierung und Wasserkühlung, durch Vergrößerung der Zapfendurchmesser der Wellen lassen sich bei modernen Großkraftschleifern die Reibungsverluste auf ein ziemlich geringes Maß bringen, die dadurch freiwerdende Kraft kommt natürlich der Erzeugung zugute. Weitere Vorteile der großen Schleifereinheiten bestehen darin, daß sie verhältnismäßig geringen Raumbedarf haben und daß ihre Bedienung einfacher und billiger ist, ja man hat diesen Vorteil schon so weit getrieben, daß für mehrere Schleifer mit großer Leistung überhaupt nur ein Mann zur Bedienung erforderlich ist.

Durch die erhöhten Umlaufgeschwindigkeiten werden aber nicht nur die Mengeleistungen und die Güte des Stoffes verbessert, sondern auch die Uebertragungsverhältnisse günstiger gestaltet. Die Riemen, Seile, Wellen, also die ganzen Triebwerke können bekanntlich bei größerer Umlaufgeschwindigkeit leichter gehalten werden und sind dadurch billiger in der Anschaffung und im Betrieb. Durch die schwächeren Lagerzapfen der Triebwerkswellen werden der Lagerdruck und die Lagerreibung verringert, woraus sich neben geringerem Oelverbrauch auch eine Kraftersparnis ergibt. Besonders günstig macht sich die größere Umlaufsgeschwindigkeit auch bei der direkten Kupplung der Schleifer mit den Antriebsmaschinen bemerkbar. Diese können rascher laufen, wodurch sie bekanntlich in der Anschaffung billiger werden, auch der besonders vorteilhafte elektrische Antrieb wurde dadurch erst wirtschaftlich.

Die Erhöhung des Pressendruckes setzte nun die Verwendung anderer Organe voraus, als sie bei den Kaltschleifern bisher allgemein üblich waren; wenn damit auch nicht gesagt sein soll, daß man mit den älteren Anpreßsystemen nicht genügend hohe Drücke erzielen kann, so hat doch der hydraulische Antrieb alle anderen Systeme bei den Großkraftschleifern mit geringen Ausnahmen verdrängt.

Die Vergrößerung der Schleifbreite, die zur Erhöhung der Mengenleistung und auch aus wirtschaftlichen Gründen erforderlich war, führte zunächst zu ½ m breiten Schleifern und schließlich zu 1 m breiten Apparaten, bis man schließlich heute auch auf 1,1 m ging, um nordisches Holz ohne zu besäumen verschleifen zu können. In allerneuester Zeit ist man sogar bis auf 2 m und auf 2,5 m gegangen. Diese großen Schleifbreiten, welche eine gewisse Erschwerung der Bedienung zur Folge hatten, da die Meterrollen ziemlich schwer und unhandlich sind, zumal in Folge der Vergrößerung des Pressenraumes auch dickere Rollen ungespalten verarbeitet werden können, lösten das Bestreben nach mechanischer Beschickung der Pressen aus, das in dem Magazinschleifer und in dem stetigen Schleifer seine Vollendung fand. Auf die Wirtschaftlichkeit hatte die Erhöhung der Schleifbreiten insofern einen großen Einfluß, als eine größere Holz- und Arbeitsersparnis gegenüber den alten ½ und ⅓ m breiten Schleifern erzielt wurde.

Durch das Bestreben nach Normalisierung und infolge der vorstehend beschriebenen Erfahrungen im Holzschleiferbau der letzten Jahre beschränkt man sich heute nur noch auf wenige Bauarten. Da dieses Buch für die Praxis geschrieben ist, so hat es keinen Wert, ältere Bauarten hier aufzuführen, die sich wohl in älteren Betrieben noch finden, heute aber von keiner Fabrik mehr hergestellt werden, die im Bau von Holzschleifereimaschinen eine Rolle spielt. Abbildung 27 zeigt einen fünfpressigen Holzschleifer der Firma J. M.

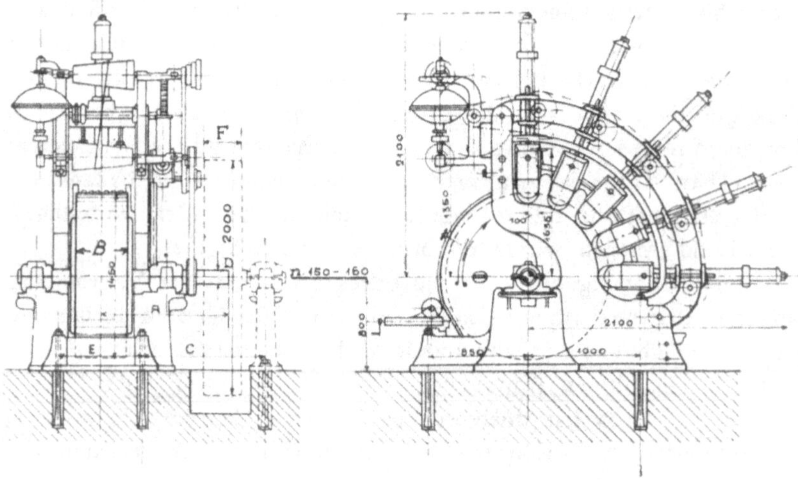

Abb. 27

Voith in Heidenheim mit mechanischer Anpressung, wie sie namentlich für kleinere Wasserschleifereien mit stark schwankenden Kräften auch heute noch von Vorteil sind. Die Anpressung des Holzes erfolgt durch Friktion, der Antrieb kann durch Riemen oder auch durch unmittelbare Kupplung mit der Kraftmaschine erfolgen. Es empfiehlt sich aber auf jeden Fall zur Gleicherhaltung der Umdrehungszahlen einen mechanischen Regler*) an den Schleifer anzubauen, der die Holzzuführung beeinflußt. Aus der Abbildung 27 ist dieser Regler ersichtlich. Man kann ihn aber auch an der Wand anbauen, besonders dann, wenn mehrere Schleifer zusammenarbeiten, da dann für diese ein Regler genügt. Die Reglung wird auch um so günstiger, je mehr Pressen er zu bedienen hat. Der Grundsatz dieses Reglers beruht darauf, daß durch Pendel eine Muffe auf einer Spindel gehoben wird, welche wieder einen gekreuzten Riemen auf den beiden konischen Scheiben nach rechts oder links ver-

***) Siehe auch Abschnitt Regulierung.**

schiebt und so die Vorschubgeschwindigkeit der Pressen erhöht oder vermindert. Bei Antrieb durch Riemen und Seile empfiehlt es sich, ein drittes Außenlager anzubringen, damit die Antriebscheibe nicht fliegend angeordnet zu werden braucht. Gegenüber älteren Schleifern dieser Bauart werden die Apparate jetzt mit einer Steinschärfmaschine ausgerüstet, die eine schnelle und gleichmäßige Schärfung des Steines gestattet.

Diese Schleifer werden nur in nachstehenden Größen gebaut, da sich für größere Kräfte der hydraulisch belastete Großkraftschleifer besser bewährt hat.

Größe Nr.		VII	VIII	IX
Schleifbreite	m	1/3	1/2	1/2
Steinbreite B	mm	440	590	590
Kraft pro Schleifer	PS	60—70	80—100	100—130
Wellendurchmesser D	m	120	120	130
Maße A C	mm	1115	1190	1190
Maße C	"	1125	1200	1200
Maße E	"	750	900	900
Riemenscheibenbreite F	"	380	450	450

In weitaus den meisten Fällen kommen aber heute in den Holzschleifereien die hydraulisch belasteten Großkraftschleifer mit 3, 4 und 5 Pressen zur Anwendung. Diese Schleifer werden für die Ausnutzung von Kräften von 80—1000 PS gebaut, und zwar für Schleifbreiten von ½, ⅔, 1 und 1,1 m Holzlänge, ja in vereinzelten Fällen auch bis zu 2,5 m. Diese Apparate werden mit großen Pressen ausgerüstet, die es gestatten, ohne Splitter zu reißen, hohe Drücke anzuwenden. Infolge der langen Schleiffläche findet zwischen Stein und Holz ein Raffinieren der Fasern statt, so daß weniger Raffineurstoff anfällt. Man kann mit diesen Apparaten sowohl kalt als heiß schleifen. Die Erfahrungen der Praxis haben ergeben, daß beim Kaltschliff die Ausbeute mit gleicher Kraft etwas größer ist als beim Heißschliff; beim Heißschliff hingegen werden die Vorteile des längeren und schmierigeren Stoffes erzielt. Bei der naturgemäßen Abnutzung des Steines bleiben die Pressen mit ihren Zylindern und Rohrleitungen unverändert stehen, es macht sich nur ein Nachstellen der kräftig gehaltenen Nachstellplatten erforderlich. Diese Anordnung hat den Vorteil, daß die Rohrleitungen fest mit den Umsteuerhähnen verbunden werden können

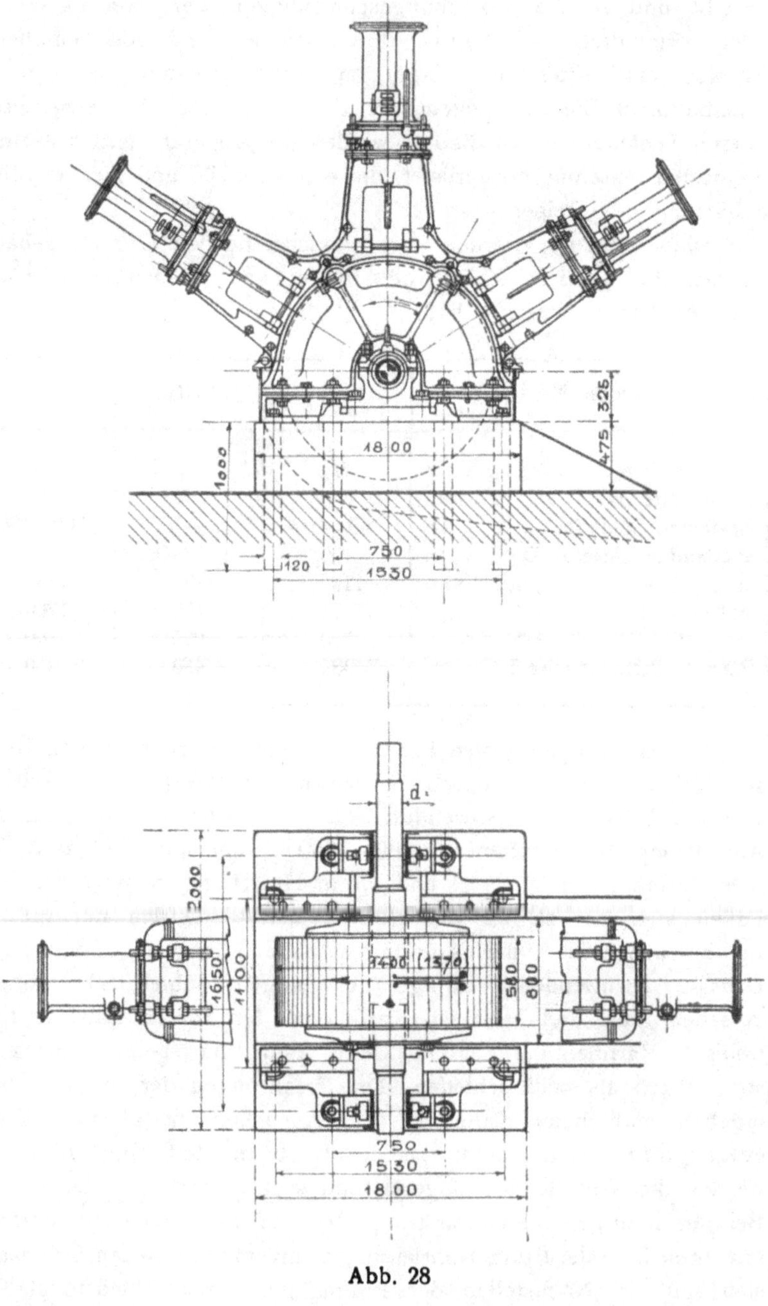

325
475
1000
18 00
750
120
1530
d
2000
1650
1100
1400 (1370)
580
800
750
1530
18 00

Abb. 28

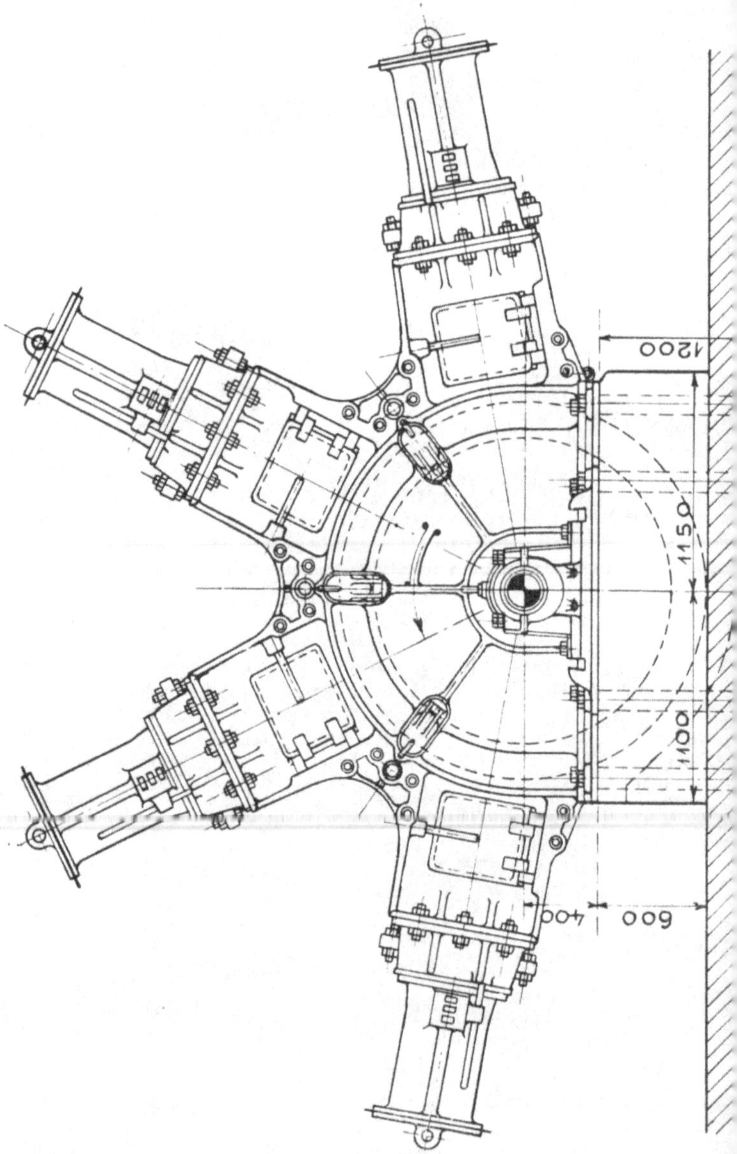

Tafel I Hoyer, Holzschliff-Fabrikation, 3. Aufl.
Verlag M. Krayn, Berlin W 10

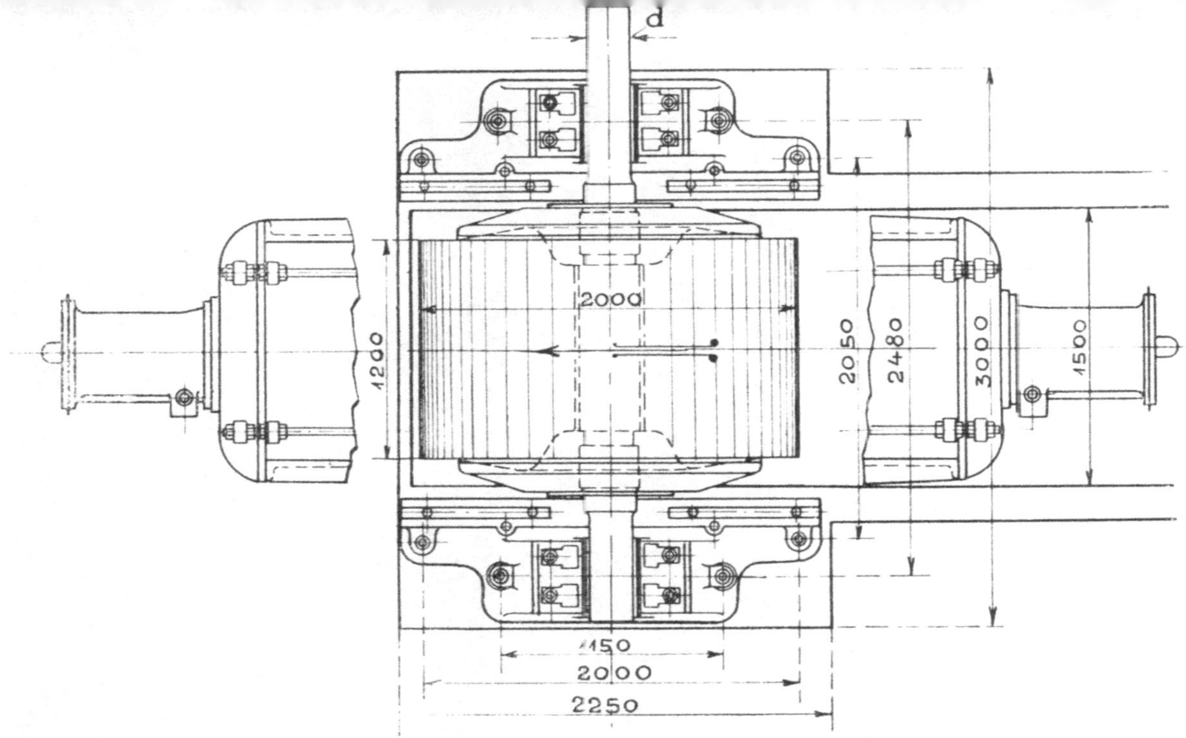

Abb. 29

und alle Schläuche wegfallen. Zur Entfernung der Splitter zwischen den einzelnen Preßkästen werden große Putztüren angeordnet. Das Schärfen erfolgt heute ausschließlich durch besondere Steinschärfmaschinen während des Betriebes, die unterhalb des Steinmittels angeordnet sind. Neuerdings werden diese Steinschärfmaschinen auch mit hydraulischer Querbewegung gebaut, was die Bedienung sehr vereinfacht. Man kann auf diese Weise öfters schärfen. Ueber die Steinschärfung und die dazu erforderlichen Vorrichtungen wird in einem Abschnitt weiter unten berichtet werden.

Abbildung 28 zeigt einen solchen dreipressigen Großkraftschleifer mit hydraulischer Belastung, während in Abbildung 29 ein solcher mit vier Pressen dargestellt ist. Beide Abbildungen beziehen sich auf Ausführungen der Firma J. M. Voith in Heidenheim, die ihren Schleiferbau, ebenso wie den Bau ihrer anderen Maschinen normalisiert hat. Alle diese Apparate sind mit breiten Ringschmierlagern ausgerüstet, welche Wasserkühlung besitzen, und haben verstellbare Preßkästen mit Preßzylindern, die mit bewährten Umsteuerhähnen ausgerüstet sind. Die Steinwelle besteht aus Stahl und wird seitlich abgedichtet, um ein Herausspritzen des Soffes zu verhindern.

Die Firma J. M. Voith baut ihre Schleifer in folgenden Größen und für folgende Leistungen.

Größe	Schleifbreite mm	Stein- Durchm. mm	Stein- Breite mm	Pressenzahl	Kraft pro Schleifer PS	Wellendurchmesser mm	Umdrehung p.Minute
+30	1/2	1300	580	3	80—210	120	150—235
82	1/2	1400	580	3	120—250	150	175—250
46	1/2	1500	580	4	160—320	170	160—230
44	2/3	1500	730	4	200—440	170	160—230
50	1	1400	1100	3	270—580	225	175—250
78	1	1500	1100	4	350—750	220	160—230
72	1,1	1400	1200	3	300 - 630	200	175—250
64	1,1	1500	1200	4	400—850	200	160—240
82	1,1	2000	1200	4	500—1000	225	120 - 170

Der mit + versehene Schleifer hat keine feststehenden Pressen, sondern verstellbare, alle anderen sind mit feststehenden Preßkasten ausgerüstet.

Die Abbildung 30 zeigt einen vierpressigen Großkraftschleifer in der Bauart der Eisengießerei und Maschinenfabrik A.-G. Bautzen, dessen Konstruktion aus dem Bilde klar zu erkennen ist. Diese Apparate sind mit nachstellbaren Preßkästen ausgerüstet und werden in folgenden Größen und Leistungen gebaut:

Größe	Kraftaufnahme PS	Umdrehung pro Minute	Pressenzahl	Steindurchmesser mm	Steinbreite mm	Schleifbreite mm
1	75— 120	200—265	3	1300	560	500
2	125— 225	180—225	4	1500	560	500
3	200— 325	160—225	4	1600	560	500
4	250— 350	200—250	3	1400	560	500
5	250— 400	180—235	4	1500	560	500
6	250— 450	200-250	3	1400	730	665
6a	250— 500	200—250	3	1370	685	620
7	300— 450	180-235	4	1500	730	665
8	450—1000	200-250	3	1400	1100	1000
9	600—1000	200—250	3	1400	1200	1100

Abb. 30

Abb. 31

Die Abbildung 31 zeigt den größten Schleifer der Welt, welchen die Firma Amme, Giesecke & Konegen A.-G. in Braunschweig baute und in verschiedenen Ausführungen lieferte. Der Schleifer hat einen Steindurchmesser von 2500 mm und eine Steinbreite von 1200 mm und nimmt mit seinen sechs Pressen bei 100—130 Um-

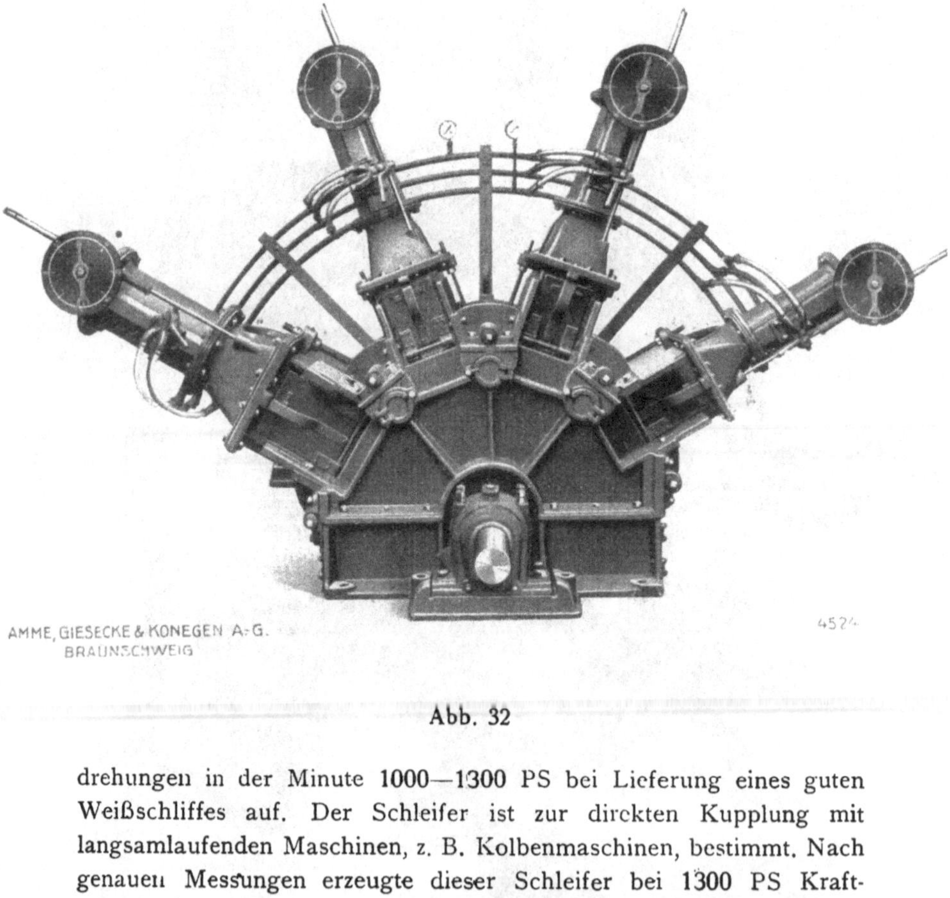

Abb. 32

drehungen in der Minute 1000—1300 PS bei Lieferung eines guten Weißschliffes auf. Der Schleifer ist zur direkten Kupplung mit langsamlaufenden Maschinen, z. B. Kolbenmaschinen, bestimmt. Nach genauen Messungen erzeugte dieser Schleifer bei 1300 PS Kraftaufnahme in 24 Stunden über 27000 kg lufttrockenen Stoff in einer guten langfaserigen Qualität bei nur wenig Raffineurstoff.

Die Abbildung 32 zeigt einen Schleifer für schwankende Antriebskräfte mit verschieden großen Pressen, der ebenfalls von der Firma Amme, Giesecke & Konegen A.-G. in Braunschweig gebaut wird. Das dargestellte Modell hat zwei große und zwei kleine Pressen. In letzteren werden die starken Hölzer verschliffen, ohne daß sie gespalten werden müssen, und zwar bei mittlerer und voller

Betriebskraft. Dabei arbeiten je nach der Betriebskraft alle oder nur eine oder zwei kleine Pressen mit. Geht die Betriebskraft weiter zurück, so arbeiten nur zwei, auch nur eine kleine Presse allein, aber noch mit normalem Pressendruck, also mit günstigster Wirtschaftlichkeit. Es können also einerseits starke Hölzer verschliffen und andererseits auch die kleinen Betriebskräfte günstig ausgenutzt werden.

Diese Apparate haben besonderen Wert für Wasserschleifereien, die keine Zusatzkraft besitzen und auf schwankende Wasserkräfte angewiesen sind. Bisher mußte man in diesen Schleifereien noch kleine Schleifereinheiten verwenden, die natürlich unwirtschaftlich waren.

Eine besondere Eigentümlichkeit der Schleifer der Firma Amme, Giesecke & Konegen A.-G. in Braunschweig besteht noch darin, daß man jederzeit eine Kontrolle über den Arbeitsgang der Schleifer ausüben kann. In den breiteren Preßkästen der leistungsfähigen Schleifer werden die Hölzer öfter stark an die Seitenwände gepreßt, besonders wenn Hölzer von verschiedener Stärke eingelegt werden, wodurch der Vorschub und damit die Schleifwirkung stark verringert oder auch ganz aufgehoben werden. Wenngleich die Pressenkasten unten etwas weiter ausgeführt sind, so tritt diese lästige Erscheinung doch oft auf, sie ist auch nur durch sorgfältiges und zweckmäßiges Einlegen des Holzes zu vermeiden. Um hierüber eine Kontrolle zu haben, führt obengenannte Firma die Pressen mit Zeigervorrichtung aus, bei denen eine derartige Uebersetzung angewendet wird, daß die Bewegung der Zeiger bei normalem Pressendruck gut zu sehen ist.

Um das lästige Klemmen und Rollen der Hölzer in den Preßkästen von Anfang an zu vermeiden, hat die Firma Ripperger & Co., in Kleinheubach am Main, die Innenwände der Preßkästen mit Rippen versehen, gegen welche die Holzrollen gepreßt werden. Die Wände dieser Preßkästen sind leicht auswechselbar, wenn sie abgenutzt sind, denn erfahrungsgemäß nutzt sich die Preßkastenwand, an der der Stein anläuft, schneller ab, als die entgegengesetzte. Bisher mußte dann meist der ganze Kasten ausgewechselt werden.

DIE GROSSPRESSENSCHLEIFER

Seitdem nun auch die großen Druckpapierfabriken dazu übergegangen sind, sich den benötigten Holzschliff in der ganzen Menge oder doch zum größten Teile in eigenen Schleifereien herzustellen, ist das Bedürfnis nach großen Schleifapparaten mit großer Kraftaufnahme immer dringlicher geworden. Bald zeigte sich, daß man mit den Mehrpressenschleifern am Ende war, denn die Kraftaufnahme auf eine Presse beträgt wenig mehr als 400—500 PS höchstens, so daß zur Ausnutzung großer Kräfte schon Vielpressenschleifer nötig waren, die natürlich viele Nachteile aufweisen. Während man sich im allgemeinen mit drei und vier Pressen begnügte, ist man in vereinzelten Fällen schon bis zu 5 und 6 Pressen bei 1 m Schleifbreite und darüber gegangen und kann dann auf einen Stein bis zu 2500 PS aufnehmen. Damit dürfte aber die Höchstleistung der Mehrpressenschleifer erreicht sein, denn mehr Pressen anzuwenden ist aus konstruktiven Gründen nicht möglich. Man könnte eine Erhöhung der Leistung dann höchstens durch Steigerung des Druckes und Vergrößerung der Schleifbreite erreichen. Beides ist aber bei den Mehrpressenschleifern bedenklich. Die Drucksteigerung darf besonders aus papiertechnischen Gründen nicht zu hoch getrieben werden, man darf wohl annehmen, daß man mit den heute bei hydraulisch belasteten Vielpressenschleifern angewendeten Drücken am Ende angelangt ist. Inwieweit noch eine Drucksteigerung für die Festigkeit des Steines zulässig sein würde, bleibt noch zu untersuchen. Die Verbreiterung des Steines ist ebenfalls aus technischen Gründen bei Mehrpressenschleifern nicht ohne Bedenken, trotzdem schon Apparate mit 2,5 m Schleifbreite im Betriebe sind, und zwar sowohl mit Kunst- wie mit Natursteinen. Die Anwendung wird aber wohl auf die vorhandenen Maschinen beschränkt bleiben, da sie wesentliche Vorteile nicht bieten. Die wichtigsten Gründe dafür sind, daß für die Mehrpressenschleifer keine praktisch durchführbare Möglichkeit besteht, die Pressen mechanisch zu beschicken und daß die Verbreiterung des Steines immerhin einige technische Schwierigkeiten machen wird, die sich wohl überwinden lassen, aber eine nicht unwesentliche Verteuerung des Apparates zur Folge haben dürften.

Vielpressige Schleifer haben aber auch einen Nachteil, der auf fabrikatorischem und betriebstechnischem Gebiete zu suchen ist. Durch den Pressenwechsel nach jedesmaligem Niederschleifen lassen sich Schwankungen nicht vermeiden, die man durch entsprechende Regler auszugleichen suchen muß und in gewissen Grenzen auch ausgeglichen werden können; vollkommen gelingt das aber bekanntlich nicht. Außerdem wird die Regulierung dann, wie sich aus dem Abschnitt Regelung zeigt, kompliziert, da man eine Druck- und eine Geschwindigkeitsregelung einbauen muß, deren

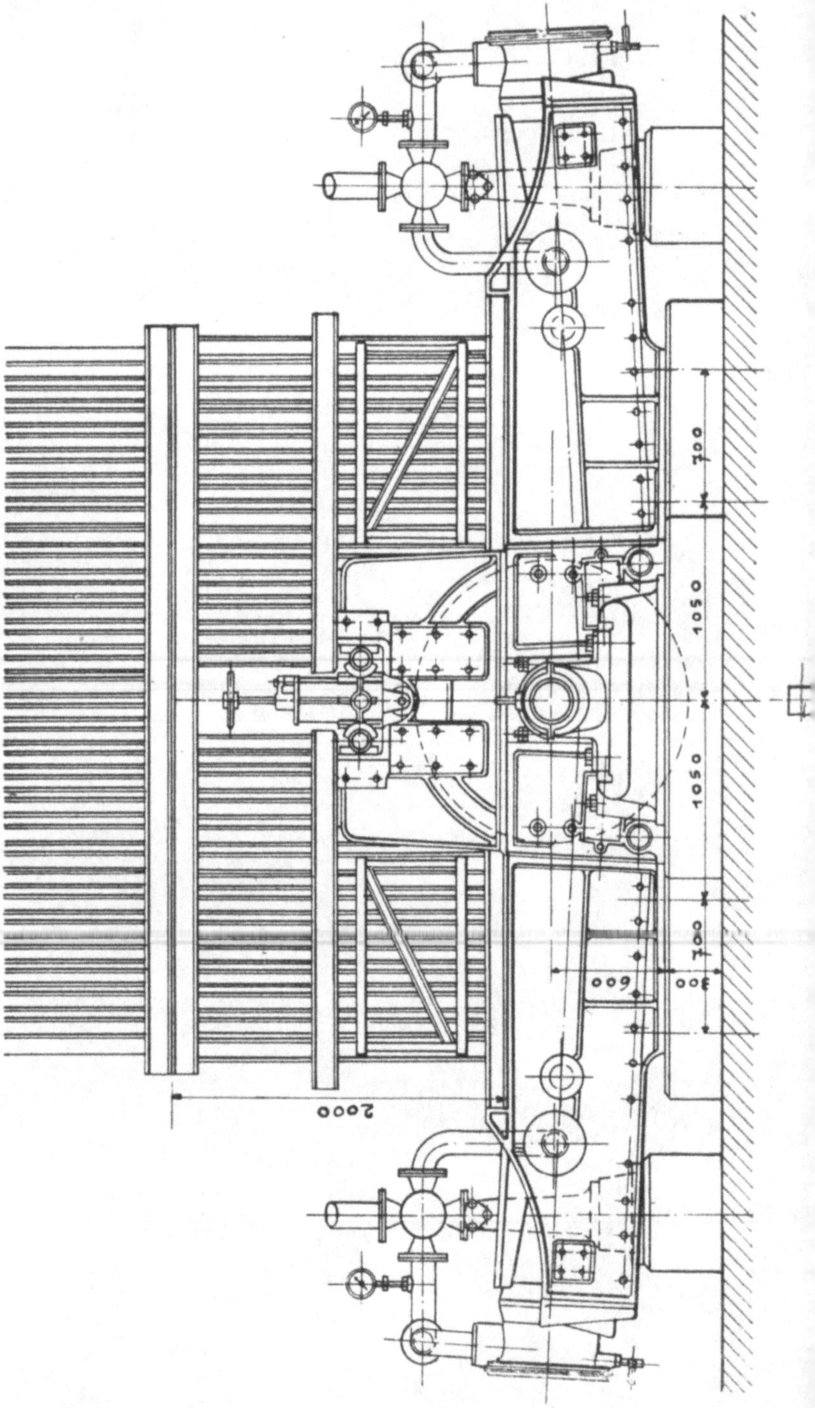

Tafel II Hoyer, Holzschliff-Fabrikation, 3. Aufl.
Verlag M. Krayn, Berlin W 10

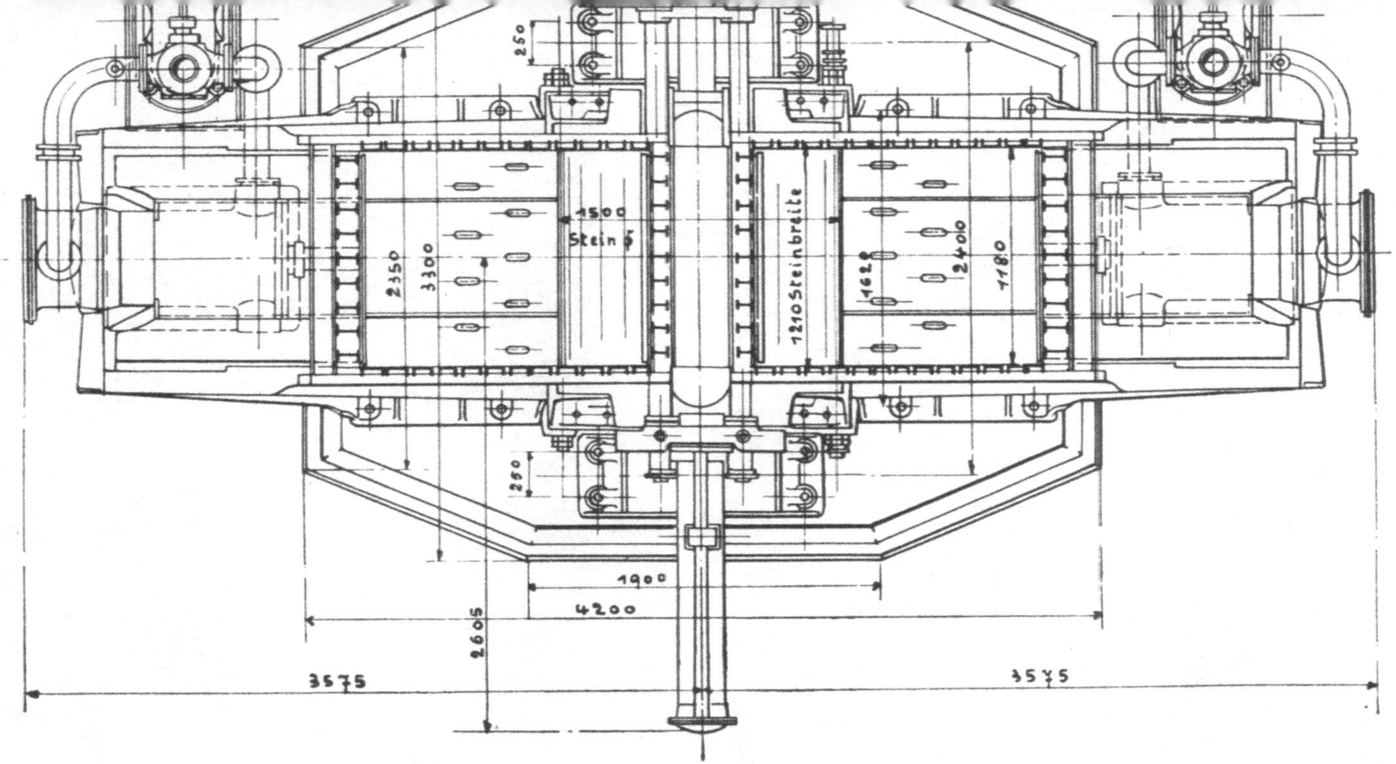
250
1500
Stein ∅
2350
3300
1210 Steinbreite
1620
2400
1180
250
1900
4200
2605
3575
3575

Abb. 33

gegenseitige Abstimmung immer auf einige Schwierigkeiten stoßen wird.

Einen großen Fortschritt auf dem Gebiete des Großkraftschleiferbaues bedeuteten daher die Magazinschleifer der Firma J. M. Voith in Heidenheim, Abbildung 33 und 34, die nur zwei, aber sehr große Pressen haben und deren mechanische Beschickung gestatten. Die Magazinschleifer lassen sich allerdings bezüglich der Belastung und Leistung nicht in jeder Größe ausführen. Genau genommen liegt das praktische Anwendungsgebiet nur zwischen etwa 400 und 900 PS Kraftaufnahme auf einen Stein und es erscheint fraglich, ob sich diese Leistung wird noch erhöhen lassen, da eine Vergrößerung des Pressendruckes aus den weiter vorn ausgeführten Gründen nicht mehr wirtschaftlich sein dürfte und eine Vergrößerung der Schleifbreite auch hier gewisse Bedenken auslösen muß, obgleich sie leichter durchfuhrbar erscheint, da infolge der beiden sich gegenüberstehenden Pressen keine achsialen Kräfte auftreten können, diese vielmehr durch die Pressendrücke gegenseitig aufgehoben werden. Die achsialen Kräfte in senkrechter Richtung sind nicht als so gefährlich anzusehen, da hier keine Pressendrücke wirken, sondern nur das Gewicht des Steines. Bei den Mehrpressenschleifern mit 3—6 Pressen wirken deren Drücke alle diagonal nach unten und heben sich nicht gegenseitig auf, so daß hier eine ganz beträchtliche Belastung der Lager zustande kommt.

Die Hauptvorteile der Magazinschleifer liegen aber auf einem ganz anderem Gebiete. Grundsätzlich ist auch der Magazinschleifer ein hydraulisch belasteter Großkraftschleifer und besitzt infolgedessen auch die Vorteile dieser Apparate, ohne indessen alle deren Nachteile aufzuweisen. Bei ihnen ist es das erste Mal als gelungen zu bezeichnen, daß man eine mechanische Beschickung der Pressen vornehmen kann. Man hat dadurch nicht nur den Vorteil, sich von der Zuverlässigkeit und Aufmerksamkeit der Arbeiter unabhängig zu machen, die erfahrungsgemäß in der Nachtschicht immer sehr nachlassen, sondern erleichtert und vereinfacht auch die Bedienung. Infolge der selbsttätigen Füllung der Pressen kann es also nicht vorkommen, daß diese infolge unachtsamer Bedienung längere Zeit leer laufen. Es werden also dadurch alle Ursachen zu Schwankungen im Betrieb vermieden, die besonders durch eine unzuverlässige Bedienung entstehen. Durch die mechanische Beschickung der Magazine, aus denen sich die Pressen selbsttätig füllen, wird aber die Bedienung sehr erleichtert, da das Magazin mit Hilfe von Selbstgreifern (Abb. 34) und anderen mechanischen Beschickungsanlagen gefullt werden kann.

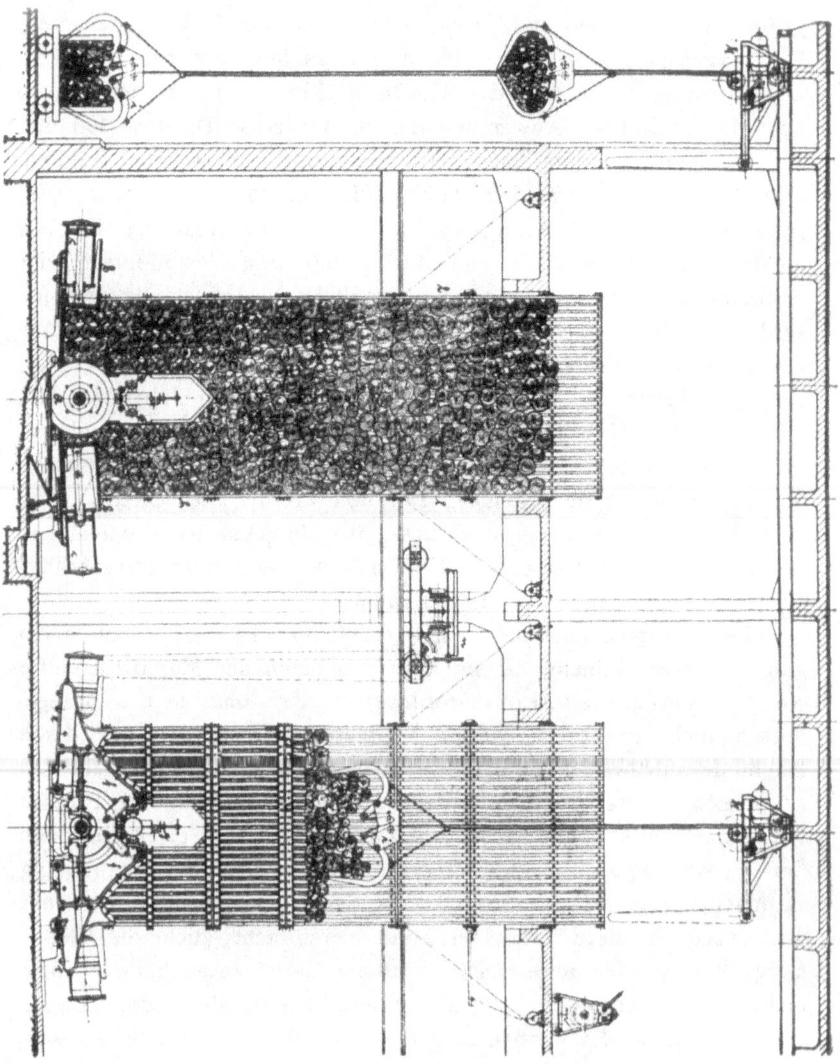

Abb. 34

Diese erleichterte Bedienung bedeutet also in jeder Weise auch eine Erleichterung des Betriebes und eine Ersparnis an Lohn, da ein Arbeiter eine ganze Anzahl solcher Apparate überwachen kann. Dadurch, daß man mit der Höhe des Magazins keinen engen Grenzen unterliegt, kann man gut für längere Zeit Vorrat an Schleifholz schaffen, es macht sich nur eine Beschickung in längeren Zwischenräumen erforderlich. Auch bezüglich der Dicke der Holzrollen sind wesentlich weitere Grenzen gezogen als bei den Mehrpressenschleifern, bei denen man immer auf die Größe der Einlegeöffnungen Rücksicht nehmen muß.

Ein ganz besonderer Vorteil der zweipressigen Magazinschleifer liegt aber in dem viel selteneren Pressenwechsel, da jede der beiden Pressen bis zum Niederschleifen etwa 40 Minuten braucht, während die Füllung einer leergeschliffenen Presse vom Zurückziehen bis zum festen Anziehen an das nachgefallene Holz nur etwa $1/2$ Minute dauert, sich also praktisch kaum bemerkbar macht. Beim Vielpressenschleifer, bei dem die Rollen von Hand eingelegt werden müssen, dauert das ein Mehrfaches dieser Zeit und erfordert außerdem einen großen Kraftaufwand, da die Rollen mitunter sehr schwer sind. Eine niedergeschliffene Presse läuft dann immer eine geraume Zeit leer, was sich natürlich um so ungünstiger bemerkbar macht, als das Leerschleifen der Pressen an und für sich viel schneller vor sich geht und der Pressenwechsel infolgedessen in viel kürzeren Zwischenräumen erfolgen muß. Bei nicht aufmerksamer Bedienung kann sogar der Fall eintreten, daß zwei Pressen zu gleicher Zeit leergeschliffen sind; welche Anforderungen das dann an die Regulierung stellt, liegt auf der Hand.

Hat man jedoch in einer Großkraftschleiferei mehrere solcher Magazinschleifer, dann werden die Verhältnisse noch günstiger, da die Steuerungen der einzelnen Apparate so eingestellt werden können, daß immer nur eine Presse umsteuern kann, so daß die dabei freiwerdende Kraft auf die übrigen arbeitenden Pressen der ganzen Anlage verteilt wird. In Anlagen mit nur einem Magazinschleifer liegen die Verhältnisse etwas ungünstiger, da beim Umsteuern die eine arbeitende Presse die gesamte von der Kraftmaschine geleistete Kraft aufnehmen muß. Da aber das Umsteuern wie erwähnt aber nur etwa 30 Sekunden dauert, so entstehen dadurch kaum irgendwie bemerkbare Schwankungen, die beim Mehrpressenschleifer viel größer und empfindlicher sind.

Der Vorteil des seltenen Pressenwechsels ist klar. Schon bei den Vielpressen-Großkraftschleifern zeigte sich eine ganz bedeutende Verfeinerung des Stoffes, die besonders in einer Verringerung des Raffineurstoffes besteht. Dieser Vorteil wird bekanntlich durch das Heißschleifen erzielt, das mit den alten Schleifern, wenigstens nicht in dem heute durchgeführten Maße, zu erreichen ist. Bei den vielpressigen Großkraftschleifern kann man durchschnittlich rechnen, daß für 100 kg lufttrockenen Stoff in 24 Stunden etwa 6—8 PS aufzuwenden sind, unter besonders günstigen Verhältnissen sinkt der Kraftverbrauch auf 5,5 PS, kann aber bei der Erzeugung besten Feinschliffes auch auf 8—10 PS steigen. Diese Kraftverbrauchszahlen beziehen sich auf verkauffähigen Stoff, also einschließlich aller Nebenmaschinen, die Leistung beträgt also auf 1 PS 12,5—16,5 bzw. 18, bzw. 10—12,5 kg in 24 Stunden. Beim Magazinschleifer ist der Kraftverbrauch noch geringer und beträgt im allgemeinen 5,9—7,2 PS für 100 kg lufttrockenen Stoff in 24 Stunden, je nach der Feinheit, so daß man mit 1 PS 14—17 kg Stoff herstellen kann. Diese günstigen Kraftverbrauchs- bzw. Leistungsziffern können natürlich von den alten Schleifern unter keinen Umständen erreicht werden.

Ueber die Konstruktion des Magazinschleifers ist noch zu sagen, daß die Preßkästen, die an den Preßzylindern befestigt sind, das Holz an den Stein anpressen. Der Hub dieser Preßzylinder ist etwa doppelt so hoch wie bei einem modernen Vielpressenschleifer. Die Schleiffläche selbst ist wesentlich größer als bei allen anderen Apparaten, einschließlich die nachstehenden stetigen Schleifer, da sie von den Traversen der auf dem Scheitel des Steines liegenden Schärfmaschine bis zu den unter den Preßzylindern angeordneten Nachstellplatten reicht, während beim Vielpressenschleifer höchstens zwei Drittel des Steinumfanges als wirksame Schleiffläche nutzbar gemacht werden kann. Das Holz wird aber nicht nur in der Fläche der Preßzylinder angedrückt, sondern auch noch über deren Oberkante hinaus, da sich der Druck von den Preßkästen auf die Holzrollen überträgt. Das Magazin ist senkrecht über dem Stein angeordnet und kann 6—8 m Höhe erhalten, also einen ganz beträchtlichen Vorrat an Holz aufnehmen.

Im großen und ganzen arbeitet der Magazinschleifer vollkommen automatisch, da weder zum Pressenfüllen noch zum Umsteuern von dem Bedienungspersonal irgendein Handgriff gemacht zu werden braucht. Es macht sich nur von Zeit zu Zeit erforderlich, den Stein zu schärfen, was infolge der günstigen Anordnung der über dem Stein liegenden hydraulisch angetriebenen Schärfmaschine außerordentlich leicht ist. Der Schleifmeister kann also die Schärfe des Steines stets so halten, wie es für den für einen besonderen Zweck herzustellenden Stoff erwünscht ist.

Die Magazinschleifer eignen sich aber nur für große Kräfte, da sie in kleineren Ausführungen als für die nachstehend angeführten nicht wirtschaftlich sind.

Größe	Steindurchmesser mm	Steinbreite mm	Kraftaufnahme PS	Umdrehung i. d. Minute
66	1500	1210	350—900	175—245
68	1700	1210	370—900	150—200

DIE STETIGEN SCHLEIFER

Wenn schon die Magazinschleifer eine große Verbesserung und einen großen Fortschritt bedeuten, so ist ihnen der stetige Schleifer doch in vielen Beziehungen noch überlegen und bedeutet eine weitere Vervollkommnung der Großkraftschleifer.

Für den Bau des stetigen Schleifers waren nun verschiedene Gesichtspunkte maßgebend, die zum Teil schon beim Magazinschleifer ihre Geltung fanden, zum Teil aber auf dem schon alten Bestreben beruhen, die Beschickung des Schleifers mit Holz ganz ununterbrochen zu machen. Andererseits war man natürlich auch bestrebt, den Pressenwechsel, der mit seinen Nachteilen, wenn auch nicht in so empfindlicher Weise wie bei den Vielpressenschleifern, beim Magazinschleifer doch vorhanden war, ganz zu umgehen. Diese beiden Bestrebungen: ununterbrochene Beschickung der Schleifpresse und Wegfall jeden Pressenwechsels können beide fast als ebenso alt wie die Holzschleiferei selbst bezeichnet werden, ohne daß es bisher gelungen wäre, ihnen auch nur einigermaßen gerecht zu werden. Erst der stetige Schleifer brachte eine Lösung dieses Problems, und zwar in zufriedenstellender Weise.

Infolgedessen ist auch dieser Großkraftschleifer mit stetiger Holzanpressung berufen, eine Umwälzung in der ganzen Holzschleiferei hervorzurufen, da er allen anderen Großkraftschleifern gegenüber, einschließlich der Magazinschleifer, unendlich viel Vorteile aufweist, die sich sowohl auf papiertechnischem als auch auf betriebstechnischem Gebiete bemerkbar machen.

Um die selbst bei Magazinschleifern nicht ganz zu umgehenden Unregelmäßigkeiten und Kraftverluste zu verhindern, die erfahrungsgemäß auf die Güte und die Menge des Stoffes einen nachteiligen Einfluß haben, baute J. M. Voith in Heidenheim einen stetig arbeitenden Schleifer, wie er in Abbildung 35 und 36 dargestellt ist. Dieser Apparat vermeidet das bei dem Magazinschleifer schon auf ein Mindestmaß beschränkte Wechseln der Pressen vollkommen, da er nur eine, aber sehr große und breite Presse besitzt, die senkrecht über dem Scheitel des Steines liegt. Der Holzvorschub erfolgt bei diesem Schleifer nicht mehr hydraulisch, sondern durch eigenartig geformte Ketten, die in den seitlichen Magazinwänden geführt werden. Der Antrieb dieser Ketten ist zwangsläufig und erfolgt durch ein Schneckenrad von der Welle des Schleifers aus. Die Kette ist so geformt, daß das Holz als geschlossenes Ganzes an den Stein herangeführt wird, so daß der Schleifvorgang vollkommen gleichmäßig gestaltet werden kann. Durch die Form der Kette findet eine Verminderung des Vorschubes und somit eine gleichzeitige Verdichtung der Holzsäule von oben nach unten statt. Es werden somit auch die mittleren Hölzer mit gleichem Vorschub dem Steine zugeführt.

Die besonderen Vorteile dieses Schleifers bestehen nun darin, daß er auch ohne weiteres auch für 2 m lange Hölzer gebaut werden kann, woraus sich eine große Verbilligung der Anlage ergibt. Dadurch, daß auch das stärkste Holz nicht geteilt und gespalten zu werden braucht, wird auch eine Holzersparnis erzielt, die selbst bei den sparsam arbeitenden Bandsägen noch empfindlich ist.

Dem Magazinschleifer mit zwei sich gegenüberliegenden Pressen gegenüber hat der stetige Schleifer allerdings den Nachteil, daß die Holzauflagerflächen, d. h. also die Schleiffläche, kleiner ist; es entfällt aber wie schon gesagt jeder Pressenwechsel, so daß die spezifische Belastung dieser einen Presse höher gewählt werden kann. Durch den Wegfall des Pressenwechsels wird der Stoff viel gleichmäßiger, da die Belastung der Schleiffläche an allen Stellen gleich ist, während beim Magazinschleifer der untere Teil der Holzauflagerflächen naturgemäß unter einem höheren Druck steht, als der obere Teil rechts und links der Steinschärfmaschine, der seinen Druck nur durch Uebertragung von den Pressen erhält. Besonders für das Heißschleifen ist dieser Apparat sehr geeignet. Man kann auf ihm infolge des bequemen Einlegens der Hölzer auch Rollen bis zu 2 m Breite verschleifen, und zwar auf entsprechend armierten Steinen, die ein Durchbiegen der Welle unmöglich machen, was naturgemäß vermieden werden muß und immer einige Schwierigkeiten machen wird, da der gesamte Druck

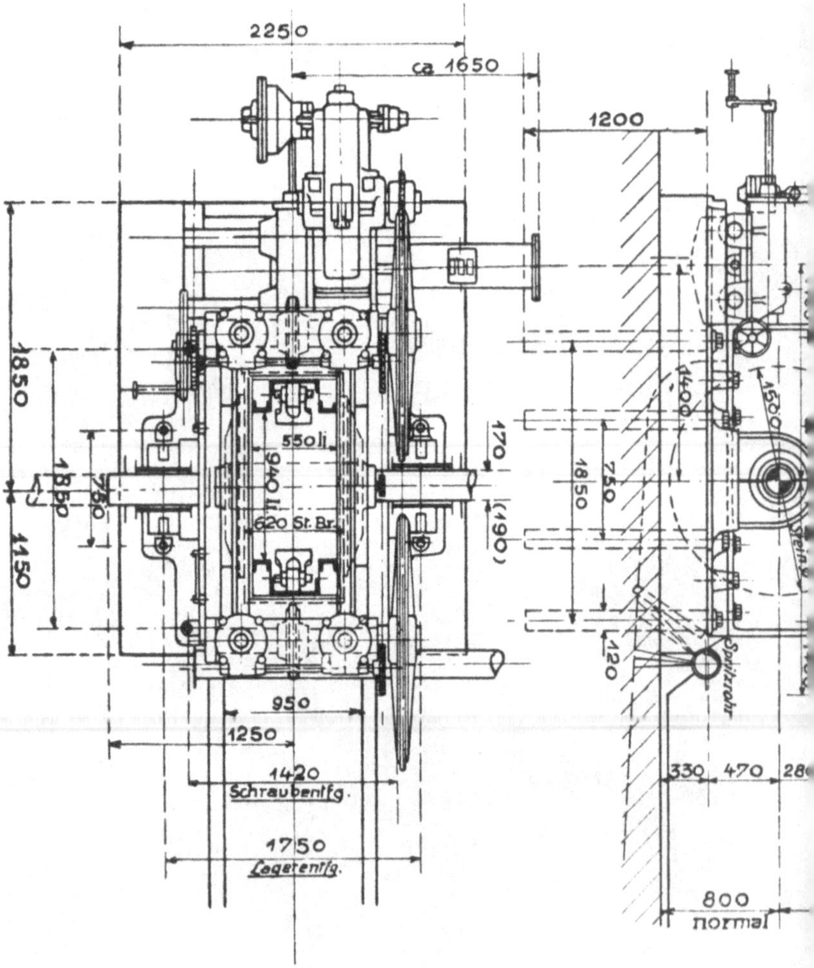

Tafel III Hoyer, Holzschliff-Fabrikation, 3. Aufl.
Verlag M. Krayn, Berlin W 10

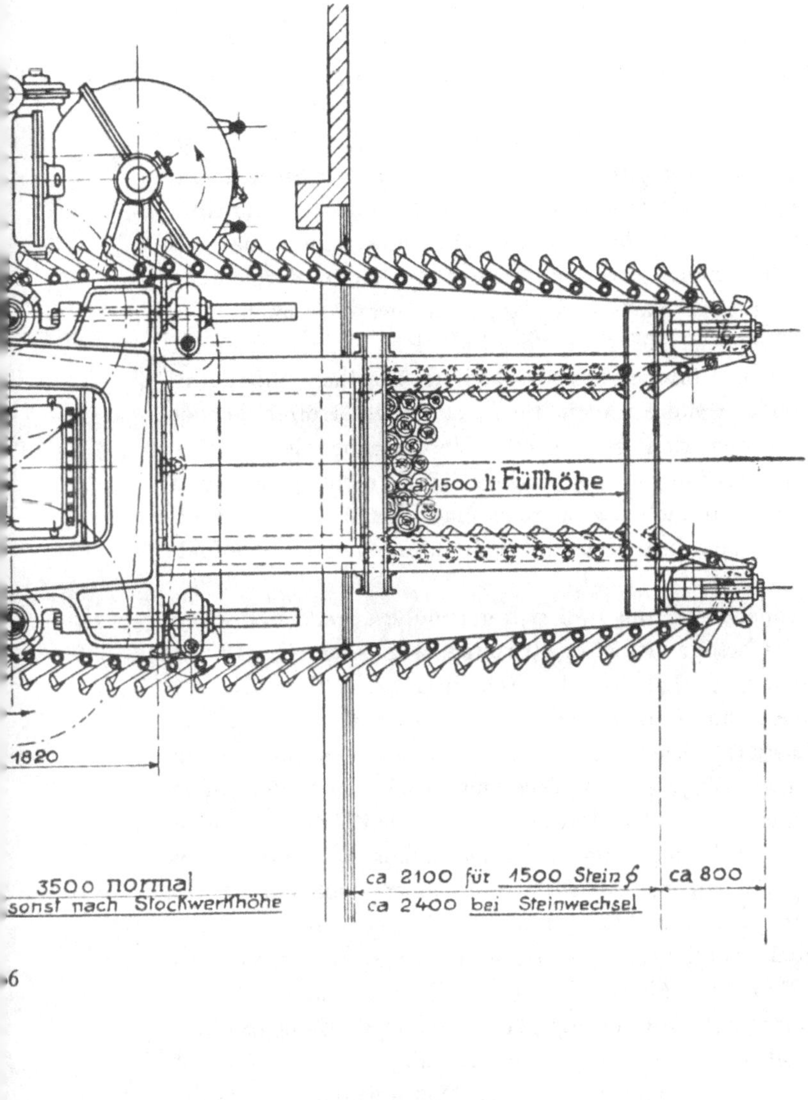
ca 1500 li Füllhöhe
1820
3500 normal
sonst nach Stockwerkhöhe
ca 2100 für 1500 Stein ⌀
ca 2400 bei Steinwechsel
ca 800

gemäß auf die Güte und die Menge des Stoffes einen nachteiligen Einfluß haben, baute J. M. Voith in Heidenheim einen stetig arbeitenden Schleifer, wie er in Abbildung 35 und 36 dargestellt ist. Dieser Apparat vermeidet das bei dem Magazinschleifer schon auf ein Mindestmaß beschränkte Wechseln der Pressen vollkommen, da er nur eine, aber sehr große und breite Presse besitzt, die senkrecht über dem Scheitel des Steines liegt. Der Holzvorschub erfolgt bei diesem Schleifer nicht mehr hydraulisch, sondern durch eigenartig geformte Ketten, die in den seitlichen Magazinwänden geführt werden. Der Antrieb dieser Ketten ist zwangsläufig und erfolgt durch ein Schneckenrad von der Welle des Schleifers aus. Die Kette ist so geformt, daß das Holz als geschlossenes Ganzes an den Stein herangeführt wird, so daß der Schleifvorgang vollkommen gleichmäßig gestaltet werden kann. Durch die Form der Kette findet eine Verminderung des Vorschubes und somit eine gleichzeitige Verdichtung der Holzsäule von oben nach unten statt. Es werden somit auch die mittleren Hölzer mit gleichem Vorschub dem Steine zugeführt.

Die besonderen Vorteile dieses Schleifers bestehen nun darin, daß er auch ohne weiteres auch für 2 m lange Hölzer gebaut werden kann, woraus sich eine große Verbilligung der Anlage ergibt. Dadurch, daß auch das stärkste Holz nicht geteilt und gespalten zu werden braucht, wird auch eine Holzersparnis erzielt, die selbst bei den sparsam arbeitenden Bandsägen noch empfindlich ist.

Dem Magazinschleifer mit zwei sich gegenüberliegenden Pressen gegenüber hat der stetige Schleifer allerdings den Nachteil, daß die Holzauflagerflächen, d. h. also die Schleiffläche, kleiner ist; es entfällt aber wie schon gesagt jeder Pressenwechsel, so daß die spezifische Belastung dieser einen Presse höher gewählt werden kann. Durch den Wegfall des Pressenwechsels wird der Stoff viel gleichmäßiger, da die Belastung der Schleiffläche an allen Stellen gleich ist, während beim Magazinschleifer der untere Teil der Holzauflagerflächen naturgemäß unter einem höheren Druck steht, als der obere Teil rechts und links der Steinschärfmaschine, der seinen Druck nur durch Uebertragung von den Pressen erhält. Besonders für das Heißschleifen ist dieser Apparat sehr geeignet. Man kann auf ihm infolge des bequemen Einlegens der Hölzer auch Rollen bis zu 2 m Breite verschleifen, und zwar auf entsprechend armierten Steinen, die ein Durchbiegen der Welle unmöglich machen, was naturgemäß vermieden werden muß und immer einige Schwierigkeiten machen wird, da der gesamte Druck auf die Welle senkrecht nach unten wirkt und sich nicht wie beim Magazinschleifer gegenseitig aufhebt.

Gegenüber dem Magazinschleifer besitzt der stetige Schleifer, der in 11 Normalgrößen von 200—2000 PS Kraftaufnahme bei ½—2 m Schleifbreite gebaut wird, noch den großen Vorteil, daß er auch für kleinere Kräfte geeignet ist, so daß dieses Schleifersystem für fast alle Schleifereien in Betracht kommen kann. In etwa 1½jähriger Betriebszeit hat sich gezeigt, daß der stetige Schleifer sowohl bei Ueberbelastung als auch bei Unterbelastung gleich gut arbeitet.

Die Zuführungsketten tragen Kniehebel oder Stelzen, welche das Holz mit großen Auflagerflächen fassen ohne es zu zersplittern, und unter Verdichtung der Holzsäule dem Stein zuführen. Man kann also die beiderseitigen Ketten mit ihren Stelzen als eine Reihe von fortlaufenden Preßplatten der bisherigen Vielpressenschleifer auffassen.

Ein anderer Vorteil gegenüber dem älteren Magazinschleifer besteht in der leichten Zugänglichkeit der Steinschärfmaschine und in dem überaus einfachen Steinwechsel. Die Schärfmaschine liegt nicht mehr am Scheitel des Steines, sondern wieder wie bei den älteren Vielpressennachschleifern unter dessen Mitte.

Durch den Wegfall jeglichen Pressenwechsels macht die Regulierung keine Schwierigkeiten mehr, da eine ziemlich gleichmäßige und gleichbleibende Belastung zu erzielen ist. Beim Heißschleifen macht es ebenfalls keine Schwierigkeiten, den Stein durch den Einbau von Staubrettern besonders tief im Stoffe waten zu lassen. Außer durch das Spritzrohr, welches vor der Presse auf den Stein direkt wirken kann, kann man beim Heißschleifen noch heißes Stoffwasser mit oder ohne Erdezusatz in den oberen Teil des Magazins zwischen die Hölzer geben. Die anfallenden Späne können ebenfalls oben in das Magazin wieder eingelegt und so vollständig mit verschliffen werden, so daß der Anfall an sogenanntem Sauerkraut fast gleich Null wird und alle dadurch entstehenden Holzverluste unterbleiben.

Da bei diesem Apparat alle Kolbendichtungen, Steuerhähne, Preßpumpen, Akkumulatoren und überhaupt alle Teile wegfallen, die bei den hydraulischen Schleifern, also auch bei den bisher üblichen Magazinschleifern erforderlich waren, so ist nicht nur die Bedienung, sondern auch die Unterhaltung der Apparate einfach und billig. Das Füllen der Presse erfolgt wie beim Magazinschleifer von einem Bedienungsboden aus. Die Kniehebelketten greifen auf der Längsseite der Holzrollen an und bringen das Holz von der losen Schichtung beim Einlegen der Hölzer nach dem Steine zu allmählich auf die dem Schleifdruck entsprechende Schichtenpressung.

Die Regulierung des stetigen Schleifers ist einfacher als bei allen anderen Apparaten, da sie nur eine einfache mechanische Regulierung darstellt. Sie wird lediglich durch den schnelleren oder langsameren Gang der Ketten erzielt. Der von dem stetigen Schleifer hergestellte Stoff zeichnet sich durch besonders lange, zelluloseartige Fasern aus und weist nur geringe Menge von Splittern auf. Das hat seine Ursache in der großen geschlossenen Schleiffläche und in dem Wegfall jeglichen Pressenwechsels. Demzufolge fällt auch nur wenig Raffineurstoff an und die Sortierung wird einfacher. Die Bauart der Apparate ist einfach, da die komplizierten Pressen mit Steuerungen und Regulierungen wegfallen. Das ganze Gerüst des Schleifers kann daher vorteilhaft aus Fassoneisen hergestellt werden, was den Vorteil hat, daß ein Verziehen und Brechen vollkommen ausgeschlossen ist.

Der stetige Schleifer wird auch Gelegenheit geben, den Längsschliff und den Diagonalschliff wieder zu Ehren zu bringen, da es keine großen Schwierigkeiten bereitet, die Apparate für diese Schleifsysteme einzurichten.

DIE PRESSWASSERPUMPEN UND AKKUMULATOREN

Das für die hydraulisch belasteten Schleifer erforderliche Preßwasser wird in besonderen Pumpen erzeugt und dann in großen Windkesseln, den sogenannten Akkumulatoren, aufgespeichert, aus denen es nach Bedarf durch Rohrleitungen entnommen wird. Die Preßwasserpumpe liefert aus zwei getrennten Kesseln Wasser von hohem und niederem Druck, das zum Vorschub und zum Rücklauf der Pressen verwendet wird. Der niedere Druck dient dazu, die Pressen nach dem Niederschleifen zurückzuziehen und nach der Füllung die Pressen wieder soweit vorzuschieben, bis das Holz zusammengepreßt ist und fest am Stein anliegt. Der hohe Druck wird durch einen Regulator geführt und wird nur zum Vorschub des Holzes beim Schleifen verwendet.

Den verschiedenen Anforderungen entsprechend werden die Preßwassererzeugungs- und Aufspeicherungsanlagen auch in verschiedenen Bauarten hergestellt. Abbildung 37 zeigt eine solche Anlage, wie sie für die vielpressigen, hydraulisch belasteten Schleifer üblich ist und sich am besten bewährt hat. Diese Pumpe liefert bei einer Umdrehung 1—2 Liter Wasser und ist für 10 Atm. Ueberdruck gebaut. Bei 50 Umdrehungen in der Minute ist diese Anlage ausreichend für drei und bei 100 Umdrehungen für sechs

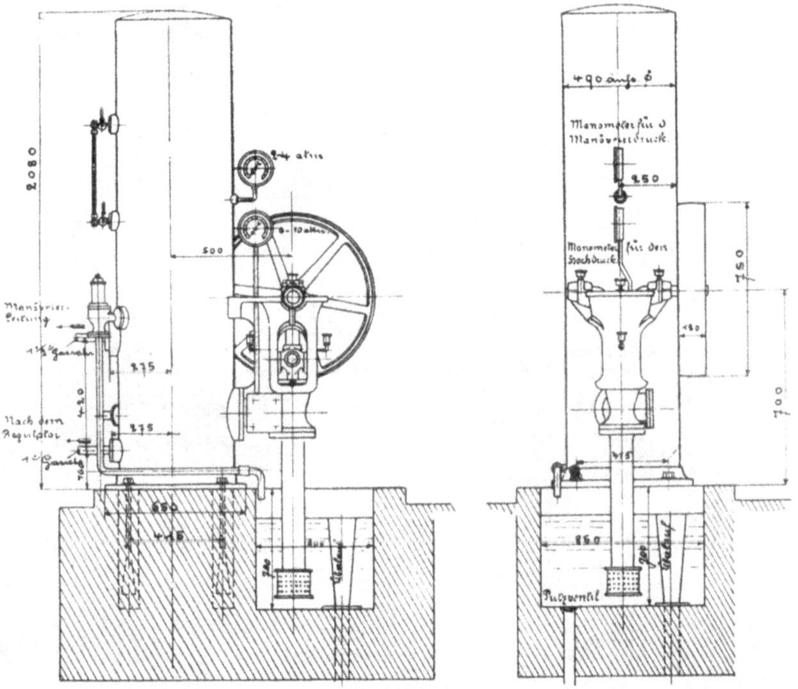

Abb. 37

Preßzylinder von je 225 mm Durchmesser oder für drei von 300 mm Durchmesser. Die Pumpe besteht aus einen zweiteiligen schmiedeeisernen Windkessel mit zwei Druckregulierventilen und den erforderlichen Armaturen und Flanschen für die Rohranschlüsse nach den Preßzylindern. Für größere Leistungen bzw. Anlagen mit mehr Schleifern ist ein größeres Modell erforderlich, das genau so gebaut ist, und bei einer Umdrehung 1 Liter Wasser liefert. Bei 40 Umdrehungen genügt diese Pumpe für 3, bei 100 Umdrehungen für 12 Preßzylinder von je 300 mm Durchmesser. Bei drei Preßzylindern von 400 mm Durchmesser sind 70 Umdrehungen, und bei sechs Stück 100 Umdrehungen erforderlich.

Für Großkraftschleifer und Magazinschleifer mit großen Kraftaufnahmen werden von der Firma J. M. Voith in Heidenheim Hochdruck-Zentrifugalpumpenanlagen gebaut nach Abbildung 38. Diese Anlagen bestehen aus einer Zentrifugalpumpe, die nicht wie bei den vorhergehenden Anlagen an den Windkessel angebaut ist, und

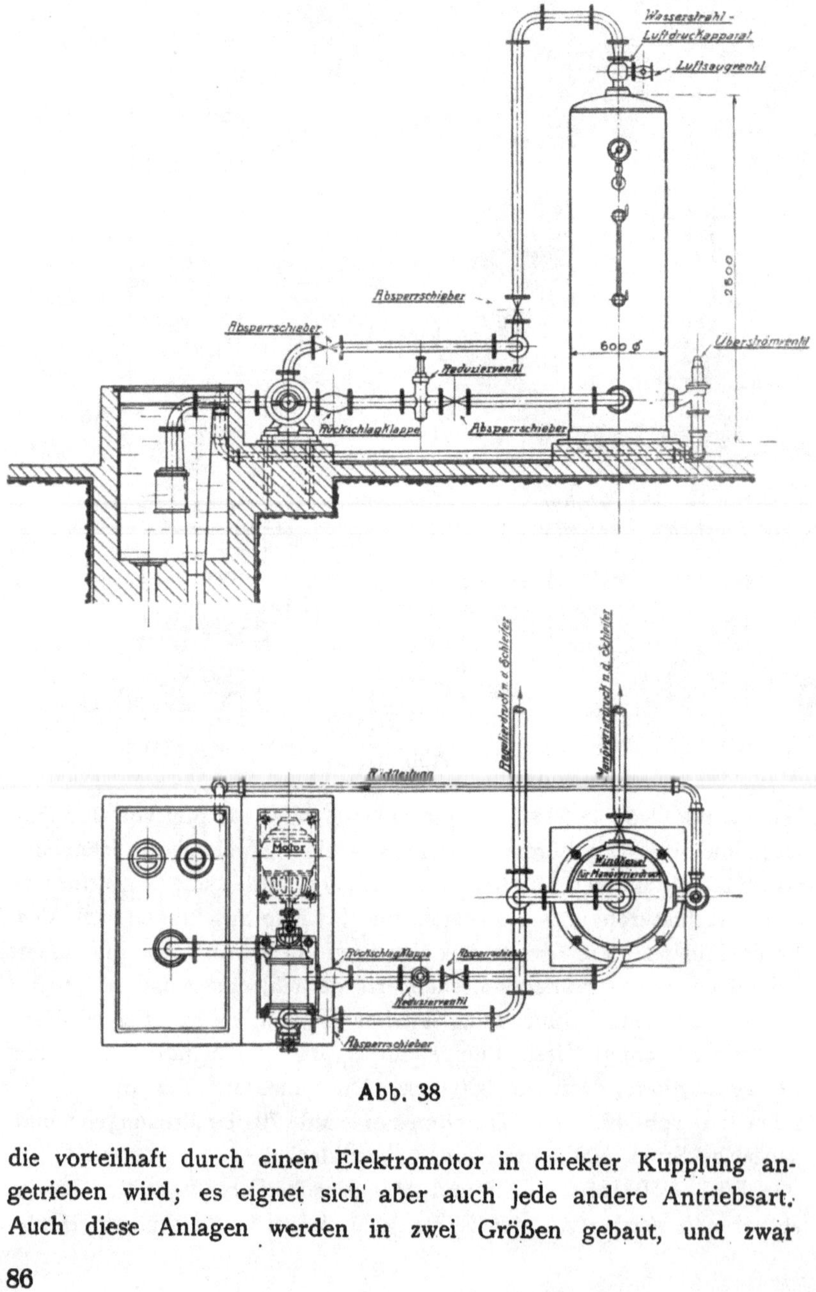

Abb. 38

die vorteilhaft durch einen Elektromotor in direkter Kupplung angetrieben wird; es eignet sich aber auch jede andere Antriebsart. Auch diese Anlagen werden in zwei Größen gebaut, und zwar mit Windkesseln von 600 und 1000 mm Durchmesser bei 2600 mm Höhe. Die Leistungen sind aus der nachstehenden Tabelle ersichtlich.

Größe der Pumpenanlage	00	0	I	II	III
Zahl der Schleifer von 1 oder 1,1 m	bis 2	bis 4	—	—	—
„ „ Magazinschleifer von 1,1 m	—	—	1	2	4
Regulierwassermenge (Liter i. d. Min.)	60	100	100	140	250
Manöverierwassermenge (Lit. i. d. Min.)	120	200	200	280	500
Regulierdruck Atm.	10	11	11,5	13,2	14
Manöverierdruck Atm.	4,4	3,6	3,6	4,3	4
Kraftverbrauch = Motorstärke . PS	8	12	12	15	30
Umdrehungszahl bei Drehstrom . .	2900	2900	2900	2900	2900

*

DER SCHLEIFSTEIN

Einer der wichtigsten Bestandteile des Holzschleifers ist nun der Schleifstein, da von dessen Eignung nicht nur die Mengenleistung, sondern auch die Güte des Erzeugnisses in den weitesten Grenzen beeinflußt wird. Die erste Anforderung, die man an einen solchen Stein zu stellen hat, ist, daß sein Korn feiner scharfer Sand und frei von Kieseln ist. Der Stein soll ein möglichst homogenes Ganze sein, das nicht an einzelnen Stellen hart und weich ist, da dadurch nicht nur ein Hohlschleifen der Steine verursacht wird, sondern natürlich auch die Gleichmäßigkeit und die Güte des erzeugten Stoffes leidet. Am besten entspricht diesen Anforderungen der Sandstein, der in verschiedenen Gegenden des Elbsandsteingebirges gebrochen wird, besonders aber in der Gegend von Pirna, und der deshalb auch kurz als Pirnaer Sandstein bezeichnet wird. Sandstein findet sich wohl auf der Erde in anderen Gegenden fast überall, ohne daß er aber in allen Fällen für die Zwecke der Holzschleiferei geeignet wäre. Der Sandstein besteht aus Quarztrümmern oder Sandkörnern, die durch ein kieseliges oder kalkiges, meist aber durch ein toniges Bindemittel zu mehr oder weniger festem Gestein verbunden sind. Die Farbe ist weiß, grau, grünlich, bräunlich, gelb bis rot. Oft führt der Sandstein auch Kalkspat mit sich, auch Glimmerblättchen, Brauneisenerz und Einschüsse von grauem und roten Ton finden sich. Verderblich ist Schwefelkies und Glimmerreichtum. Von dem Bindemittel hängt nun zum großen Teil die Eignung des Steines für die Zwecke der Holzschleiferei ab, also auch vor allen Dingen auch die Festigkeitseigenschaften, die Widerstandsfähigkeit gegen chemische Einflüsse, die besonders beim Braunschliff von Wichtigkeit ist, die Wasserbeständigkeit und die Farbe Am geeignetsten sind die Steine mit kieseligem Bindemittel und von diesen wieder die feinen mit gleichmäßigem Korn.

Von großer Bedeutung auf die Güte des Steines ist die Lagerung. Bei den Herstellern sind in dieser Beziehung kaum Fehler zu befürchten, aber der Holzschleifer selbst lagert oft den Stein nicht so, wie es für seine Erhaltung von Bedeutung ist. Die Reservesteine sollten in einem trockenen Raume gelagert werden, so daß sie nicht der Witterung ausgesetzt sind, denn die Güte des Steines gewinnt mit abnehmender Bruchnässe. Je mehr also dieser natürliche Wassergehalt, den jeder angelieferte Stein in größerem oder geringerem Maße hat, abnimmt, desto besser wird der Stein.

Schon aus diesem Grunde sollte man stets genügend Reservesteine liegen haben, damit man nicht frische Steine verwenden muß.

Wie schon eingangs erwähnt, hängt von der Beschaffenheit der Steine nicht nur die Güte, sondern auch die Menge des erzeugten Stoffes ab, infolgedessen hat man sich mit der Auswahl der Körnung und der Härte nach der Stoffart zu richten, die man herstellen will. Da man auf dem gleichen Steine durchaus nicht alle Sorten Stoff erzeugen kann, so ist die Auswahl des Steines verschieden zu treffen, je nach dem ob man feinen oder feinsten, groben oder mittelfeinen, braunen oder weißen Stoff herstellen will. Auch die Schleifart, also ob Längs-, Quer- oder Diagonalschliff, ob Kalt-, Warm- oder Heißschliff spielt hierbei eine zu beachtende Rolle. Ein Stein, der sich im Betriebe bewähren soll, muß wasserbeständig und auch beständig gegen schwach saure oder alkalische Wässer sein, man wird daher die Steine mit kieseligem Bindemittel zu bevorzugen haben, denn die tonigen Bindemittel lösen sich im Wasser, während kalkige Bindemittel leichter zersetzt werden.

Die Härte des Steines soll nicht allzugroß sein, denn durch das Loslösen einzelner Sandkörnchen beim Schleifen soll er sich gewissermaßen selbst schärfen und so möglichst lange seine Schärfe und Rauheit beibehalten. Dieses Loslösen darf aber andererseits nicht all zu rasch vor sich gehen, der Stein darf also auch nicht zu weich sein, damit der Stoff nicht zu sehr sandhaltig wird und die Abnutzung des Steines nur langsam vor sich geht.

Von großer Bedeutung ist auch die Festigkeit der Steine, die besonders bei den heute üblichen Großkraftschleifern mit ihren hohen Umlaufgeschwindigkeiten von 15—16 m in der Sekunde und auch noch darüber und den hohen Schleifdrücken an Bedeutung gewinnt. Wenn nun auch im allgemeinen solche Beanspruchungen der Steine im Betriebe unter normalen Verhältnissen nicht vorkommen, so können die Steine doch Fehler enthalten, die selbst dem geübtesten und gewissenhaftesten Fachmann entgehen. Es ist zu bedenken, daß der natürliche Stein ein Schichtenmaterial darstellt und leicht feine, dem Auge nicht sichtbare Risse enthalten kann, die unter der Einwirkung der Zentrifugalkraft oder auch des Schleifdruckes zum Zerspringen desselben führen können. Der Sandstein wurde im Bruche früher durch gewaltsame Arbeit gewonnen, in dem eine ganze Wand bis zu 30 m Höhe unterhöhlt und dann abgesprengt wird. Durch diese Behandlung können die feinen Risse leicht entstehen, ohne daß sie dem prüfenden Fachmanne bemerkbar werden. Auch bei der weiteren Bearbeitung des Rohmaterials, beim

Einbohren von Wellenlöchern usw. ist die Gefahr vorhanden, daß solche Risse trotz größter Sorgfalt entstehen. Die größte Gewähr, einen einwandfreien Stein zu erhalten, bietet daher der Bezug von einer Spezialfirma, die nicht nur über reiche Erfahrungen und Fachkenntnisse, sondern auch über das geeignetste Rohmaterial und einen Stamm geübter Arbeiter verfügt.

Die betreffenden Steinbrüche, in denen dieses Material gewonnen wird, sind einesteils von ganz beträchtlichem Umfange und liegen anderenteils auch ziemlich tief, so daß den darin gewonnenen Steinen auch noch der Vorteil zugute kommt, daß das Material, je tiefer es liegt, um so besser wird. Die obenerwähnte Gewinnung durch Fällen ganzer Wände kann nun in diesem Falle nicht zur Anwendung kommen, sondern nur der sogenannte Stockabbau. Es wird hierbei eine durch natürliche Verlosungen begrenzte Steinbank abgeräumt, d. h. man entfernt zunächst den naturgemäß auf der Oberfläche liegenden Schutt. Dann wird diese Steinbank durch Bohren tiefer Löcher, die mit Sprengmitteln gefüllt werden, freigeschossen. Durch dieses Freischießen fällt nun diese Steinbank nicht etwa um, sondern rückt nur ein Stück von ihren natürlichen Verlosungen ab, so daß man dann die Wirkung der Sprengschüsse genau beobachten kann. Die auf diese Weise freigelegte Steinbank, die mitunter eine sehr beträchtliche Höhe hat, wird nun nach und nach abgebaut, d. h. es werden von derselben durch das Einsetzen von Eisenkeilen mehr oder weniger große Steinblöcke losgeschlagen, und diese Steine dann auf die in Frage kommenden bzw. sich ergebenden Holzschleifersteinemasse verarbeitet. Diese Art der Steingewinnung hat natürlich den Vorteil, daß der Stein in seinem Gefüge an und für sich nicht zu sehr erschuttert wird, und außerdem nicht, wie das beim Fällen ganzer Wände vorkommt. in viele kleine Stücke zerfällt.

Der zu den Holzschleifersteinen am besten geeignete Stein kommt nun in diesen Brüchen bis zu 30 m Mächtigkeit vor, er ist aber nur an bestimmten Stellen der betreffenden Felswände vorhanden und wird, wie schon erwähnt, um so wertvoller, je tiefer man kommt. Eine gefallene Wand enthält daher immer Steine aller Art, aber durchaus nicht immer Steine, die sich für Holzschleifersteine eignen. Die Wand zerfällt beim Fallen oft in unendlich viele kleine Stücke, die aber nicht groß genug sind, um die erforderlichen Blöcke für die modernen Großkraftschleifersteine zu ergeben. Beim Stockabbau ist man dagegen von solchen Zufälligkeiten unabhängiger.

Die früher übliche Art, den Stein nach Steinmetzart zu bearbeiten, ist auch heute noch beibehalten, da sie sich am besten bewährt hat, nachdem man versucht hatte, sie durch moderne Verfahren mittels Spezialmaschinen, Diamantsägen usw. zu ersetzen. Man kann durch das alte Verfahren auch den Stein wesentlich besser auf etwaige Mängel und Fehler prüfen, wie das bei einer rein maschinellen Arbeit möglich ist. Die Bearbeitung erfolgt durch Spezialarbeiter, die durch ihre jahrelange Tätigkeit so mit den Eigenschaften des Sandsteinmaterials vertraut sind, daß sie jeden einigermaßen nur sichtbaren und hörbaren Fehler unbedingt sofort wahrnehmen. Es gibt bekanntlich im Sandsteinmaterial wie in jedem anderen Material nicht nur sichtbare Fehler, kleine Haarrisse oder wie der Fachausdruck lautet: „Stiche", weiche Stellen, Muschellöcher, die sich aus der Entstehung des Sandsteines erklären, usw., sondern auch hörbare Fehler, die beim Abklopfen des rundherum bearbeiteten Steines wahrgenommen werden. In solchen Fällen handelt es sich dann um einen im Innern des Steines befindlichen Fehler, der bei einer maschinellen Arbeit kaum oder gar nicht bemerkbar sein würde. Es ist ja trotzdem nicht ganz ausgeschlossen, daß trotz aller Sorgfalt und Gewissenhaftigkeit einmal im Innern eines Natursteines ein Fehler übersehen wird, der dann ein vorzeitiges Außerbetriebsetzen des Steines zur Folge hat.

Ein zu harter Stein wird bei einer geringen Belastung nur wenig Stoff erzeugen und muß infolgedessen oft geschärft werden, da das Bindemittel die einzelnen Quarzkörner zu fest miteinander verkittet. Wenn ein Stein sehr oft geschärft werden muß, dann ist er durchaus nicht zu weich, sondern im Gegenteil zu hart. Bei einem zu weichen Stein andererseits ist eine gewisse Gefahr darin zu erblicken, daß das Gefüge lockerer ist, daß also dann die Gefahr des Zerspringens oder Zerplatzens bei zu hoher Belastung und zu großer Geschwindigkeit nicht unterschätzt werden darf.

Die Eignung eines Sandsteines für einen bestimmten Zweck der Holzschleiferei, also zur Herstellung eines bestimmten Stoffes, ist nun in erster Linie von der Gestaltung der Quarzkörper abhängig. Diese hat auch einen ausschlaggebenden Einfluß auf die Mengenleistung. Die Zahl der Quarzkörner auf den Quadratzentimeter schwankt demnach bei den verschiedenen Steinen in weiten Grenzen; es gibt solche, bei denen auf 1 qcm nur etwa 300 Körner kommen, während andere wieder bis zu 1500 Körner auf derselben Fläche aufweisen. Meistens sind die Körner wohl rund, es finden sich aber auch sehr viele spitze und scharfkantige, so daß die Körnungen der verschiedenen Steinsorten sehr verschieden und mannigfaltig sind. Es besteht also die Möglichkeit, durch sachgemäße Auswahl der Steine für alle in Frage kommenden Zwecke der Holzschleiferei das geeignetste Material zu finden. Je mehr die spitzen und scharfkantigen Körner vorherrschen, desto leistungsfähiger wird der Stein sein, wobei allerdings die natürliche Härte der Körner und auch die Art und die Eigenschaften des Bindemittels einen großen Einfluß haben.

Für die Festigkeit und Widerstandsfähigkeit eines Holzschleifersteines ist nun die Druckfestigkeit von größter Bedeutung, die aber in sehr weiten Grenzen schwankt und je nach der Herkunft des Steines zwischen 300 und 500 kg auf den Quadratzentimeter betragen kann. Auf die Haltbarkeit und Betriebssicherheit ist vor allen Dingen auch die Zugfestigkeit von großem Einfluß.

Die immer größer werdenden Schleifbreiten und Durchmesser und die immer höher werdenden Anforderungen, die dadurch an die Steine gestellt werden, machten es nötig, sich beizeiten auch nach einem vollwertigen Ersatz umzusehen, obgleich bis heute noch keine ernstliche Gefahr besteht, daß das geeignete Rohmaterial für Natursteine alle wird. Man hat nun verschiedentlich versucht, die Steine aus mehreren Segmenten zusammenzusetzen, um so eine größere Gleichmäßigkeit zu erzielen. Aber alle diese Erfindungen haben kaum große Bedeutung erlangt und sind nur wenig eingeführt.

Einen großen Erfolg erzielte man dagegen mit den Kunststeinen, und man kann sagen, daß diese den Natursteinen vollkommen gleichwertig sind. Es läßt sich dagegen kaum sagen, welche Steinart die bessere ist; zweifellos haben beide ihre großen Vorteile und Nachteile, so daß man es mitunter als Geschmacksache bezeichnen kann, welche Steinart man bevorzugt. Zu den Kunststeinen verwendet man nun Sand, den man ja allenthalben in großen Mengen findet und sortiert diesen durch Siebe feinstens nach den gewünschten Körnungen. Auf diese Weise ist man imstande, unter Verwendung eines geeigneten Bindemittels beliebig große und bis zu gewissen Grenzen breite Steine in jeder Körnung und Härte herzustellen. Natürlich erfordert dieses Verfahren Erfahrung, Sachkenntnis und Gewissenhaftigkeit, man sollte daher nicht auf den Gedanken kommen, sich seine Steine selbst herstellen zu wollen, denn abgesehen davon, daß dies eine Patentverletzung wäre, würde man nur große Mißerfolge erzielen. Die künstlichen Steine haben sich bereits sehr gut bewährt und den Natursteinen als ebenbürtig erwiesen; sie besitzen neben großer Leistungsfähigkeit und gleichmäßiger Beschaffenheit eine geringe Abnutzung, so daß die Schärfe sehr lange steht. Ein großer Vorteil der künstlichen Steine besteht nun darin, daß bei guter Durchmischung des Bindemittels mit dem gleichmäßig aussortierten Sand eine durchaus homogene Masse entsteht. Durch geeignete Auswahl des Sandes ist man in der Lage, die Körnung und die Härte den Bedürfnissen anzupassen.

Bei der Verwendung von Kunststeinen ist aber noch mehr wie bei Natursteinen darauf zu achten, daß stets genügend Reservesteine gehalten werden, da sie nicht frisch verwendet werden können, sondern bis zur Ingebrauchnahme mehrere Monate austrocknen müssen.

Wie schon wiederholt erwähnt, macht sich bei allen Steinen ein Nachschärfen in gewissen Zwischenräumen erforderlich, das von der Beschaffenheit, besonders von der Härte des Steines und von den Anforderungen abhängig ist, welche man an den zu erzeugenden Stoff stellt. Das Schärfen des Steines besteht nun bekanntlich darin, daß man durch das Schärfwerkzeug, Schärfhammer oder Schärfrolle, einzelne Quarzkörnchen aus dem Verbande des Steines löst, so daß sich neue Körnchen mit ihren scharfen Kanten an die Oberfläche schieben. Ist aber die Härte des Steines der Belastung entsprechend richtig gewählt, dann lösen sich die Quarzkörnchen stets selbsttätig aus dem Verbande und der Stein bleibt viel länger scharf. Das Schärfen der Steine besteht also weniger in einem Eindrücken der Schärfspitzen in den Stein, als vielmehr in einem Aussprengen von Körnchen aus der Oberfläche. Es genügt hierzu schon ein schwacher Druck mit der Schärfrolle bzw. mit dem Schärfhammer. Die durch das Heraussprengen der Körnchen entstehenden Kanten stellen dann die Schärfe dar. Ein zu tiefes Eindrücken der Schärfrolle oder zu starke Schläge mit dem Schärfhammer haben eine rasche Abnutzung des Steines zur Folge, da es praktisch nicht zutrifft, daß die Spitzen der Schärfwerkzeuge jedesmal wieder die bereits erzeugte Vertiefung treffen. In den meisten Fällen werden vielmehr auch die vorher stehengelassenen Zwischenräume getroffen und nun hier die Steinkörnchen herausgesprengt.

Die Ansicht, ob Hand- oder Maschinenschärfung vorzuziehen ist, geht noch viel auseinander. Obgleich zugegeben werden muß, daß ein geübter und gewissenhafter Arbeiter mit dem Schärfhammer in der Lage ist, dem Stein eine gleichmäßige Schärfe beizubringen, da er ihn gewissermaßen individueller behandeln kann, gewinnt die

Maschinenschärfung doch immer mehr an Boden. Bei modernen Großkraftschleifern kann man ohne sie überhaupt nicht auskommen. Es würde sich als äußerst unwirtschaftlich erweisen, da mit der Hand schärfen zu wollen, weil man den Schleifer viel zu lange aus dem Betrieb nehmen muß. Bei kleineren, älteren Apparaten mag die Handschärfung noch eine gewisse Berechtigung haben, neuzeitliche Großkraftschleifer hingegen sind mit ihren Schärfmaschinen so eingerichtet, daß das Schärfen jederzeit während des Betriebes

Abb. 39

erfolgen kann, so daß der Schleifmeister in der Lage ist, den Stein sich selbst zu schärfen, wie es die Erfahrung für eine bestimmte Stoffgüte als erforderlich erwiesen hat, ohne von der Gewissenhaftigkeit der Leute abhängig zu sein.

Da die Schärfhämmer, die bekanntlich mit pyramidenförmigen Spitzen besetzt sind, sich mit der Zeit abnutzen, so führte man mit gutem Erfolge Hämmer mit auswechselbaren Schärfplatten ein. Man ist dadurch in der Lage, sich die für die gewünschte Steinschärfe geeignetsten auszusuchen. Ebenso verhält es sich mit den Schärfrollen, die man heute ausschließlich mit auswechselbaren Schärfspitzen und -platten versieht. Abbildung 39. Es sind da besonders zwei Konstruktionen zu nennen, die sich gut bewährt haben. So gibt es Schärfrollen mit auswechselbaren Stiften, die darin bestehen, daß die Stifte mit schwach kegelförmigen Spitzen mit zylindrischen Enden versehen werden, die man in bogenförmige Platten scharf eintreibt. Die Einzelsegmente dieser Stiftplatten werden durch kegelförmig ausgedrehte Ringe auf den Rollenkörper gepreßt und so festgehalten. Wenn ein Stift ausgebrochen ist, wird der Stumpf aus der Platte herausgetrieben und ein neuer eingesetzt.

Eine andere Ausführung besteht darin, daß die Schärfrollen mit nadelförmigen Spitzen versehen werden, die sich im Spitzenquerschnitt bis zur völligen Abnutzung nicht verändern, so daß die Schärfe dauernd gleichmäßig ausfällt, was auf die Stoffgüte bekanntlich von großem Einfluß ist. Die Spitzen sind aus bestem Nadelstahl hergestellt und nutzen sich sehr langsam ab, so daß derselbe Stift oft benutzt werden kann. Diese Schärfrolle besteht aus auswechselbaren, auf Ringen nebeneinander aufgereihten U-förmigen Stiften und Zwischenringen. Sie gestattet nach Wunsch die wirksame Breite der Rolle durch das Herausnehmen von Stiftringen und Einsetzen von Zwischenringen den Erfahrungen anzupassen.

Die bei den Großkraftschleifern ausschließlich anwendbare und bei anderen Schleifern unter allen Umständen zu empfehlende Maschinenschärfung erfolgt nun durch besondere Steinschärfmaschinen, die in Abbildung 40 dargestellt sind. Die Bauart und die Wirkungs-

Abb. 40

weise dieser Maschinen, die sich auch nachträglich für andere Schleifer noch einbauen lassen, ist aus der Abbildung, die eine Ausführung der Maschinenfabrik Germania in Chemnitz zeigt, deutlich ersichtlich. Für Großkraftschleifer verwendet man mit Vorteil auch Schärfmaschinen nach Abbildung 41, die eine Bauart der Firma J. M. Voith in Heidenheim darstellt Diese Maschine besitzt hydraulische Querbewegung der Schärfrolle, die aus einem Zylinder mit Kolben und Umsteuerhahn besteht.

Von größter Bedeutung, namentlich bei den Großkraftschleifern, ist die Befestigung des Steines auf der Schleiferwelle, da sie nicht nur den größten Einfluß auf ein dauerndes Festsitzen des Steines hat, sondern auch ein Explodieren des Steines verursachen kann, wenn sie nicht zweckmäßig gewählt und ausgeführt ist.

Es ist in Betracht zu ziehen, daß man es mit einem ziemlich spröden Material zu tun hat, bei dem alle polygonen Löcher Bedenken aufkommen lassen mussen. Auf keinen Fall sollte das teilweise beliebte Festkeilen vier- und sechseckiger Wellen durch Holzkeile erfolgen. Diese Holzkeile quellen beim Naßwerden auf und

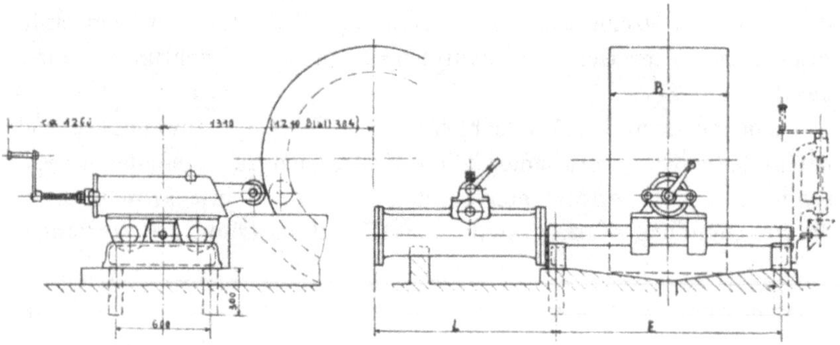

Abb. 41

treiben den Stein unter Umständen auseinander. Auch das Einarbeiten von Rosettenprofilen, Nabenflügeln und sogar das Einbohren von Schraubenlöchern sollte vermieden werden, da es den Stein zu sehr schwächt. Eine einfache Steinbefestigung besteht darin, daß man den Stein mit einem runden Mittelloch für die Schleiferwelle versieht, die sauber rund gedreht und mit Schwefel oder Zement genau zentrisch in den Stein vergossen wird. An das runde Mittelstück schließen sich Rechts- und Linksgewinde an, auf welche große, einfach nach innen hohlgedrehte Rosetten geschraubt werden. Jede dieser Rosetten trägt außerdem mit Wulsten versehene Löcher, die zum Einstecken eines langen Schlüssels dienen, mit dessen Hilfe die Rosetten auf dem Gewinde festgedreht werden, so daß sie den Stein festklemmen. Zu beachten ist hierbei, daß die Gewinde der Laufrichtung entgegen geschnitten sein müssen, so daß sie sich durch die Zentrifugalkraft nicht lockern können, sondern bei etwa eintretender Verdrehung des Steines durch zwischen Rosetten und Stein gelegte Papp- oder Gummischeiben mitgenommen und so nur noch fester angezogen werden. Diese Anordnung hat den Nachteil, daß man eine Reservewelle haben muß, wenn man bei Steinwechsel nicht einige Tage den Schleifer außer Betrieb lassen will.

Eine andere Anordnung, die einen raschen Steinwechsel gestattet, besteht darin, daß man eine Rosette mit einer langen angegossenen Nabe versieht, die man durch das runde Mittelloch des Steines hindurchsteckt. Auf dem durch den Stein hindurchgehenden Teil der Nabe, der etwas abgesetzt wird, wird die zweite Rosettenscheibe gesteckt und mit der Nabe durch Stahlkeile fest verbunden. Jede der beiden Rosetten erhält nach innen vorspringende Ränder, die zylindrische Vorsprünge des Steines umschließen. In der Nähe ihres Umfanges erhalten die durch äußere Rippen verstärkten Rosetten sechs ebenfalls verstärkte Schraubenlöcher, die sich mit zylindrischen Löchern in dem Stein decken und durch welche Schrauben gesteckt werden, die ein festes Zusammenpressen der Rosetten ermöglichen und so schon an und für sich den Stein festhalten. Zur Verstärkung des Steines und der Befestigung werden die die Steinvorsprünge umfassenden Ränder der Rosetten mit Zement ausgegossen. Auf diese Weise wird erreicht, daß der Stein gewissermaßen gebunden und gegen die Zentrifugalwirkung bedeutend widerstandsfähiger ist.

Von verschiedenen Seiten wird auch empfohlen, den Stein in der Mitte schwach linsenförmig zu verdicken und die Rosetten muldenförmig an diese Verdickungen genau passend zu arbeiten. Auf diese Weise, die sich besonders bei den Schmirgelscheiben bewährt hat, wird die Festigkeit des Steines bedeutend gehoben.

Bei modernen Großkraftschleifern genügen aber alle diese Steinbefestigungen nicht, denn es macht mitunter große Schwierigkeiten, die Steinscheiben wieder von der Welle abzuschrauben, da die Gewinde gefressen haben, besonders bei Braunschliff liegt diese Gefahr vor. Man muß dann meistens die Steinscheiben opfern, um die Welle durch Nachschneiden der Gewinde retten zu können. Das Fressen der Gewinde und mitunter sogar deren Abscheeren wird meistens dadurch begünstigt, daß die Stirnflächen der Steine kaum parallel zu einander liegen. Die Lösbarkeit der Steinscheiben durch zwei- oder mehrteilige Büchsen zu erzielen, bedingt immer den Nachteil, daß eine ungünstige Beanspruchung der Gewinde nicht vermieden werden kann. Diese Art hat außerdem noch den Nachteil, daß die Schrauben, die zur Verbindung der Büchsen und der Steinscheiben erforderlich sind, in sehr großer Anzahl vorhanden sein müssen, da sie sehr starker achsialer Belastung ausgesetzt sind. Ein Mittel zur Behebung dieser Nachteile ist nun die leicht lösbare

Steinbefestigung nach System Nenzel, die von der Firma Linke-Hoffmann-Lauchhammer-Werk, Abt. Füllnerwerk, in Warmbrunn ausgeführt wird und in Abbildung 42 und 43 gezeigt ist. Auf die einteiligen Metallbüchsen, die mit Innengewinde versehen, auf die Schleiferwelle aufgeschraubt werden, kommen die Steinscheiben, die in der Bohrung etwas größer als die Büchsen gehalten sind, zu sitzen und werden gegen Drehung durch eingelegte Keile geschützt.

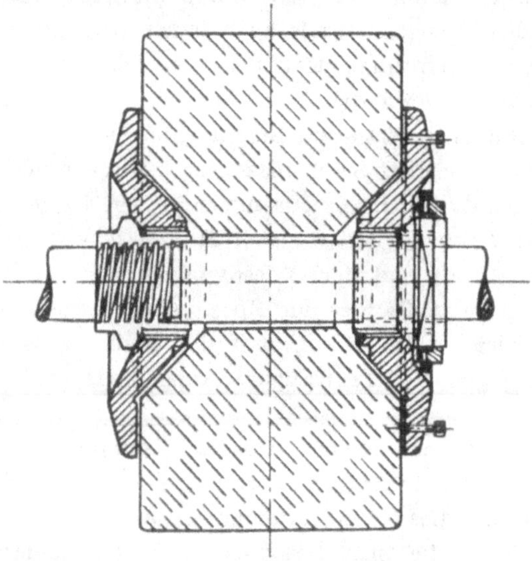

Abb. 42

Auf der einen Seite wird zwischen Büchsenbund und Kugelfläche der Steinscheibe ein zweiteiliger, durch zwei Schrauben zusammengehaltener Stahlring nebst einem entsprechend ausgebildeten einteiligen Metallring gelegt, auf der anderen Seite sitzt die Steinscheibe mit entsprechender Bohrung direkt an der Kugelfläche des Büchsenbundes. Durch die kugelförmige Lagerung der Scheiben wird erreicht, daß dieselben sich entsprechend der Unebenheiten des Steines einstellen, wodurch das Gewinde immer genau achsial beansprucht und die Zerstörung der Gewindegänge durch Fressen oder Ausbrechen vermieden wird. Die Montage des Steines erfolgt in üblicher Weise nach erfolgtem Aufsetzen des zweiteiligen Ringes, dessen beide Schrauben nur ganz gering beansprucht werden. Wenn nach erfolgter Abnutzung der Stein von der Welle abgenommen werden soll, dann können nach Entspannung durch Herausnehmen des zweiteiligen Ringes die beiden Steinscheiben leicht abgeschraubt werden.

Die Abbildung 44 zeigt eine dem gleichen Zwecke dienende Steinscheibe mit zweiteiliger Gewindebüchse, die der Firma J. M. Voith in Heidenheim geschützt ist. In der einteiligen Steinscheibe „St" ist eine zweiteilige Gewindebüchse „G I und G II" mit kräftigen Schrauben „Sch." befestigt. Zusammengeschraubt wird die Steinscheibe wie jede andere verwendet. Beim Herausnehmen eines abgearbeiteten Steines wird nach Lösen der Schrauben „Sch." die Steinscheibe „St" von der Welle abgezogen und die zweiteilige Gewindebüchse von der Welle gehoben. Man erzielt mittels dieser

Abb. 43

Vorrichtung ein rasches Wechseln des Steines, ohne denselben zertrümmern zu müssen, sowie eine größte Schonung der Gewindegänge und somit eine längere Haltbarkeit der Welle und der Steinscheiben.

Abbildung 45 stellt eine Steinbefestigung der Firma Dempewolf & Co. A.-G. in Braunschweig nach System Hohmann dar. Wie aus der Abbildung ersichtlich ist, hat es sich der Erfinder zur Aufgabe gemacht, eine Welle ohne jegliches Gewinde zu konstruieren. Diese Welle ist zu beiden Seiten der Steingegend zylindrisch gedreht, je nach dem Maße des Steines und mit zwei sich gegenüberliegenden Federn gesichert. Am Ende der Federn befindet sich auf beiden Seiten eine Eindrehung. Auf diesen Federn wird nun eine metallene Büchse, welche in der Bohrung etwas größer

Abb. 44

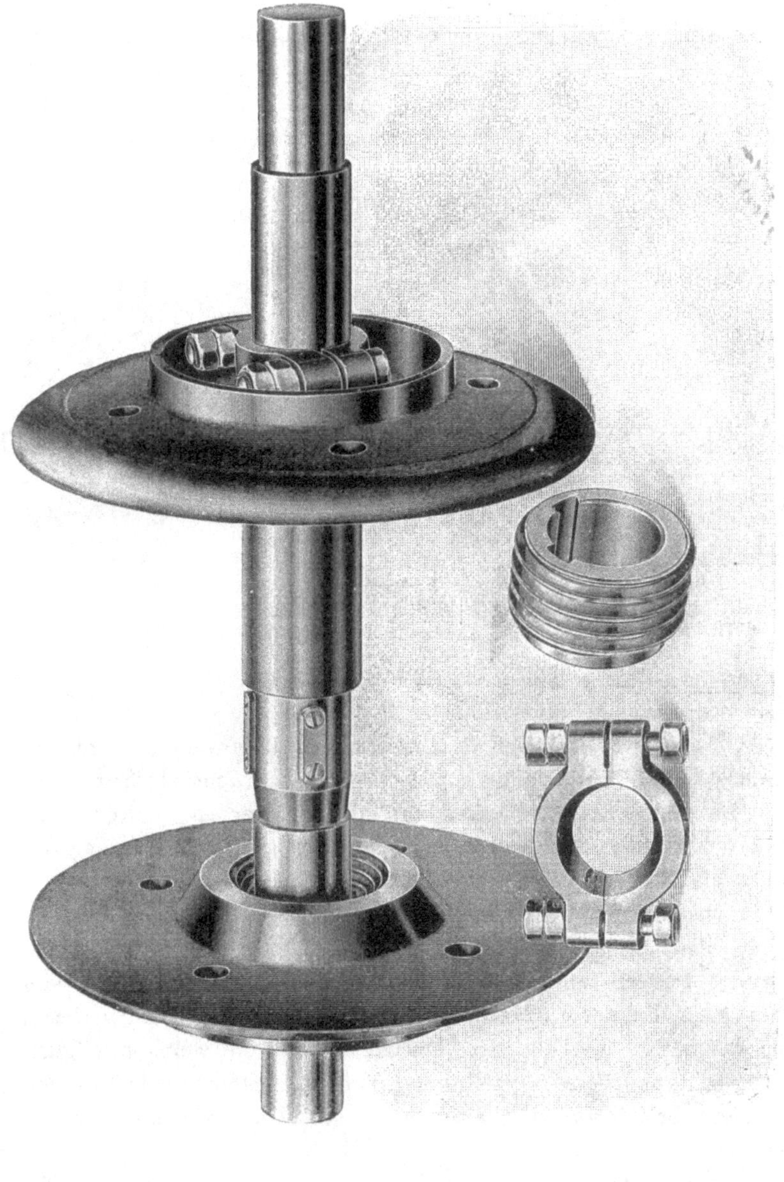

Abb. 45

gehalten ist als der Wellendurchmesser, seitlich aufgeschoben. Durch die Federn ist also die Büchse gezwungen, an der rotierenden Bewegung teilzunehmen. Beide Büchsen sind mit Außengewinden versehen (rechts und links), welche zur Aufnahme der ebenfalls mit Rechts- und Links-Innengewinde versehenen Steinrosetten dienen. Um nun die Büchsen nach außen hin gegen das Verschieben zu sichern, legt sich in die Eindrehung der Welle ein dazu passender zweiteiliger Ring, welcher durch Schrauben oder durch einen ein-

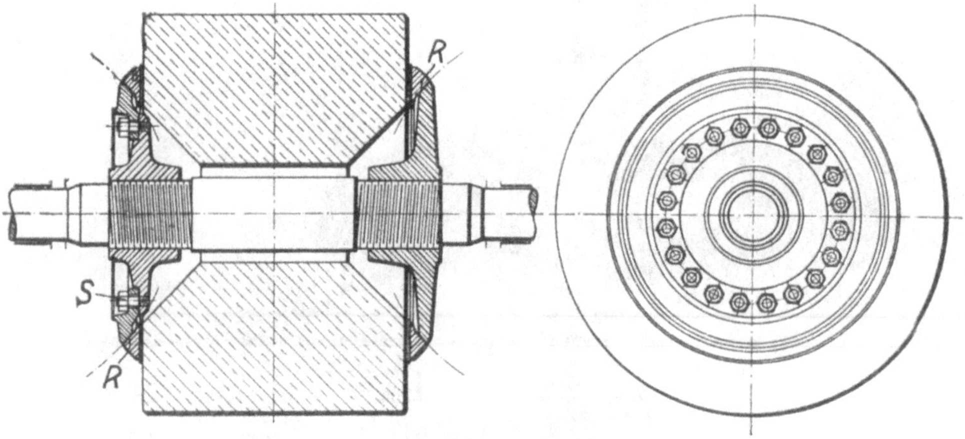

Abb. 46

teiligen Ring, welcher über den zweiteiligen übergezogen wird, zusammengehalten wird, da dieser eine größere Bruchsicherheit bietet als Schrauben, weil der Querschnitt ein größerer ist. Durch diese neue Konstruktion, dem unstarren System, der größeren Bohrung der Büchse als Wellendurchmesser und Verlegung des Gewindes soweit als tunlichst nach außen, wird der Rosette ein selbsttätiges Anlegen an den Stein in achsialer Richtung ermöglicht. Durch die Anordnung der Federn und Büchsen kann jederzeit ein Umdrehen von rechts nach links stattfinden, da nur die Büchsen umzuwechseln sind, was bei einer Welle mit Gewinde nicht ohne weiteres möglich ist. Man kann diese Vorrichtung auch auf alten Schleiferwellen anwenden, bei denen das Gewinde abgerissen oder unbrauchbar geworden ist.

Eine neue Steinbefestigung der Firma Amme, Giesecke & Konegen A.-G. in Braunschweig ist in der Abbildung 46 dargestellt. Zum leichten Abnehmen des abgeschliffenen Steines ist mit der

Steinscheibe ein Ring verschraubt. Wenn die Muttern S etwas gelöst werden, ist die Pressung beseitigt und die Steinscheiben können abgedreht werden. Diese Ausführung hat auch den Vorteil, daß genügend Platz vorhanden ist für zahlreiche und auch sehr kräftige Schrauben, also volle Sicherheit gegen Defekte besteht.

Noch eine weitere Verbesserung zeigt diese Befestigung, nämlich große Unterlegringe mit kugeliger Berührungsfläche, so daß eine selbsttätige Einstellung passend an die Stirnflächen der Steine erfolgt. Erfahrungsgemäß sind die Stirnflächen öfter nicht parallel, wodurch die großen Pressungen einseitig wirken, was gefährliche Beanspruchungen und Brüche zur Folge hat. Durch diese Einstellbarkeit sind ungleiche Pressungen nicht mehr möglich und die Bruchursachen ausgeschaltet. Um ein Zusammenrosten der Gewinde zu vermeiden, werden dieselben mit einer Mischung von Rindertalg und Graphit gut bestrichen, auch werden in diese Steinscheiben Gewindebüchsen aus Bronze eingesetzt.

*

DIE REGULIERUNG DER SCHLEIFER

Eine der wichtigsten Fragen im Holzschleifereibetrieb, besonders aber bei den modernen Großkraftschleifern, ist die Regulierung, da von einem gleichmäßigen Gang und von einer möglichst gleichmäßigen Pressenbelastung die Güte des Stoffes zum großen Teil abhängt. Durch die Verwendung der stetigen Schleifer mit mechanischem Vorschub ist zum Teil die Frage der Regulierung vereinfacht. Auch der sich immer mehr einbürgernde elektrische Antrieb der Holzschleifer vereinfacht und erleichtert die Regulierung. Da aber die Anwendung der Magazin- und stetigen Schleifer immer noch verhältnismäßig beschränkt ist, weil man die älteren Großkraftschleifer mit mehreren Pressen nicht ohne weiteres entfernen kann, muß man der Frage der Regulierung nach wie vor größte Beachtung schenken. Mitunter können auch aus betriebstechnischen Gründen die modernen Schleifer nicht Anwendung finden, da sie entweder zu große und gleichmäßige Kräfte verlangen oder andere Umstände ihrer Anwendung hinderlich sind. Bekanntlich leidet schon die Wirtschaftlichkeit bei den bisher üblichen Großkraftschleifern mit hydraulischer Belastung, wenn die Kräfte sehr schwankend sind. Namentlich bei Wasserkräften tritt dieser Fall oft ein.

Für die für kleinere und stark schwankende Wasserkräfte immer noch vorteilhaften Friktionsschleifer verwendet man eine Regulierung, die schon bei der Erwähnung dieser Apparate kurz genannt wurde und die auch aus der Abbildung 27 ersichtlich ist. Die Regulierung besitzt zwei konische Trommeln, auf denen ein gekreuzter Riemen verschiebbar läuft. Die untere dieser Trommeln erhält ihren Antrieb von der Hauptwelle oder einer anderen geeigneten Welle aus. Die obere Trommel gibt diese durch Riemen übertragene Bewegung an ein leichtes Vorgelege ab. Die Achse des letzteren läuft an dem Schleifer vorbei, das Getriebe der Pressen wird durch Stufenscheiben und Riemen bei jedem Schleifer in Gang gesetzt. Alle Pressen der ganzen Anlage müssen daher in ihrer Zuführungsgeschwindigkeit der oberen Trommel folgen. Jede Verschiebung des Riemens auf der Trommel ändert den Vorschub und den Druck der Pressen und folglich auch den Kraftverbrauch des Schleifers. Die Verschiebung des Konusriemens wird durch einen kräftigen Schwingkugelregulator bewirkt. Bei normaler Umdrehungsgeschwindigkeit steht der Konusriemen in der Mitte und erteilt den Pressen den passenden Vorschub. Wenn nun eine Aenderung in der Belastung des Motors eintritt, z. B. beim Klemmen des Holzes oder durch Leerwerden einer Presse, durch das Einrücken von anderen Maschinen usw., so daß der Antriebsmotor seine Geschwindigkeit verändert, so rückt die Regulierung den Konusriemen sofort nach rechts oder nach links, so daß der Pressenvorschub vergrößert oder verringert wird, und zwar genau in dem Maße, wie es zur Einhaltung der richtigen Geschwindigkeit der ganzen Anlage erforderlich ist. Wenn eine Presse ausgerückt wird, dann wird die dadurch freiwerdende Kraft sofort auf alle anderen Pressen verteilt. Umgekehrt gibt der Regler diese Kraft wieder frei, wenn eine neue Presse eingerückt wird. Für alle Schleifer einer Anlage genügt nur ein Regler, der um so besser arbeitet, je mehr Pressen er zu bedienen hat. Bei Anlagen mit nur einem Schleifer wird der Regulator direkt an den Schleifer angebaut, wie auch aus der Abbildung 27 zu ersehen ist.

Wenn diese Reglung auch für viele Fälle genügt, so ist sie doch den heute gestellten Anforderungen nicht immer gewachsen. Die Regelung der hydraulischen Schleifer ist nun vielseitiger, wenn sie auch im großen und ganzen auf einem ähnlichen Grundsatz beruht.

Um einen guten und gleichmäßigen Holzschliff auf hydraulischen Schleifern erzeugen zu können, ist es erforderlich, daß alle Pressen mit möglichst gleichem Vorschub schleifen. Bei den hydraulischen Schleifern arbeiten mit den üblichen Reguliervorrichtungen alle Pressen mit den gleichen Drücken im Preßzylinder. Es gehen daher die einzelnen Pressen, behindert durch die verschiedenen schädlichen Widerstände, durch Holzklemmungen usw., verschieden rasch vor und erzeugen so einen ungleichmäßigen Schliff. Besonders stark treten diese Erscheinungen bei den Magazinschleifern infolge der Holzzufuhr auf, und zwar von der Füllung bis zum Abschliff ungleichmäßig. Der Vorschubregler, der zwischen Leistungsregler und Zuleitungen nach den Schleiferpressen eingebaut wird, verteilt die Drücke auf die Pressen so, daß letztere mit gleicher Geschwindigkeit vorgehen. Der Apparat besitzt keinen mechanischen Antrieb, sondern die Reglerventile werden durch Kolben betätigt, die unter dem Einfluß der Drücke in den nach den einzelnen Pressen führenden Leitungen stehen. Vor den Kolben sind Drosselventile zur Erzeugung eines kleinen Druckabfalles eingebaut. Bei verschiedenen Pressenvorschüben ist der Druckabfall verschieden, die Kolben und damit die Regelventile werden so lange bewegt, bis die Kolben im Gleichgewicht sind. Dies ist nur bei kleinen Druckabfällen, das ist bei gleichen Wassermengen nach den Preßzylindern der Fall. Gleiche Wassermengen ergeben bei dichten Hähnen und Kolben auch gleiche Vorschübe. In Abbildung 47 ist diese Regelung schematisch gezeigt bei zwei Maschinenschleifern mit vier Pressen. Nach dem Leistungsregler (elektrischer oder hydraulischer Schleiferregler) verteilt sich die Preßwasserleitung in die kombinierten Drossel- und Reglerventile R 1—R 4 und von hier nach den Pressen. Der Vorschubregler kann auch für drei- und vier-

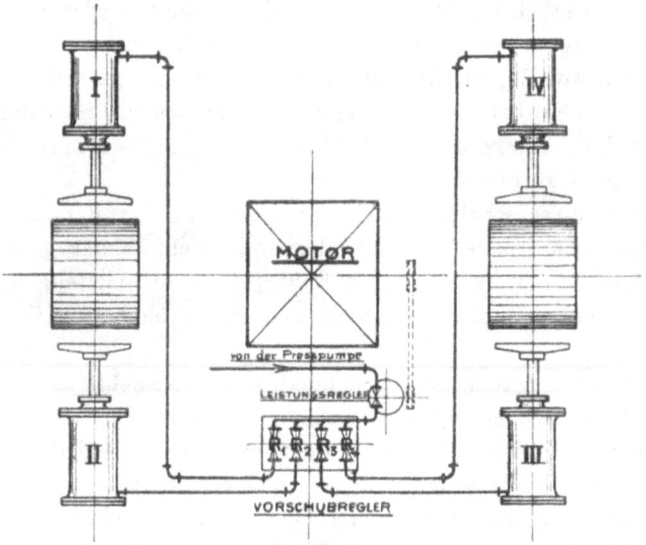

Abb. 47

pressige hydraulische Großkraftschleifer mit gleichem Vorteile verwendet werden, da es sehr häufig vorkommt, daß auch hier die Pressen bei nicht ganz sorgfältigem Holzeinlegen mit verschiedener Geschwindigkeit arbeiten. In Abbildung 48 ist dieser Vorschubregler der Firma J. M. Voith gezeigt, und zwar für vier Pressen.

Abbildung 49 zeigt einen Leistungsregler derselben Firma, wie er sonst bei hydraulisch belasteten Schleifern üblich ist. Der Grundsatz dieses Reglers besteht darin, das für das zum Schleifer gehende und für das austretende Druckwasser getrennte Leitungen vorgesehen sind. Durch eine mit dem Windkessel (Abbildungen 37, 38) verbundene Druckpumpe wird der Wasserdruck auf etwa 10 Atm. gehalten. Jedenfalls muß stets ein so hoher Druck hergestellt werden, daß genügend Reserve desselben vor dem Regler vorhanden ist. Von dem großen Windkessel der Druckpumpe aus führt eine

Rohrleitung das Preßwasser bis an den Regulator. Dort teilt sich diese Rohrleitung, und der eine Teil führt direkt bis zu den Steuerhähnen an den einzelnen Pressen, um hier mit dem vollen Druck

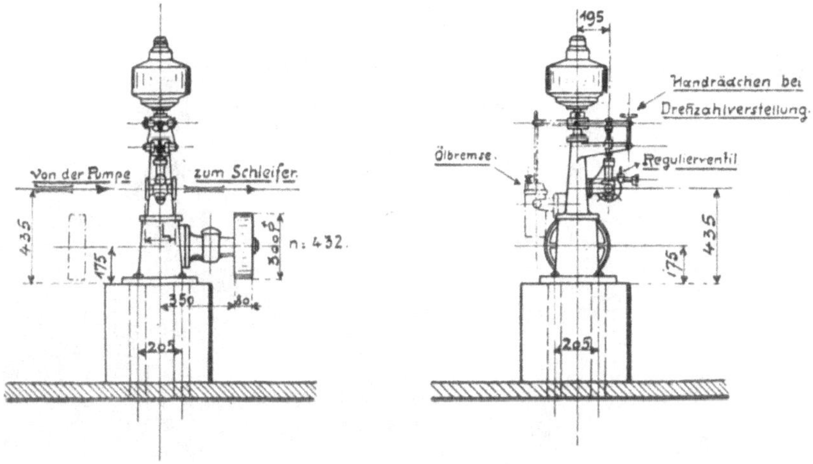

Abb. 48

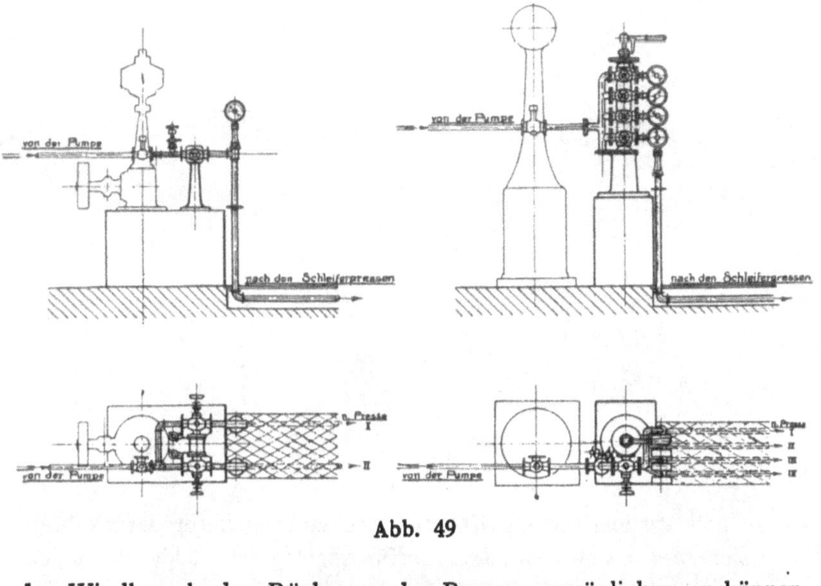

Abb. 49

des Windkessels den Rückgang der Pressen ermöglichen zu können. Der andere Teil der Rohrleitung schließt an ein Reduzierventil an, durch welches das Tachometer des Regulators in der Weise beeinflußt wird, daß stets nur so viel von dem Wasserdruck entweichen kann, um die vorhandene Kraft durch den Druck auf das Schleifholz abzubremsen. Wenn bei dieser Anordnung eine Presse umgesteuert wird, so sinkt der Druck in dem Windkessel entsprechend dem großen und plötzlichen Wasserverbrauch, welchen

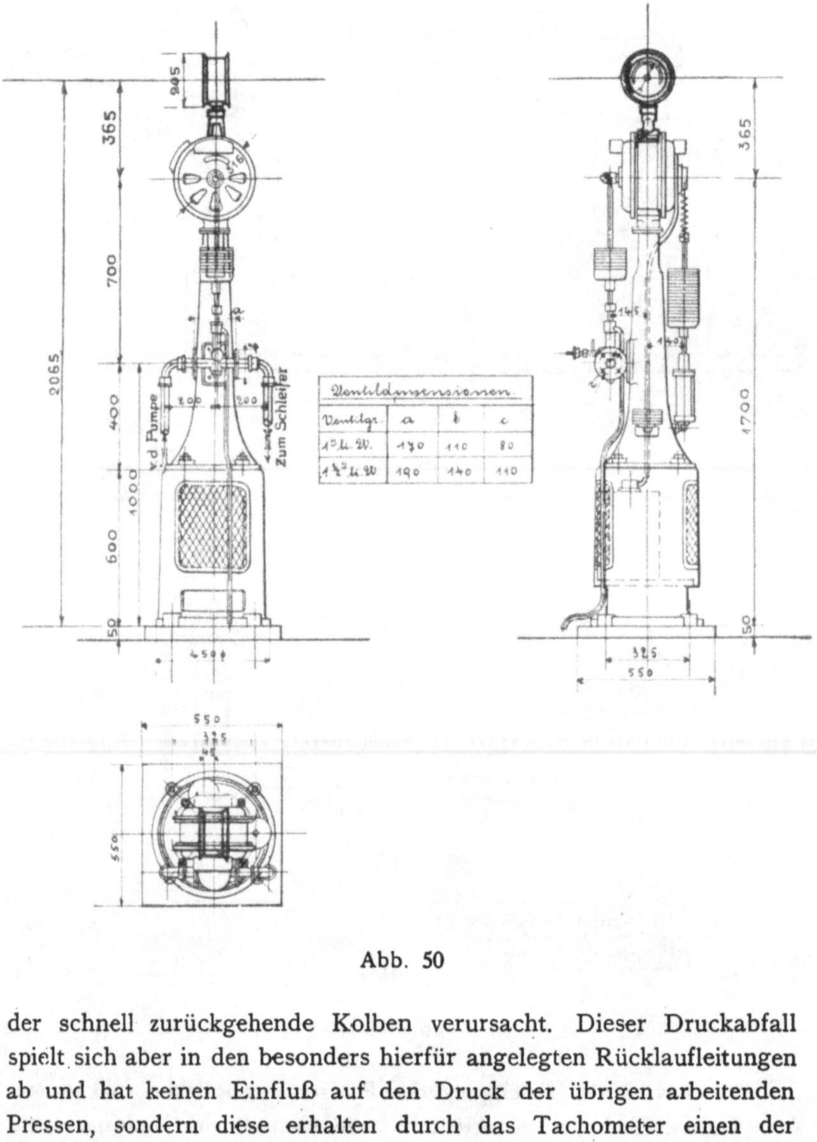

Abb. 50

der schnell zurückgehende Kolben verursacht. Dieser Druckabfall spielt sich aber in den besonders hierfür angelegten Rücklaufleitungen ab und hat keinen Einfluß auf den Druck der übrigen arbeitenden Pressen, sondern diese erhalten durch das Tachometer einen der freigewordenen Kraft der ausgerückten Presse entsprechenden höheren Teil von der im Windkessel vorhandenen Druckreserve zugeteilt.

Der Regulator ist ferner mit einer Einrichtung ausgestattet, welche beim Anziehen einer frisch gefüllten Presse augenblicklich die dazu benötigte Preßwassermenge ohne nennenswerte Verminderung des Druckes durch das Reduzierventil zuteilt.

Die hydraulisch belasteten Schleifer sind durch diese Regulatoren überhaupt erst zu vollkommenen Maschinen geworden. Ein richtig arbeitender Regulator regelt den Pressendruck nach der Schärfe des Steines ganz selbsttätig. Es ist auch für die Haltbarkeit des Steines von größter Bedeutung, was sich besonders bei den stark beanspruchten Steinen der Großkraftschleifer zeigt. Für jeden besonderen Motor ist ein Regulator erforderlich, der um so besser arbeitet, je mehr Schleifapparate er zu bedienen hat. Diese Regler eignen sich sowohl für Dampfkraft- als auch für Wasserkraftmaschinen.

Für elektrisch angetriebene Schleifer, die heute immer mehr Aufnahme finden, werden besondere Regulierapparate gebaut, wie sie z. B. in der Abbildung 50 in einer Bauart der Firma J. M. Voith in Heidenheim dargestellt sind. Die Regulierung der hydraulischen Großkraftschleifer ist in Abbildung 51 in einer Ausführung der Eisengießerei und Maschinenfabrik A.-G., Bautzen, schematisch gezeigt. Aus dieser Abbildung ergibt sich die Anordnung ohne weiteres.

Bei Dampfschleifereien wendet man in letzter Zeit mit Vorteil eine Ausführung der Linke-Hofmann-Lauchhammer-Werke, Abt. Füllnerwerk in Warmbrunn i. Schles., an, die in der Abbildung 52 an einer Dampfturbine gezeigt ist. Wenn man bei solchen Antrieben zur Regelung der Preßwassermenge einen eignen, von der den Schleifer antreibenden Kraftmaschine gleichfalls angetriebenen Regler heranzieht, dann ist es schwierig, den letzteren mit dem die Drehzahl der Kraftmaschine auf gleicher Höhe halten sollenden Regler in Einklang zu bringen. Es kann dann vorkommen, daß entweder eine Ueberlastung der Kraftmaschine eintritt, worauf der Bedienungsmann durch ein Signal aufmerksam gemacht werden muß, oder daß der Schleifer eine zu geringe Belastung erhält, so daß die Anlage nicht genügend ausgenutzt wird. Der oben erwähnte Preßwasserregler „System Nenzel“ ist nun geeignet, da die Reglung vom Kraftmaschinenregler aus erfolgt, für jede Art Kraftmaschinen, Dampf- oder Wasserkraftmaschine, die mittels eines Fliehkraftreglers auf gleichbleibender Drehzahl gehalten wird. Die Wirkungsweise dieses Preßwasserreglers besteht darin, daß der Durchgangsquerschnitt für das Preßwasser direkt vom Kraftmaschinenregler oder von den von ihm betätigten Steuergliedern vergrößert oder ver-

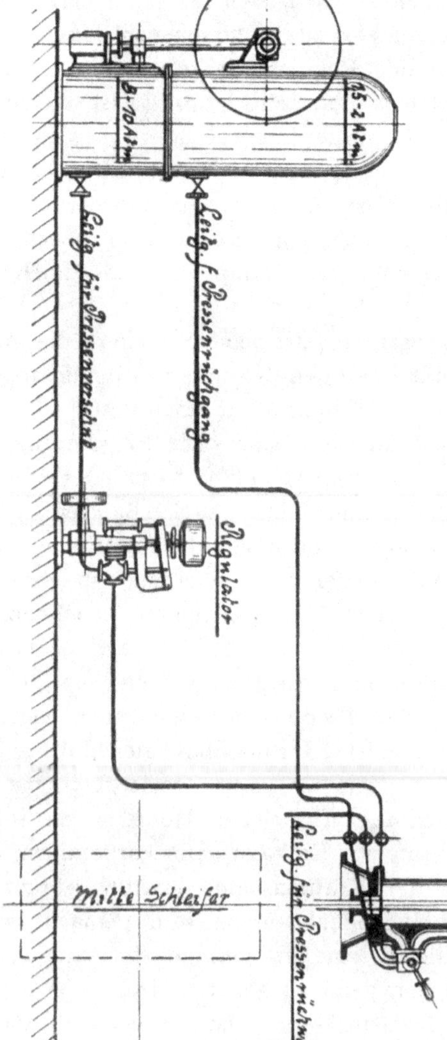
8-10 Atm
1,5-2 Atm
Leitg. für Pressenvorschub
Leitg. f. Pressenrückgang
Regulator
Mitte Schleifer
Leitg. für Pressenrückwasser

Abb. 51

kleinert wird, je nachdem die Belastung fällt oder steigt. Das Preßwasserventil wird so in der Kraftmaschine eingebaut, daß dessen Ventilstift unmittelbar mit den vom Stellzeug des Drehzahlreglers betätigten Gliedern verbunden werden kann und demzufolge deren sämtliche Bewegungen bei Belastungsschwankungen mitmacht. Das Verbindungsgestänge wird im übrigen so ausgebildet, daß es auch von Hand eingestellt werden kann und für eine gewünschte Belastung

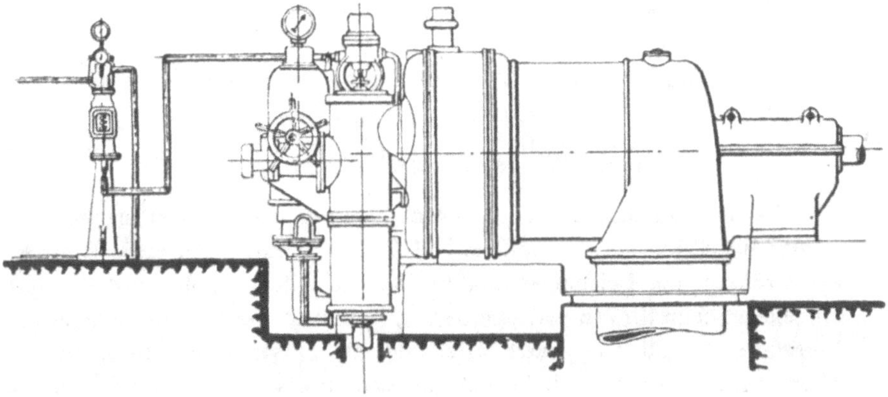

Abb. 52

der Kraftmaschine dauernd eingestellt bleibt. Da der Stift des Reglerventiles vollkommen entlastet ist, hat dessen Betätigung vom Fliehkraftregler bewegten Gliedern keinen Einfluß auf die Regulierungsfähigkeit der Kraftmaschine. Bei der in der Abbildung 52 gezeigten Ausführungsform wird ein sich nach der Belastung der die Schleifer antreibenden Kraftmaschine richtender Flüssigkeits-, Gas- oder Dampfdruck benutzt, um die Veränderung des Durchgangsquerschnittes hervorzurufen. In der Abbildung wird das Einlaßventil vom Oeldruck betätigt und stellt den Stift des Preßwasserventiles ein. Wenn die Belastung der Kraftmaschine steigt, dann steigt auch der Oeldruck, so daß sich einerseits der Querschnitt des Einlaßventils vergrößert und andererseits gleichzeitig eine Verengung des Querschnittes im Preßwasserreglerventil entsteht. Alle Belastungsschwankungen durch Mehrbelastung oder Entlastung des Schleifers werden ausgeglichen, und stets eine gleichbleibende Belastung erzielt. Der gleiche Fall tritt ein, wenn der im Turbinengehäuse herrschende und sich ebenfalls nach der Belastung der Maschine richtende Dampfdruck zur Beeinflussung der

Preßwasserreglung verwendet wird. Wenn der Antrieb der Schleifer durch Kolbendampfmaschinen erfolgt, so wird der veränderliche Hub der Dampfeinlaßorgane zum Antriebe einer Plungerpumpe verwendet, wobei der Plunger einen je nach der Stellung des Achsreglers veränderlichen Hub erhält, was eine Veränderung der Pumpenleistung zur Folge hat. Durch ein Umlaufventil kann man jeden Druck von Hand einstellen und somit jede gewünschte Belastung der Maschine festlegen und dauernd erhalten. Der sich nach der Belastung der Dampfmaschine richtende Druck wird dann ebenfalls zur Betätigung des Preßwasserreglerventiles benutzt.

Reguliersysteme der Firma Amme, Giesecke & Konegen A.-G. in Braunschweig.

a) Für Wasserturbinenantrieb.

Die Regulierung der Schleifer bei Antrieb von Wasserturbinen erfolgt nach der Geschwindigkeit, also derart, daß beim Ansteigen der Drehzahl die Leistungsaufnahme des Schleifers erhöht wird und umgekehrt beim Sinken verringert wird, so daß die jeweils vorhandene Betriebskraft voll ausgenutzt wird und die Drehzahl gleich bleibt. Hierzu muß der Vorschubdruck in den Pressen, dem jeweiligen Schleifzustand entsprechend, verschieden hoch zur Wirkung kommen.

Früher wurden hierzu meist Regler in der Ausführung nach Abbildung 53 verwendet. B ist ein Fliehkraftpendel, der bei ansteigender Drehzahl den Schleifring E mehr hebt und mittels des Hebels C und des Regulierstiftes F im Drosselventil (Regulierventil) D einen größeren Durchflußquerschnitt gibt. Die Regulierspindel steht im Ständer A vertikal, hat unten ein Spurlager und wird mittels Kegelräder und horizontaler Vorgelegwelle angetrieben.

Wird eine Presse am Schleifer leer, so steigt die Drehzahl und der beschriebene Vorgang tritt ein. Der Druck an den arbeitenden Pressen wird höher und zwar um so viel, daß mit der kleineren Pressenzahl wieder die volle Betriebskraft bei praktisch gleicher Drehzahl aufgenommen wird. Der gleiche Vorgang tritt ein, wenn eine Presse durch Klemmen der Hölzer weniger wirksam wird oder ganz ausfällt, wenn die Schleiffläche dadurch kleiner wird, daß mehr Hölzer erst angeschliffen werden, wenn der Stein stumpfer wird und dergleichen. In den gegenteiligen Fällen tritt der umgekehrte Vorgang ein, also der Druck wird verringert durch Verkleinerung des Durchflußquerschnittes im Regulierventil bzw. indem dasselbe ganz abgeschlossen wird.

Bei der Erhöhung des Druckes tritt eine gewisse Verzögerung ein, weil die in Bewegung befindliche Preßwassermenge, besonders in den Rohrleitungen, beschleunigt werden muß. Bei der Verringerung tritt nicht nur eine gleichartige Verzögerung ein, sondern dazu kommt noch eine wesentlich empfindlichere, die besonders bei kleinen Schwungmassen und sonstigen schwereren Regulierbedingungen zur Geltung kommt. Wenn bei stärkeren und plötzlichen Ueberlastungen, wie sie im normalen Schleiferbetrieb öfters vorkommen, das Regulierventil auch ganz geschlossen wird, so ist der Pressendruck im Schleifer doch nicht sofort kleiner, sondern es dauert eine ganze Zeit, bis er sinkt. Wenngleich es sich dabei auch nur um kleine Zeiten handelt, so genügen dieselben doch, um die Dreh-

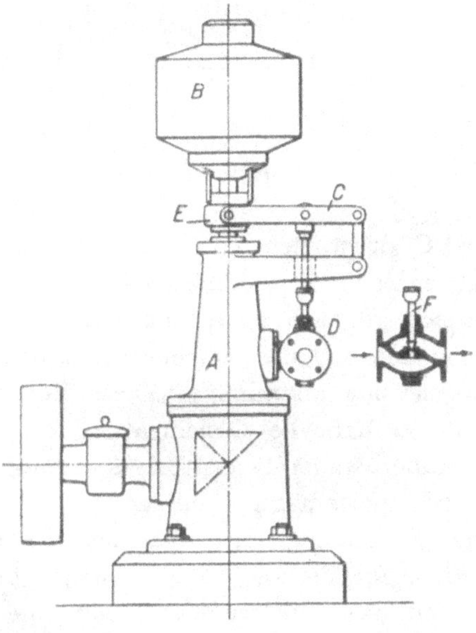

Abb. 53

zahl des Schleifers noch weiter stark zu drücken, unter Umständen kann sogar ein Abbremsen zum Stillstand eintreten. Der Druck sinkt allerdings bald und die Drehzahl des Schleifers steigt wieder an, nun aber meist wieder viel zu hoch, weil der höhere Pressendruck nicht so schnell zur Wirkung kommen kann. Diese Schwankungen wirken oft sehr störend, verringern die Produktion und bringen auch Gefahr für den Betrieb.

Zu diesem Zwecke baut die Firma Amme, Giesecke & Konegen Regler mit einem Doppelregulierventil nach Abbildung 54. Dieses

Doppelreglerventil besitzt zwei Stifte, den eigentlichen Regulierstift A und noch den Ablaßstift B. Ersterer besorgt die normale Regulierung in bekannter Weise, während letzterer bei der größeren plötzlichen Ueberlastung in Funktion tritt. Bei normaler Regulierung ist der Reglerstift A entsprechend geöffnet und der Hebel C hat seinen Drehpunkt über B. Sinkt die Drehzahl stärker, so bewegt sich der Schleifring weiter nach rechts, der Reglerstift A schließt

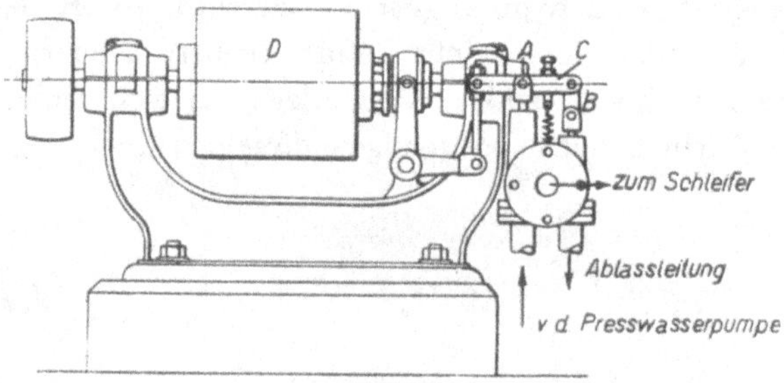

Abb. 54

ganz, der Hebel C dreht sich nun um den Bolzen über A und öffnet den Ablaßventilstift B. Dadurch sinkt der Druck sehr schnell, die Drehzahl erreicht sogleich wieder die normale Höhe, das Ablaßventil wird geschlossen und der Regulierstift A geöffnet, der wieder die normale Regulierung übernimmt. Diese Vorgänge erfolgen in ganz kurzer Zeit, so daß die Gleichmäßigkeit des Betriebes gut gewahrt bleibt. Außerdem ist die normale Regeltätigkeit eine äußerst wirkungsvolle und gleichmäßige infolge der besonderen Pendelkonstruktion, die es erlaubt, daß man den Regler für die verschiedensten Betriebsverhältnisse richtig passend einstellen kann.

Abgesehen von diesen Vorzügen gewährt die horizontale Anordnung der Welle eine Reihe weiterer Vorteile. Die Spurzapfen und die Kegelräder fallen weg und die Welle ist in Ringschmierlagern gelagert, so daß volle Betriebssicherheit besteht. Außerdem sind die Drehstellen im Pendel mit Kugellagern ausgerüstet, also Abnützungen sind so gut wie ganz vermieden und keine Ansprüche an die Schmierung gestellt.

Wie aus dem Vorstehenden ersichtlich ist, brauchen diese Regler zur Betätigung Aenderungen der Drehzahl. Es ist deshalb nicht angängig, daß außer dem Schleiferregler noch ein Turbinenregler benutzt wird. Derselbe würde den ersteren oft vorregulieren, also z. B. bei Entlastung am Schleifer den Leitapparat der Turbine schon früher schließen als der vom Schleiferregler eingestellte höhere Pressendruck entsprechend zur Wirkung kommt. In diesem Falle würde also die zufließende Wassermenge von der Turbine nicht ausgenützt werden können, ein Teil des Betriebswassers würde ungenützt überfließen und andererseits würde bei weiterer Oeffnung des Leitapparats der Wasserspiegel absinken, also ebenfalls ein Verlust an Betriebskraft eintreten infolge des geringeren Gefälles.

Die Turbine soll von Hand immer so reguliert werden, daß der Oberwasserspiegel in normaler Höhe gehalten wird und kein Wasser überfließt. Zweckmäßig sind hierzu selbsttätig arbeitende Apparate, welche den Leitapparat der Turbine nach dem Oberwasserspiegel einstellen. Steigt derselbe z. B., so wird der Leitapparat etwas mehr geöffnet, daß trotz der größeren abfließenden Wassermenge ein Ueberfließen nicht eintritt.

b) Antrieb durch Kolbenmaschinen (Dampfmaschinen, Dieselmotore, Sauggasmotore).

Meist werden zur Reglung solcher Schleifer die gleichen Regler verwendet wie für den Antrieb durch Wasserturbinen. Dabei treten aber die gleichen bereits erwähnten Nachteile auf, die entstehen würden, wenn bei Wasserturbinenantrieb noch ein Turbinenregler benutzt werden würde. Allerdings nur in kleinerem Maße, aber doch in gleicher Art. Die Antriebsmaschine wird oft so stark unterbelastet sein, sogar unter der Hälfte oder unter einem Viertel, und dann wieder überlastet, weil der Maschinenregler die Füllung meist schneller verstellt hat, als die Schleiferregulierung voll zur Geltung gekommen ist. Dies liegt nicht daran, daß der Schleiferregulator an sich weniger empfindlich ist als der Maschinenregler, sondern an den Organen zur Uebertragung der Regulierbewegungen. An der Antriebsmaschine tritt infolge der Uebertragung der Regulierbewegung durch starre Hebel, Stangen und dergleichen bei jeder kleinsten Bewegung am Regulator gleichzeitig die entsprechende Verstellung der Organe zur Veränderung der Füllung ein, also es besteht hier keinerlei Verzögerung. Der Schleiferregler betätigt das Regulierventil ebenso schnell, aber nun treten Verzögerungen ein, einmal weil die Preßwassermenge in den Rohrleitungen erst beschleunigt bzw. verzögert werden muß, und dann infolge der Elastizität des Schleifholzes. Erst nach Ueberwindung dieser Verzögerungen kommt der neu eingestellte Druck zur tatsächlichen Wirkung. Inzwischen ist aber die Füllung der Antriebsmaschine verstellt worden.

Die Folge solcher Schwankungen in der Betriebskraft zeigen sich in ungenügender Produktion, weil die Unterbelastungen stets viel weitgehender sind als die Ueberbelastungen, also die Ausfälle gegenüber der normalen Produktion durch Mehrerzeugung bei Ueberlastung nicht eingeholt werden können. Man findet daher auch oft Dampfschleifereien, deren Produktion trotz öfterer Ueberlastung der Maschine ungünstig ist.

Zur Beseitigung dieser Schwankungen und zur Erzielung der vollen Produktion gibt es ein einfaches Mittel, das wohl schon viele Jahre benutzt wird, aber doch noch nicht allgemein bekannt ist. Dabei wird die Bewegung des Maschinenreglers derart begrenzt, daß er eine Vergrößerung der Füllung nicht vornehmen kann und eine Verkleinerung erst dann, wenn die Drehzahl stärker ansteigt. Eine solche Einrichtung zeigt Abbildung 55 für einen Regler mit vertikaler Welle. Bei A wird ein Anschlag (Stellschraube) an-

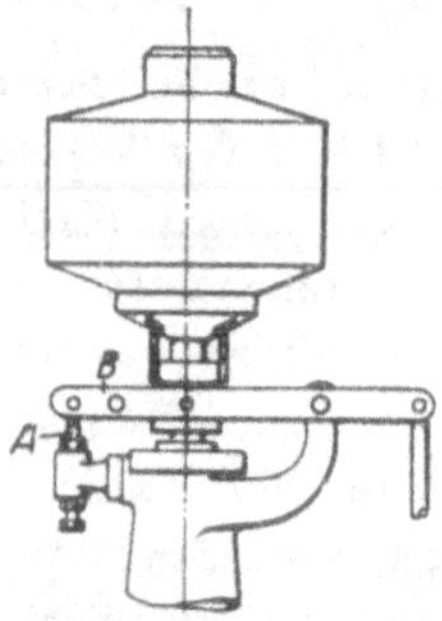

Abb. 55

gebracht, welche die Bewegung des Hebels B nach unten begrenzt, also in der Richtung zur Vergrößerung der Füllung. Gleichzeitig werden die Pendelfedern etwas mehr gespannt, wodurch das Hebelende B mit einem gewissen Druck auf dem Anschlag aufliegt. Steigt nun die Drehzahl etwas, so tritt noch keine Bewegung am Maschinenregler ein, sondern es wird nur der Auflagedruck etwas kleiner und die Schleiferregulierung hat Gelegenheit und Zeit, voll zur Wirkung zu kommen. Tritt eine größere und dauernde Entlastung ein, z. B. durch Abschalten aller Schleifpressen, zwecks Abstellen, so steigt die Drehzahl etwas weiter, das Hebelende B wird vom Anschlag abgehoben und der Maschinenregler stellt in normalem Vorgange die Füllung kleiner. Mit der Stellschraube A kann die jeweils gewünschte Maschinenleistung bzw. Produktion eingestellt werden und gleichzeitig bringt diese Einrichtung den Vorteil, daß die Maschine niemals überlastet werden kann.

Diese Einrichtung kann auch an anderen Stellen des Gestänges in sinnreicher Weise angebracht werden und auch bei Achsreglern, wobei aber, um dieselbe verschieden einstellen zu können, der Regler hierzu schon entsprechend ausgeführt sein muß.

Auf eine andere Einrichtung zur Erzielung dieses Zweckes wurde ein Patent erteilt, bei welcher das Schleifer-Regulierventil unmittelbar oder mittelbar vom Maschinenregler betätigt wird. Damit ist aber das Vorregulieren des Maschinenreglers nicht beseitigt und die Gleichhaltung der Leistung nicht erzielt, weil zur Veränderung des Pressendruckes der Maschinenregler erst Bewegungen machen muß, durch welche aber gleichzeitig die Füllung verändert wird.

Eine andere Einrichtung besteht darin, daß das Regulierventil von einem Kolben durch den Receiverdruck der Antriebsmaschine betätigt wird. Wird z. B. eine Presse leer, so beginnt die Drehzahl zu steigen, der Maschinenregler verringert die Füllung, wodurch die Spannung im Receiver sinkt. Damit wird auch der Druck auf den erwähnten Kolben kleiner, er wird von der dem Dampfdruck entgegenwirkenden Feder etwas mehr zurückgeschoben und das Regulierventil mehr geöffnet. Wie aus diesem Arbeitsvorgange zu ersehen ist, sind hier die verzögernden Einflüsse noch vermehrt. Außerdem wird vielfach konstanter Receiverdruck verlangt und durch besondere Apparate gleichgehalten, so daß dieser Schleiferregler nicht zur Wirkung kommen kann.

Für Antrieb durch Dieselmotoren und Sauggasmotoren werden die Schleiferregler ebenfalls nach Abbildung 52 verwendet unter Benutzung einer entsprechenden Einrichtung nach Abbildung 53.

c) Für Antriebe durch Dampfturbine.

In Großbetrieben bringt die Aufstellung eines Turbogenerator zur Versorgung aller Kraftverbrauchsstellen verschiedene Vorteile. In solchen Fällen können die Schleifer mittels Zahnräder von der Turbine angetrieben werden. Dabei wurden bereits Regler nach Abbildung 51 verwendet, aber wenn der Generator auch gleichzeitig den Strom für die Papiermaschinen liefert, was öfter erforderlich sein wird, so wirken die Geschwindigkeitsschwankungen, die der Schleiferregler zuläßt, auf den Papiermaschinen bereits störend. In solchem Falle kann man sich damit behelfen, daß der Turbinenregler in seiner höchsten Empfindlichkeit weniger beeinträchtigt wird, aber dann treten in der Leistungsaufnahme der Schleiferei größere Schwankungen auf und die normale Produktion wird nicht erreicht, aus gleichen Gründen wie bei Wasserturbinenantrieben bei Benutzung eines Turbinenreglers.

Für solche Anlagen baut die Firma Amme, Giesecke & Konegen einen Regler, bei welchem nicht nur der Dampfturbinenregler ungehindert feinfühlig regulieren kann, sondern auch die Leistung der

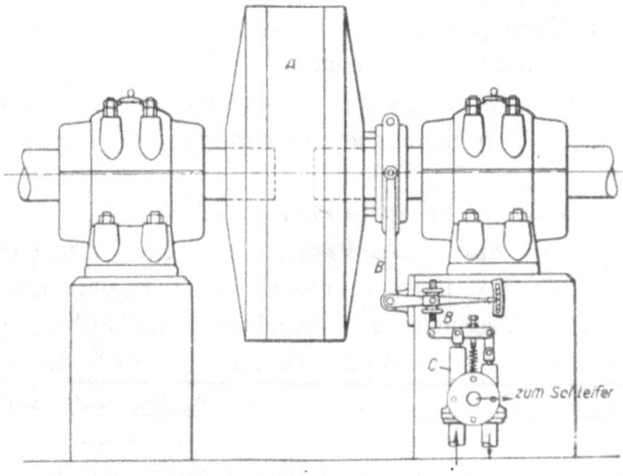

Abb. 56

Schleiferei konstant bleibt und leicht, auch im vollen Betriebe, in jeder gewünschten Höhe eingestellt werden kann. Abbildung 56 zeigt eine solche Reguliervorrichtung. Bei derselben ist A eine elastische Kupplung, welche die Betriebskraft durch mehrere tangential gestellte Druckfedern überträgt. Je nach der jeweils übertragenen Kraft drücken sich diese Federn mehr oder weniger zusammen und dementsprechend erfolgt eine gegenseitige Verdrehung der treibenden Kupplungsscheibe zur getriebenen. Diese Verdrehungen werden durch ein System von Hebeln auf das Doppelregulierventil C übertragen. Wird z. B. eine Presse leer, so sinkt die übertragene Leistung, die Druckfedern strecken sich mehr, dementsprechend erfolgt eine gegenseitige Verdrehung der Kupplungsscheiben, wodurch das Regulierventil mehr geöffnet wird. Der größere Pressendruck stellt die normale Leistung wieder her. Durch eine Verstellung am Reguliergestänge kann die Leistung in verschiedener, jeweils gewünschter Höhe eingestellt werden und an einem Zeiger ist jederzeit die Kraftaufnahme der Schleiferei bzw. des Schleifers ersichtlich.

d) Antrieb durch Elektromotore.

Zu elektrischen Antrieben der Schleifer werden ausschließlich Drehstrommotore benutzt (siehe da), welche die Drehzahl praktisch konstant halten, weshalb die bisher beschriebenen Schleiferregler hier nicht benutzt werden können, außer dem Regler nach Abbildung 54, der auch für solche Antriebe gut verwendbar ist, und sehr günstige Betriebsverhältnisse ergab.

Außer diesen Reglersystemen werden auch noch Apparate benutzt, welche auf elektrischem Wege das Regulierventil betätigen. Auf dem gußeisernen Sockel sitzt ein Drehmagnet, durch welchen ein Strom geführt wird, der proportional dem Hauptstrom ist, welchen der Schleifermotor aufnimmt. Jede Belastungsänderung am Schleifer hat die verhältnismäßig gleiche Aenderung der Stromstärke am Elektromotor zur Folge und auch im Drehmagnet. Dem in demselben elektrisch erzeugten Drehmoment wirkt ein von Gegengewichten erzeugtes mechanisches Drehmoment entgegen, das konstant bleibt. Tritt eine Aenderung des elektrisch erzeugten Drehmomentes ein, so erfolgt eine Verdrehung, wodurch das Regulierventil verstellt wird. Die Ausführung des Drehmagneten erfolgt in verschiedener Art, jedoch nach dem gleichen Prinzip. Durch die Veränderung der Gewichtsbelastung kann die Leistung des Motors und damit des Schleifers verschieden hoch eingestellt werden, allerdings leidet damit die Empfindlichkeit der Regulierung. Um dieselbe für alle Belastungen einzuhalten, wird der Transformator, welcher den Regulierstrom liefert, mit mehreren Anzapfungen versehen und ein Stufenschalter zur Einstellung benutzt. Damit kann der Regulierstrom für die verschiedenen Belastungen des Motors auf der günstigst normalen Größe gehalten werden.

*

DAS SORTIEREN DES HOLZSCHLIFFES

Der von den Schleifern kommende Holzschliff ist nun in keinem Falle so, daß er den heutigen Anforderungen an Feinheit und Splitterfreiheit genügt, er muß deshalb sortiert werden. Man hat nun grundsätzlich in eine Grobsortierung und in eine Feinsortierung zu unterscheiden. Erstere dient besonders dazu, die Feinsortierer zu entlasten und alle groben Splitter und das sogenannte

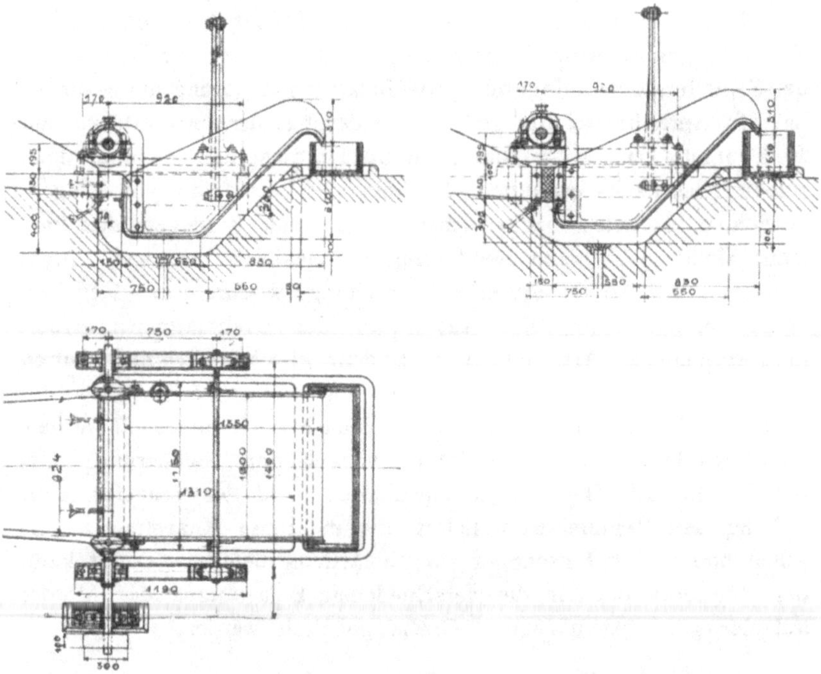

Abb. 57

Sauerkraut zurückzuhalten. Diese Grobsortierer bezeichnet man daher auch meist als Splitterfänger und baut sie unmittelbar hinter dem Schleifer ein. Um nun namentlich beim Heißschliff den ziemlich dicken Stoff von den Splittern trennen zu können, und die Sortierfähigkeit der Splitterfänger dauernd aufrecht zu erhalten, muß der Stoff, ehe er auf den Splitterfang kommt, stark verdünnt werden, wozu am besten das Siebwasser der Pappenmaschinen verwendet wird. Wollte man die starke Verdünnung unterlassen, die ja ohnehin auf den Sortiermaschinen, Raffineuren, Pappenmaschinen erforderlich ist, so würden sich die Sieblöcher der Splitterfänger bald verstopfen. Um die Leistung zu erhöhen und die Ausscheidung der Splitter zu beschleunigen, erhalten diese Siebe noch eine schaukelnde Bewegung, welche auch gleichzeitig bewirkt, daß die ausgeschiedenen groben Splitter langsam nach einem Sammelkasten wandern, von wo aus sie entnommen und zum nochmaligen Durchschleifen in einen Preßkasten gebracht werden können. Man verwendet dazu vorteilhaft denjenigen Preßkasten, der dem Stoffauslauf am entfern-

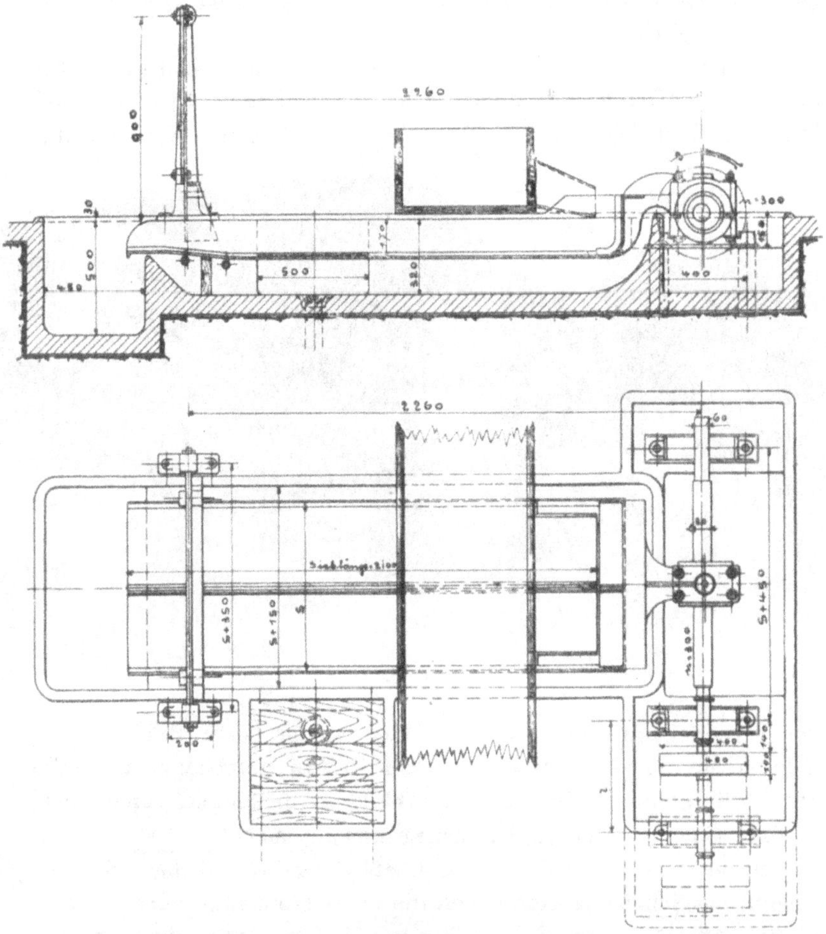

Abb. 58

testen liegt, da die Splitter auf diese Weise immer wieder zwischen Holz und Stein nochmals raffiniert werden. In Abbildung 57 ist ein solcher Splitterfänger in der Bauart der Firma J. M. Voith in Heidenheim gezeigt. Die Siebkästen können in gußeiserne oder besser in Betontröge eintauchen, in denen der Stoff gestaut werden muß, um dann durch einen, am besten betonierten, Kanal den Stoffpumpen zuzulaufen, welche ihn auf die Sortierer heben. Von einem zufriedenstellend arbeitendem Splitterfänger ist zu verlangen, daß er die Splitter rein ausscheidet und ohne Verlust an guten Fasern. Die Lochung der Siebe schwankt ganz nach der verlangten Reinheit. Die schaukelnde Bewegung des Siebes wird durch ein Exzentergetriebe erzielt, das auf eine Welle sitzt und durch eine Riemenscheibe angetrieben wird.

Neuerdings baut die Firma J. M. Voith in Heidenheim auch Splitterfänger nach Abbildung 58 mit selbsttätigem Späneauswurf. Dieser Splitterfänger besteht aus einem durch einen Exzenter hin-

Abb. 59

und herbewegtem Sieb aus Eisen oder Kupfer (siehe Braunschliff), welches an der Auslaufseite an zwei Federn aufgehängt ist. Die nähere Konstruktion ist aus der Abbildung hinlänglich ersichtlich, so daß sich eine weitere Erklärung unnötig macht.

Außer diesen bisher ausschließlich gebräuchlichen Splitterfängern mit Schaukelkasten bauen die Linke-Hofmann-Lauchhammer-Werke, Abt. Füllnerwerk in Warmbrunn, jetzt noch einen Splitterfänger mit rotierender Trommel, wie er in der Abbildung 59 gezeigt ist. Bisher sind diese Splitterfänger besonders in den skandinavischen Ländern verwendet worden, finden aber auch in Deutschland zunehmende Verwendung, da sie viel ruhiger als die Schaukelsplitterfänger arbeiten und infolgedessen weit weniger dem Verschleiß unterworfen sind. Die rotierende, kräftig gebaute zweiteilige Trommel mit gelochtem Blechmantel, der je nach dem Verwendungszweck aus Eisen, Messing, Kupfer oder verzinktem Eisenblech besteht, sitzt auf einer kräftigen, durchgehenden Welle, die auf der Einlaßseite in einem Lager mit Pockholzschalen läuft, während auf der Auslaufseite ein Lager mit Weißmetallschalen angeordnet ist. Der Antrieb erfolgt durch Stirnrädervorgelege mit Riemenscheibe. Der Trog wird vorteilhaft aus Beton ausgeführt, er kann aber je

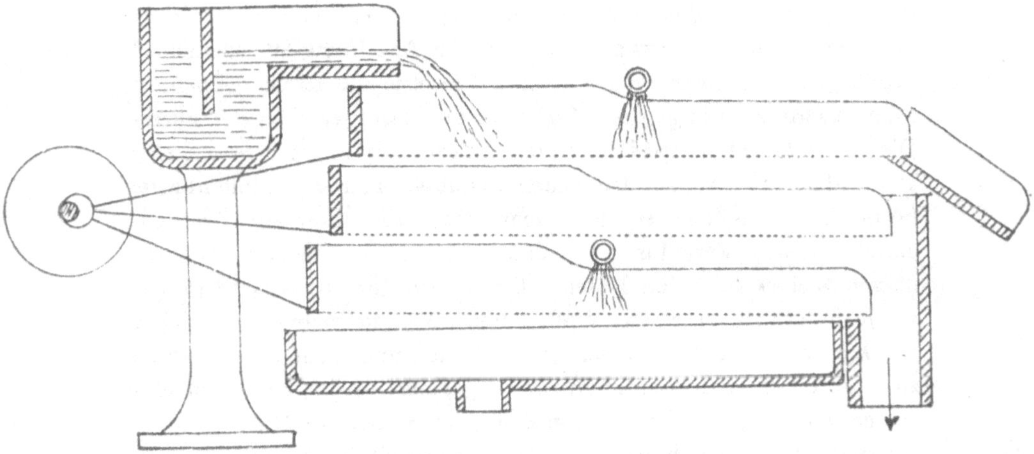

Abb. 60

nach den örtlichen Verhältnissen auch aus Holz gebaut werden. Der Stoff ist vor dem Eintritt in den Splitterfänger ebenfalls stark zu verdünnen, damit die feinen Fasern von den Splittern abgespült werden. Zur Entlastung des Splitterfängers wird zweckmäßig in den Einlaufkasten ein Spanrechen eingebaut, der die gröbsten Späne zurückhält. Der Schleifstoff tritt an der einen Seite der konischen Trommel, in deren Inneres die brauchbaren Fasern fließen, durch den gelochten Mantel in den darunter befindlichen Trog, während die groben Teile, Späne und Holzstückchen, am anderen Ende der Trommel in einen besonderen Behälter ausgeworfen werden. Die Sortiertrommel erhält für weißen Holzschliff meistens Rundlochung von 5—9 mm Durchmesser und für Braunschliff Rundlochung von 10—12 mm Durchmesser. Für besondere Fälle werden sie auch bei Braunschliff mit Schlitzlochung von 3×12 mm geliefert. Die Reinigung der Sortiertrommeln erfolgt durch Spritzrohre.

Die Feinsortierung erfolgt entweder auf Schüttelsieben oder auf Schleudersortierern. Die Schüttelsiebe, die in Abbildung 60 gezeigt sind, haben wohl eine gute Wirkung, werden aber in letzter Zeit immer mehr durch die Schleudersortierer verdrängt, da diese den heutigen Anforderungen in Bezug auf Leistung und Güte mehr entsprechen. In kleineren und älteren Schleifereien findet man sie immer noch häufig, zumal sie in der letzten Zeit sehr verbessert worden sind, so daß sie bei höherer Leistung auch eine feinere Sortierung zulassen. Ihr Hauptnachteil besteht aber in dem großen Raumbedarf, da sich für die gleiche Leistung mehr Apparate nötig machen, als bei den Schleudersortierern. Während man früher dreisiebige Schüttler verwendete, wie in der Abbildung 60 schematisch gezeigt, ist man heute immer mehr auf zweisiebige zurückgekommen. Man machte allerdings diese Siebe breiter, dafür aber wieder kürzer. Die ganze Maschine wird durch die Anwendung von nur zwei Sieben viel einfacher. Da bei den neuen Schüttelsieben der Einlaufkasten horizontal verstellbar ist, kann man das Stoffwasser zur Erzielung einer besseren Verteilung auf den hinteren, ungelochten Teil des oberen Siebes auflaufen lassen. Die Spritzrohre müssen so gestellt werden, daß sie in einem Winkel von 45 Grad gegen den Einlauf spritzen und so den Stoff bei seiner Wanderung nach dem Auslaufe zu, die durch das Schütteln hervorgerufen wird, gewissermaßen stauen und die guten Fasern von den groben abgewaschen und durch die Sieblöcher gespült werden. Die Siebe müssen genau horizontal liegen, da sich der Stoff sonst nach den tieferen Stellen zieht, was eine Herabminderung der Leistung und der Sortierung zur Folge hat. Meist sind zu diesem Zwecke Stellschrauben an den Sieben vorgesehen, welche eine genau horizontale Einstellung ermöglichen. Die Siebe sollen nie überlaufen und keinen dicken Stoff ausscheiden. Man kann bei den Schüttlern eine recht gute Regelung der Sortierung erreichen, indem man die Siebneigung verstellt oder mehr oder weniger Wasser zugibt. Den größten Einfluß auf die Feinheit der Sortierung hat natürlich die Lochung der Bleche, die von der verlangten Sortierfeinheit abhängt und jeweils auszuprobieren ist.

Die rotierenden Sortierer werden heute ausschließlich mit liegender Welle gebaut, wenn sich auch in verschiedenen älteren Fabriken noch solche mit stehender Welle finden, und zeichnen sich durch höhere Leistungen aus, die ein Mehrfaches der Schüttelsortierung betragen. Die Sortierer mit stehender Welle sind als Vorgänger der heute weit verbreiteten Zentrifugal- oder Schleudersortierer anzusehen. Ein besonderer Vorteil dieser Maschinen besteht darin, daß viele Faserbündel durch die Zentrifugalkraft zerschlagen werden, so daß der Raffineur entlastet wird. Infolge der Arbeitsweise der Apparate ist eine feinere Sieblochung als bei den Schüttelsortierern nicht nur angängig, sondern sogar bei verlangter guter Sortierung nötig, da sonst durch die Zentrifugalkraft auch die gröberen Fasern mit durch die Sieblöcher gedrängt werden. Alle diese Sortierer müssen nun mit einer größeren Verdünnung arbeiten als die Schüttelsortierer. Bei den Zentrifugalsortierern ist

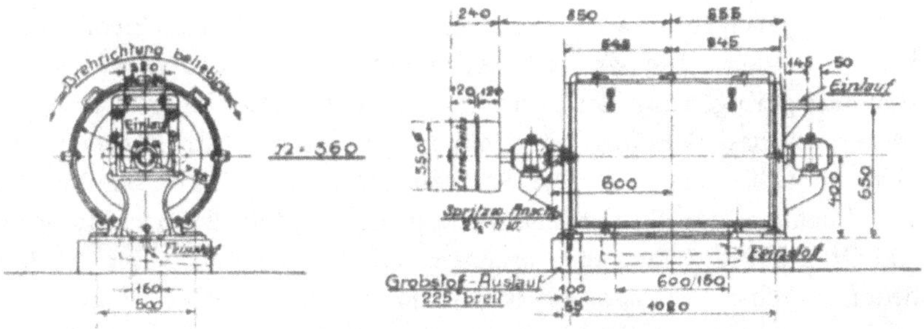

Abb. 61

eine gewissenhafte Vorsortierung durch Splitterfänger Grundbedingung, da sonst die Splitter die Siebe verstopfen und beschädigen.

Bei der Wahl der Sortierer ist weiter mitbestimmend die Art des Schliffes, also ob Heiß- oder Kaltschliff. Die beim Heißschleifen in großer Menge entstehenden feine und geschmeidigen Splitter beeinträchtigen die Güte des Stoffes oft nicht, während die beim Kaltschliff entstehenden Splitter nicht im Stoff verbleiben dürfen, sondern raffiniert werden müssen, da sie infolge ihrer Beschaffenheit sich nicht in gleich guter Weise verfilzen wie die Splitter des Heißschliffes. Schon aus diesem Grund muß beim Kaltschliff schärfer sortiert werden. Man sollte aber auf jedem Falle schon auf dem Schleifer so arbeiten, daß man möglichst wenig Splitter erhält.

Für große Leistungen eignen sich am besten die heute fast ausnahmslos zu findenden Schleudersortierer mit liegender Welle, für deren Wahl folgende Gesichtspunkte maßgebend sind: der Stoff muß gut verdünnt und ganz gleichmäßig über die ganze Siebfläche verteilt werden können, die Aussortierung soll möglichst sauber sein, so daß der Raffineurstoff nur ganz geringe Mengen feine Fasern enthält.

In der Abbildung 61 ist ein Schleudersortierer der Firma J. M. Voith in Heidenheim dargestellt. Diese Maschinen haben zentralen Einlauf, der durch Splitter nicht verstopft werden kann, jedoch größere Stücke, die nicht in den Stoff gehören und die Siebe beschädigen könnten, zurückhält. Dieser Einlauf verteilt das Stoffwasser gleichmäßig auf den Umfang und auf die Länge. In einer langen Nachsortierungszone wird der Stoff durch eine besondere Verteilungstrommel nachsortiert. Die Maschine zeichnet sich durch einfachste Aufstellung aus und leichten Antrieb, da sie nur zwei Lager ohne Stopfbüchsen hat, infolgedessen ist auch der Verschleiß auf das geringste Maß beschränkt. Der feststehende Siebmantel ist leicht auswechselbar und zugänglich, Raum- und Kraftbedarf sind nur gering, trotz der hohen Leistung der Maschine. Die Aussortierung des Schliffes ist denkbar gut, sodaß ein Faserverlust nicht zu befürchten ist. Die Sortierung läßt sich leicht regulieren. Die Lochung der Sortiersiebe beträgt bei weißem Holzschliff vorteilhaft 1,5 bis 2 mm, bei braunem 2,2 bis 2,8 mm. Der Kraftbedarf wächst mit der Stoffverdünnung. Je schärfer aussortiert wird, desto weniger Grobstoff fällt an, doch wird naturgemäß die Stoffgüte durch allzu scharfes Aussortieren nicht verbessert. Die Nachsortierung kann durch Regelung der Spritzwasserzugabe eingestellt werden. Die erforderliche Stoffverdünnung im Einlauf dieser Sortiermaschinen ist für weißen Holzschliff etwa 1:300, für braunen etwa 1:300 bis 1:400, wovon die höhere Zahl für feine Sortierung und lange Faser gilt. Für Stoffverdünnung und als Spritzwasser, das auf der Antriebsseite durch ein Rohr reichlich zuzugeben ist, kann das Siebwasser der Entwässerungsmaschinen verwendet werden.

Diese Sortiermaschinen werden in folgenden Größen und Leistungen gebaut:

Größe	Umdrehungszahl in der Minute	Leistung in 24 Std. lufttrocknen Stoff kg	Kraft PS
60	250	2500– 5000	7–10
0 I S	250–270	2500– 5000	7–10
II S	200–220	5000–10000	15–20
III S u. Z	150–180	10000–20000	30–40

Die Abbildung 62 zeigt einen Schleudersortierer der Eisengießerei und Maschinenfabrik A.-G. in Bautzen, der grundsätzlich wie die vorhergehend beschriebenen arbeitet und in folgenden drei Größen und Leistungen gebaut wird:

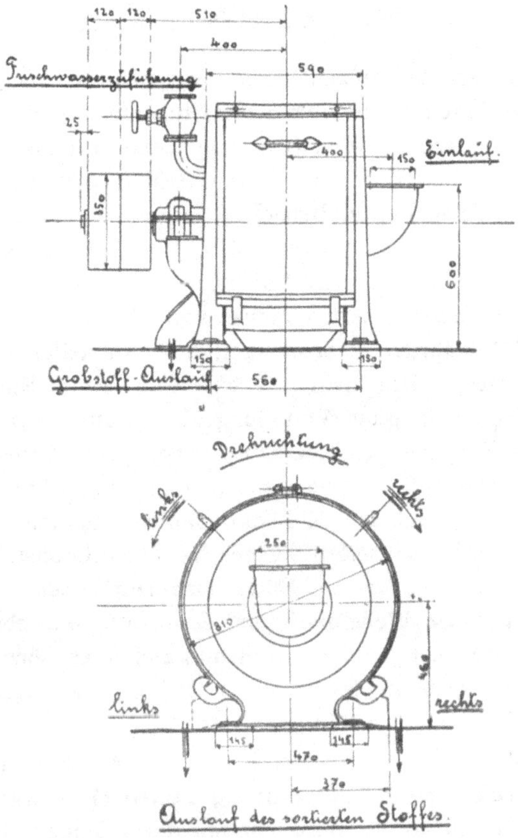

Abb. 62

Größe	Leistung in 24 Stunden trocken weiß kg	Leistung in 24 Stunden trocken braun kg	Kraft PS	Umdrehungen in der Minute
0	bis 3 000	bis 4 500	2–3	625–675
1	3 000–5 000	4 000– 8 000	4–6	450–500
2	5 000–8 000	8 000–12 000	10–15	275–350

*

DAS RAFFINIEREN

Wie schon erwähnt, macht sich auch beim besten Heißschliff und bei bester Sortierung ein Raffinieren des abgeschiedenen Grobstoffes erforderlich. Man verwendet heute nur noch Raffineure mit liegender Welle, die Raffineure mit stehender Welle finden sich nur noch in einigen älteren Betrieben, sie waren aus der Getreidemüllerei übernommen, sind aber heute fast vollständig verdrängt worden, da sich die modernen Raffineure mit liegender Welle viel besser in ihrer Bauart, Arbeitsweise und Stofführung den heute üblichen und bewährten Anordnungen und Aufstellungen der Maschinen anpassen. Um nämlich bei dem alten Raffineur mit stehender Welle eine gute Verteilung des Stoffes auf die Mahlflächen zu erzielen, die zur Erreichung einer guten Arbeit nötig ist, muß der Raffineurstoff aus einer höher stehenden Bütte durch eine Reguliervorrichtung auf den Mahlgang laufen. Es macht sich also nötig, den von den Sortierern ausgeschiedenen Grobstoff von der Grobstoffbütte in eine zweite Bütte hinaufzupumpen. Bei Raffineuren mit liegender Welle muß der Grobstoff zwar ebenfalls aus der Sammelbütte hochgepumpt werden, kann aber ohne Zwischenschaltung einer weiteren Bütte direkt auf den Mahlgang laufen, so daß sich die Anlage vereinfacht.

Die heute allgemein üblichen Raffineure haben sich aus einer besonders für die Strohstoffabrikation gebauten Maschine entwickelt. Die guten Erfahrungen, die man hier mit dieser Bauart machte, veranlaßten auch zur Einführung in der Holzschleiferei. Diese Raffineure besitzen einen großen Vorteil, der darin besteht, daß eine gleichmäßige Verteilung des Stoffes auf die Mahlflächen leichter ist und daß unregelmäßige Zufuhr und auch mitunter gänzliches Ausbleiben desselben ohne Schaden ist, da man die Maschinen leicht so einrichten kann, daß ein Auflaufen der Steine ausgeschlossen ist.

Der Zweck des Raffinierens ist nun eigentlich kein Mahlen des Stoffes, sondern die Trennung zusammenhängender Fasern und ein Auflösen von Faserbündeln. Die gelösten Fasern werden dann noch gequetscht. Infolgedessen darf auch ein Aufeinanderlaufen der Steine nicht stattfinden, es muß sich vielmehr zwischen ihnen ein geringer Raum befinden, in welchem die Behandlung der Fasern vor sich geht. Es ist aber andererseits ein gewisser Druck nötig, den die Steine auf den Stoff ausüben müssen, was durch verschiedenerlei Vorrichtungen, meistens eine einstellbare Feder, erreicht wird. Ge-

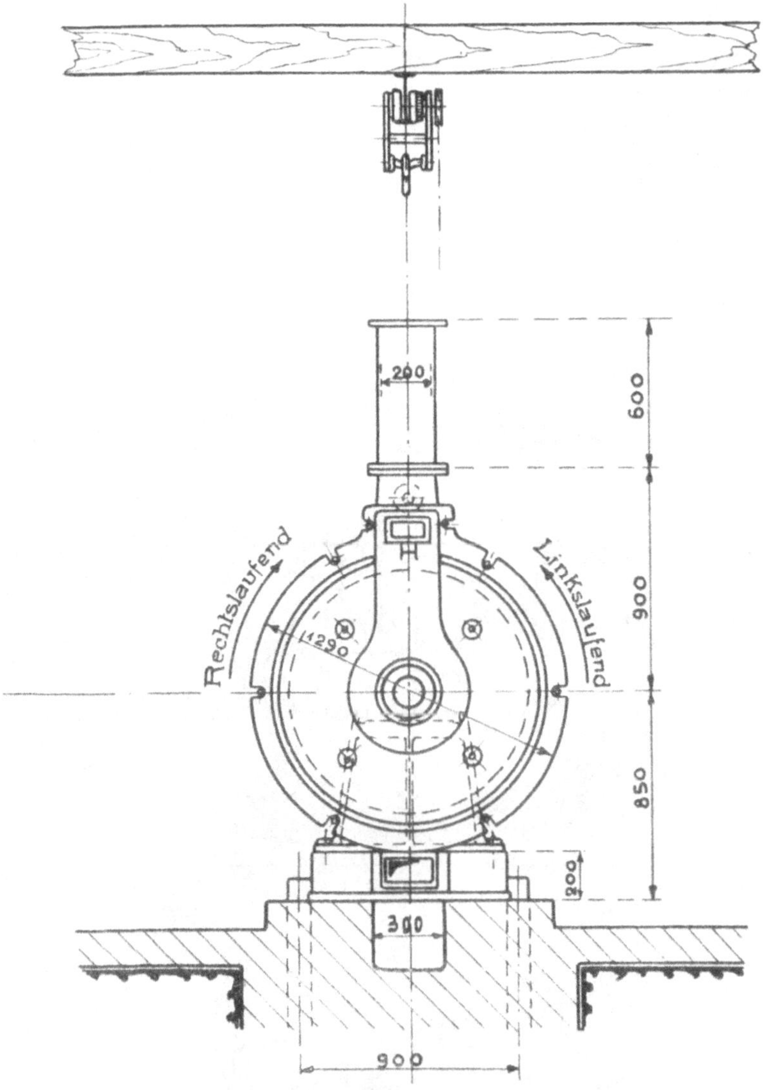

Abb. 63

rade diese Einstellbarkeit ist von größter Bedeutung, da man dadurch sich mit dem Drucke dem Stoffe anpassen kann. In der Abb. 63—65 ist ein solcher neuzeitlicher Raffineur in der Bauart der Firma J. M. Voith in Heidenheim gezeigt. Das Mahlgut läuft durch den reichlich bemessenen Zulaufkanal in bester Führung den Steinen zu und wird in den breiten Mahlflächen durch die in denselben eingehauenen Kanäle auf den ganzen Umfang verteilt. Der Zulauf-

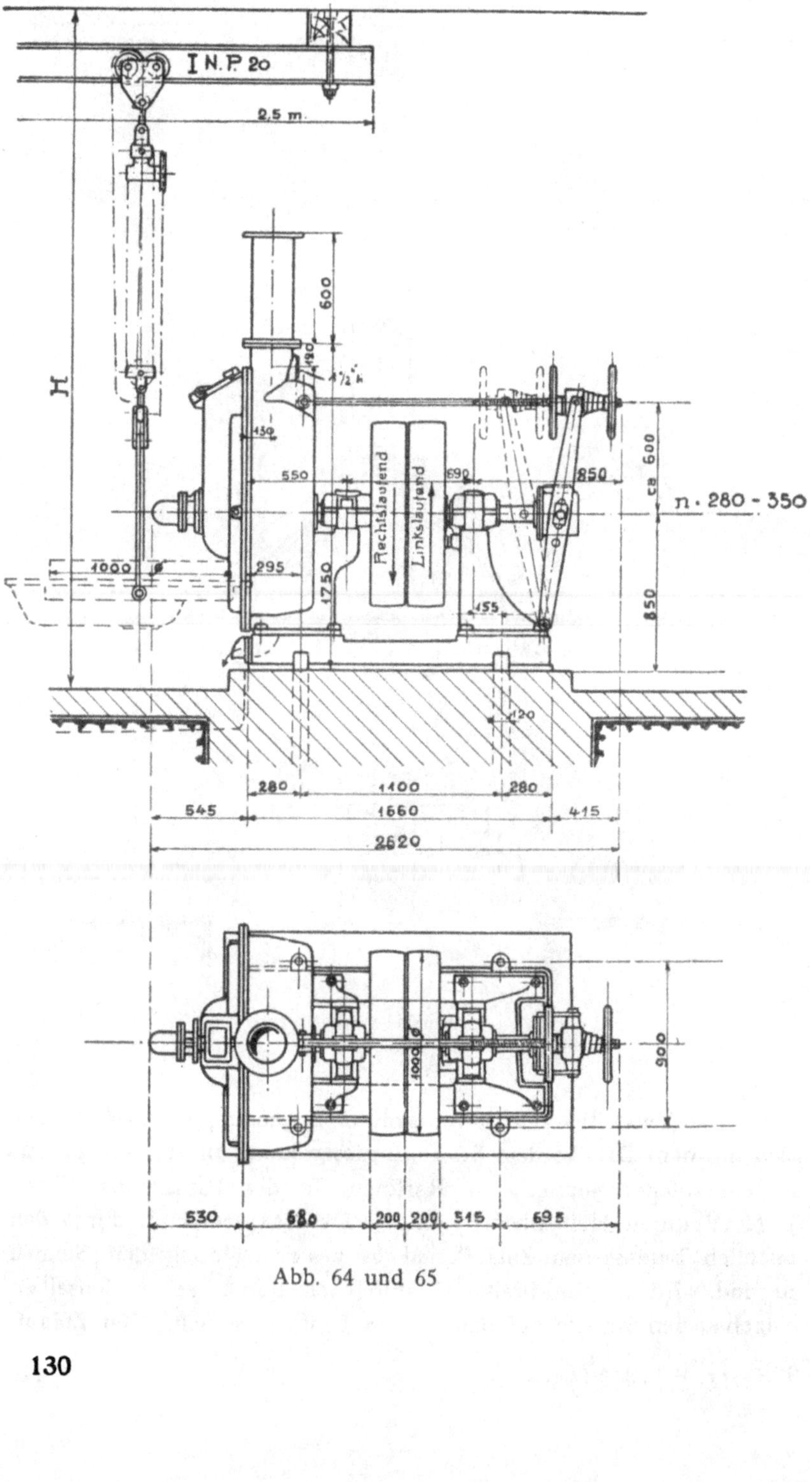
I N.P. 20
2,5 m
H
600
120
1 1/2"
450
550
690
850
ca 600
n. 280 - 350
Rechtslaufend
Linkslaufend
1000
295
1750
455
850
120
280
1100
280
545
1660
415
2620
1000
900
530
680
200
200
515
695

Abb. 64 und 65

kanal ist mit einer leicht zu öffnenden Putztüre versehen und so angeordnet, daß beim Steinwechsel die Stoffzuführung unberührt bleibt. Der Bodenstein ist fest in den Deckel eingelassen, während der Läufer im Gehäuse leicht lösbar auf einem Konus der stählernen Welle sitzt und durch eine kräftige Mutter festgezogen wird. Das

Abb. 66

Anpressen der Steine erfolgt durch das Verschieben der in zwei Ringschmierlagern gelagerten Welle. Zwei rechts und links von der Welle angeordnete Spindeln bewegen eine Traverse, welche auf ein am Ende der Welle angeordnetes Doppelstützlager drückt. Eine der beiden Spindeln ist am Ende mit einer kräftigen Feder versehen, die sich gegen den hinteren Lagerbock abstützt. Ein zweites auf der Spindel mit Feder angeordnetes Handrad ermöglicht ein Zusammenpressen der Feder und dadurch eine rasche Verminderung des Druckes auf der Mahlfläche. Die nur auf einer Seite des Raffineurs angeordnete Stellvorrichtung läßt nicht nur ein äußerst bequemes Einstellen des Mahldruckes zu, sondern ermöglicht auch den Steinwechsel in kürzester Zeit durch einen Mann, da die Demontage eines Gegendruckzapfens nicht nötig ist. Die Apparate werden in drei Größen gebaut und zwar mit 700, 1000 und 1500 mm Steindurchmesser.

Zur Verarbeitung des anfallenden Raffineurstoffes einer normal arbeitenden Holzschleiferei genügen daher im allgemeinen:

für 200—250 PS ein Raffineur mit 700 mm Steindurchmesser
„ 400—500 PS „ „ „ 1000 mm „
„ 800—1000 PS „ „ „ 1500 mm „

Die Abbildung 66 zeigt einen Raffineur der Eisengießerei und Maschinenfabrik A.-G. in Bautzen, dessen Welle gleichfalls in zwei Ringschmierlagern läuft, welche auf Lagerböcken ruhen, die ihrerseits auf einer durchgehenden Grundplatte verschraubt und durch eine schmiedeeiserne Traverse in starrer Verbindung zusammengehalten werden. Von den beiden Basaltlavasteinen ist der Läuferstein durch ein Handrad verstellbar und kann mit einer Spindel und Feder in Verbindung mit einer durchaus zuverlässigen Feststellvorrichtung genau regulierbar angepreßt werden. Diese Feststellvorrichtung ist so konstruiert, daß beim Fehlen von Raffineurstoff ein Zusammenlaufen der Steine ausgeschlossen und eine daraus folgende Beschädigung der Steinschärfe verhindert wird. Da der Einlauf sehr groß bemessen ist, so kann auch der dickste Stoff ungehindert durchlaufen. Diese Apparate werden in folgenden Größen gebaut:

Größe	Steindurchmesser mm	Kraftverbrauch etwa PS
I	800	10–12
II	1000	15–20
III	1250	22–25

In neuester Zeit kommt eine Maschine immer mehr zur Aufnahme, die als Sichtermühle bezeichnet wird und eine unmittelbare Vereinigung von Raffineur und Sortierer darstellt. Diese von der Firma R. Ripperger & Co., Maschinenfabrik in Kleinheubach a. Main, hergestellte Maschine, die unter der Bezeichnung „Biffar-Sichtermühle“ bekannt ist, ist in Abbildung 67 dargestellt. Diese Maschine vereinigt Sichter (Sortierer), Mühle (Raffineur), Grobstoffbütte und Grobstoffpumpe in sich. Die Vereinigung obiger Maschinen zu einer einzigen gewährt handgreifliche Vorteile, insbesondere eine Ersparnis an Maschinenkosten, Riemen, Raum usw. und vereinfacht die Einrichtung der Fabrik bedeutend. Ein besonderes Kennzeichen der Maschine ist auch, daß sie kein Gefälle verbraucht, der Zulauf liegt auf annähernd gleicher Höhe wie der Ablauf des gesichteten Stoffes. Die Maschine ist zwecks leichten Siebwechsels oben offen gebaut und hat kräftige gußeiserne Gestelle, Stahlwelle und Ring-

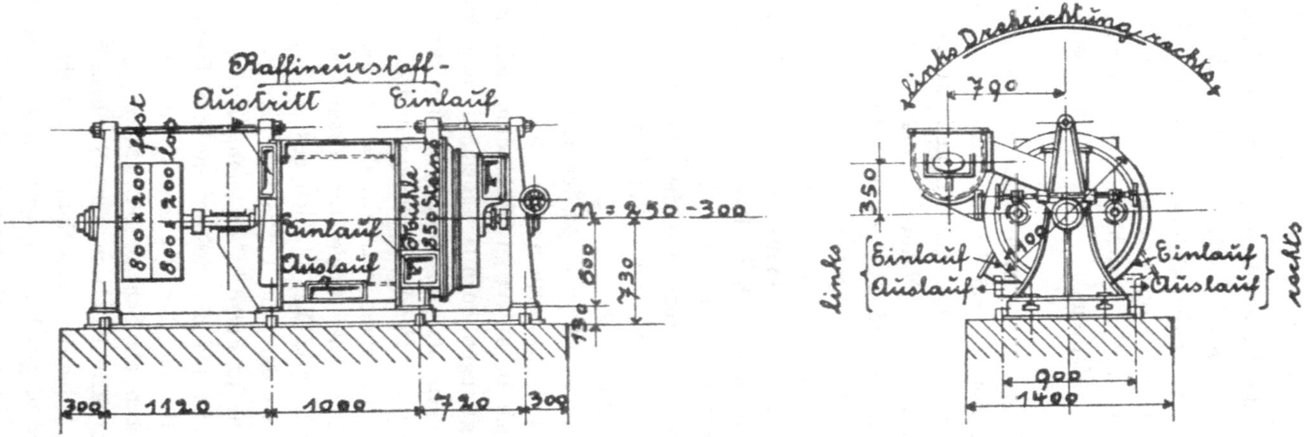
Raffineurstoff-
Austritt
Einlauf
fest
los
800 × 200
800 × 200
Einlauf
Auslauf
Mühle
850 Steine
n = 250-300
800
730
130
300
1120
1000
720
300
links Drehrichtung rechts
790
350
100
links
Einlauf
Auslauf
Einlauf
Auslauf
rechts
900
1400

Abb. 67

schmierlager, gut ausbalanziertes Flügelrad, aus gußeisernen Rosetten mit Eisen- oder Kupferblechtrommel und ein leicht auswechselbares Sortiersieb aus Kupfer oder Messing. Es erfolgen also bei dieser Maschine zwei Arbeitsgänge, indem der Stoff erst sortiert und dann raffiniert wird. Ueber die weiteren Vorteile dieser Maschine und über die Verwendungsmöglichkeit zur Erzeugung von Holzschliff auch ohne Schleifverfahren soll weiter unten noch näher berichtet werden.

Wie beim Schleifer, ist auch beim Raffineur die Auswahl der geeigneten Steine von größtem Einfluß auf die Güte der Raffinierung und auf die Mengenleistung, Schärfe und Umlaufsgeschwindigkeit ebenfalls mitbestimmend. Während man früher ausschließlich Sandsteine verwendete und zwar zu den Bodensteinen ein Material von geschlossener harter Struktur, um ein gutes Mahlergebnis zu erzielen, verwendete man für den Läufer ein weicheres und poröseres Material. In den letzten 15 Jahren ist der Sandstein bei den Raffineuren fast vollkommen durch die Basaltlavasteine verdrängt worden. Dieses Material hat den Vorteil, daß es infolge seiner außerordentlich großen Härte sehr dauerhaft ist, die Schärfe länger hält, da es sich in gewisser Beziehung selbst schärft und infolge seiner ganzen Struktur viel schnittiger ist. Auch bei der Basalt-Lava macht man genau genommen einen Unterschied, indem man den Bodenstein aus dichterem und den Läuferstein aus poröserem Material wählt. Mitunter wird auch Basaltlava in Verbindung mit hartem Sandstein zur Verwendung gelangen, doch lassen sich darüber keine bestimmten Anhaltspunkte geben, da das ganz von den Ansichten und den Anforderungen der betreffenden Schleifereien abhängt. Von größtem Einfluß auf Mengenleistung und Güte des Stoffes sind Schärfe und Körnung des Steines, die wieder im Zusammenhang miteinander stehen sollen. Ein wirkliches Mahlen des Stoffes soll wie erwähnt nicht stattfinden, da das eine Verkürzung der Faser bis zum sogenannten Totmahlen zur Folge haben kann. Auf einer glatten Fläche kann also die Auflösung des Stoffes und die Trennung der Faserbündel nicht stattfinden, dazu ist eine gewisse Rauheit der Fläche nötig, die man eben als Schärfe bezeichnet.

Ueber die Schärfe läßt sich nun allgemein auch wenig sagen, da diese meist von den Maschinenfabriken für ihr System besonders nach Zeichnungen vorgeschrieben wird. Auch einzelne Schleifereien haben darin ihre eignen Verfahren nach ihren Erfahrungen, die sie natürlich geheim halten. Die Firma J. M. Voith in Heidenheim schreibt für ihre Raffineure eine Schärfung vor, wie sie aus der

Abbildung 68 ersichtlich ist. Das Schärfen selbst erfolgt nun mittels Hand durch die bekannten Mühlpicken oder auch neuerdings durch Maschinen. Die Schärfung mittels des Apparates ist sehr einfach, so daß sie von jedem Arbeiter ausgeführt werden kann, während die Handschärfung große Uebung und Sorgfalt verlangt.

In neuerer Zeit hat man auch verschiedentlich versucht, künstliche Raffineursteine zu schaffen, so z. B. eine Art Schmirgelstein;

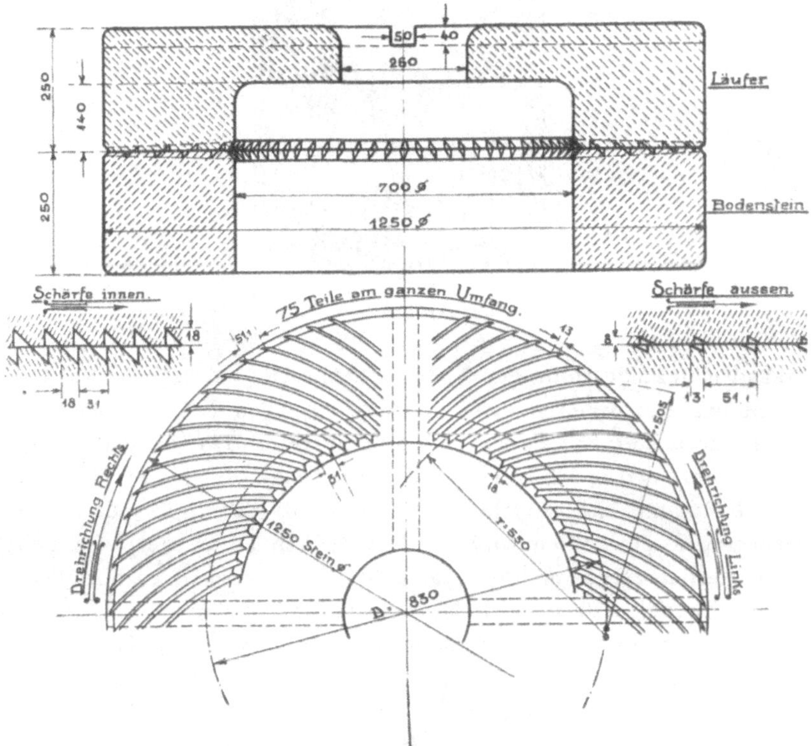

Abb. 68

über seine Bewährung ist aber nichts zu erfahren, es ist sogar anzunehmen, daß man ihn in der Praxis kaum benutzt hat. In allerneuster Zeit hat man auch Raffineursteine nach Art der künstlichen Schleifersteine hergestellt. Man kann annehmen, daß diese Steine vielleicht eine gewisse Rolle in der Holzstoffindustrie spielen werden, allerdings wird es nötig sein, erst Erfahrungen damit zu sammeln. In der Abbildung 69 ist ein solcher Stein gezeigt. Da dieser künstliche Stein doch leicht berufen sein kann, in der Holzstoffabrikation eine

Rolle zu spielen, so soll seine Ausführung hier kurz beschrieben werden. In der Höhe der Abnutzungszone des Steines werden geeignete Holzbrettchen einbetoniert, welche, um die Mahlfurchen zu bilden, mittels eines Kehlhobels ausgespant und wenn erforderlich nachgespant werden. Man erhält dadurch ganz glatte, gradlinige

Abb. 69

und gleichmäßige halbrunde Mahlfurchen. Alle Unregelmäßigkeiten durch das Bearbeiten mit Mühlpicken, vor allen Dingen auch das Ausspringen der Kanten sollen dadurch vermieden werden. Man erwartet von den Steinen weiter den Vorteil, daß vor den Mahlkanten eine Holzkante sitzt, welche verhindert, daß der Stoff durch die Steinkanten zerschnitten wird. Es bleibt nun abzuwarten, wie sich diese Raffineursteine in der Praxis bewähren werden, es unterliegt keinem Zweifel, daß sie viele Vorteile bieten, aber erst ein längerer Betrieb kann zu einem abschließenden Urteil gelangen lassen.

*

DIE ENTWÄSSERUNG

In der Verdünnung, wie der Holzstoff von den Sortiermaschinen kommt, kann er nun nicht ohne weiteres zur Papierfabrikation oder zum Versand verwendet werden, er muß vielmehr entsprechend entwässert oder zum mindesten auf Holländerkonsistenz eingedickt werden. Das letztere Verfahren kann allerdings nur da zur Anwendung kommen, wo eine Holzschleiferei unmittelbar mit einer Papierfabrik verbunden ist, so daß der eingedickte Stoff durch Stoffpumpen nach Vorratsbehältern oder Bütten über den Holländern gepumpt wird, um von diesen aus zur Füllung der Holländer verwendet zu werden. In weitaus den meisten Fällen wird sich eine Entwässerung bis auf einen Trockengehalt und in eine Form erforderlich machen, welche den Versand auch auf weitere Strecken ermöglicht. In den meisten Fällen wählt man dazu die Pappenform, die man dann zu den bekannten Paketen zusammenschlägt. In manchen Schleifereien wird auch noch eine Nachentwässerung vorgenommen, über die im Verlaufe dieses Abschnittes noch näher gesprochen werden soll.

Die Entwässerung des Holzstoffes in Pappenform findet nun auf Rundsiebmaschinen statt, die den für Wickelpappen sonst üblichen Rundsiebmaschinen sehr gleichen, mitunter kommen auch Langsiebentwässerungsmaschinen zur Anwendung, doch sind diese auf wenige Betriebe beschränkt und in Deutschland wohl wenig eingeführt. Die Rundsiebentwässerungsmaschinen für Holzschliff haben nun in allen Fällen nur einen Zylinder. Im Interesse einer guten Entwässerung und einer raschen Arbeit ist es von Wert, Rundsiebe mit großem Durchmesser zu wählen. Allerdings sind den Zylinderdurchmessern nach oben Grenzen gesetzt, nicht aus konstruktiven Gründen. Ueber 1250 mm Zylinderdurchmesser sollte man nicht gehen, denn eine verhältnismäßige Erhöhung der Leistung ist dann nicht mehr zu erwarten, da trotz der vergrößerten Druckhöhe diese nicht genügt, das Wasser durch die auf dem Sieb bereits abgelagerte Stoffschicht hindurchzusaugen. Der Zylinder nimmt nur auf eine gewisse Höhe Fasern auf und ist dann so versetzt, daß er undurchlässig wird. Außerdem hat man bei zu großen Druckhöhen damit zu rechnen, daß durch den hohen hydrostatischen Druck an der Eintauchstelle viele feine Fasern direkt durch das Sieb hindurchgespült werden, so daß ein großer Verlust entsteht. Man kann sich davor ja schützen, daß man eine feinere Siebnummer wählt, muß aber dann wieder andere Nachteile in Kauf nehmen, so z. B. eine schwere Entwässerung des Stoffes.

Die Gautschwalze wird auch bei neueren Maschinen aus Holz angefertigt; zur Erzielung einer guten Elastizität, die für ein gleichmäßiges Aufliegen über die ganze Breite des Rundsiebes und für ein störungsfreies Abgautschen erforderlich ist, wird sie sorgfältig und faltenfrei mit einem Filz umwickelt. Die untere Preßwalze muß genügend stark sein, damit sie sich nicht durchbiegt. Die eisernen Formatwalzen sind den hölzernen vorzuziehen, da sie besser rund bleiben, während die hölzernen besonders bei langen Stillständen oft Anlaß zu Schwierigkeiten geben, weil das von ihnen aufgenommene Wasser sich nach unten zieht, so daß die Walzen dann unrund laufen und ungleichmäßig pressen. Bei längeren Stillständen trocknen sie dann oft vollständig aus und werden rissig, so daß sie unbrauchbar sind.

Bei der Lagerung der Rundsiebzylinder hat man nun grundsätzlich zwei Arten zu unterscheiden, und zwar die ältere Innenlagerung und die neuere Außenlagerung. Die Innenlagerung, die man wohl nur noch bei älteren Maschinen findet, besitzt nämlich keine Schmierung, diese erfolgt vielmehr durch das Siebwasser, und zwar verwendet man Pockholzlager. Da nun aber das Siebwasser durchaus nicht immer rein und frei von Unreinigkeiten ist, so liegt stets die Gefahr vor, daß Sand und andere Fremdkörper in die Lager gelangen, so daß die Pockholzlager auslaufen oder die Wellenzapfen angefressen werden. Da man die Lager bei der Innenanordnung nicht dauernd überwachen kann, so zeigt sich der Schaden meist erst, wenn er bereits zu weit vorgeschritten ist. Meist wird man erst dadurch aufmerksam gemacht, daß die Siebzylinder ruckweise arbeiten oder daß sie gar festgebremst werden. Beim Verarbeiten von Holzschliff tritt der Schaden meist am stärksten auf, da dieser meist mehr oder weniger Sand enthält. Es ist dabei nicht immer einfach, feststellen zu können, ob an dem ruckartigen Arbeiten die Lagerung Schuld trägt, da nämlich bei stark gespannten Filzen durch den Filzschläger ähnliche Erscheinungen hervorgerufen werden können. Wenn auch bei der Holzstoffentwässerung dadurch kein Schaden entsteht, so ist es doch nötig, daß man deren Lager instand hält, weil sonst der Kraftverbrauch zu hoch steigt. Alle diese Nachteile lassen sich meistens durch die Außenlagerung vermeiden, die auch bei neueren Maschinen ausschließlich ausgeführt wird. Die Außenlagerung hat den großen Vorteil, daß die Wellen oder Zapfen in Ringschmierlagern oder

Kugellagern laufen und Oel- oder Fettschmierung erhalten können, ohne daß eine Gefahr besteht, daß der Stoff durch Schmierflecke verunreinigt wird. Die Lagerung kommt mit dem Siebwasser überhaupt nicht in Berührung. Selbstverständlich ist diese Konstruktion auch nicht so einfach, wie die Innenlagerung und besitzt mitunter den Nachteil, daß ein Herausnehmen des Siebzylinders viel Arbeit verursacht, da die ganze Abdichtung stets demontiert werden muß. In den Holzschleifereien, wo das Auswechseln der Siebzylinder nur selten vorkommt, hat das allerdings nicht viel zu bedeuten. Man hat z. B. die Außenlagerung so eingerichtet, daß an der Stelle, wo die Zylinderwelle aus dem Siebwasserauslaufkasten austritt, diese durch einen Grundring mit Stopfbüchse abgedichtet wird. Eine andere Ausführung der Außenlagerung vermeidet diese Nachteile. In die Siebwasserkästen werden nach innen und außen verlängerte Büchsen halbrund eingedreht und dienen gleichzeitig als Schmierbüchsen. Die Lagerung wird durch die sonst üblichen Schieber vom Siebwasser vollkommen abgeschlossen. Beim Auswechseln des Siebzylinders sind an jeder Seite drei Muttern zu lösen.

Die Leistung der Entwässerungsmaschinen kann man in bestimmten Grenzen regeln, indem man die hydrostatische Druckhöhe verändert, dadurch, daß man das Verhältnis des Wasserspiegels des Stoffwassers im Zylinderkasten zum Wasserspiegel des Abwassers im Innern des Zylinders verändert. Das ist ebenfalls nur dadurch möglich, daß man die Höhe des Wasserspiegels regelt, indem man durch Stellbrettchen im Ablaufkasten mehr oder weniger staut. Man ist dabei aber auch von der Konstruktion der Maschine abhängig, da die tiefste Stellung durch den Boden des Auslaufkastens festliegt, während die höchste Stellung wieder durch die Notwendigkeit bestimmt wird, daß zwischen dem Stoff- und dem Abwasserspiegel immer eine gewisse Differenz bestehen bleiben muß, weil sonst keine Saugwirkung und damit auch keine Blattbildung stattfinden kann. Bei den heute üblichen Zylinderdurchmessern sind die Schwierigkeiten geringer, da hier die Grenzen weiter gezogen sind. Man kann auch hier die Aushebestelle leicht höher legen und auch eine größere Saugwirkung ausüben, so daß man auch in etwas dickeren Lagen arbeiten kann.

Die Abbildung 70 zeigt nun eine solche Zylinder-Entwässerungsmaschine der Firma J. M. Voith in Heidenheim. Sie besteht, wie aus der Abbildung ersichtlich, aus einem Siebzylinder in kräftigster Bauart mit Messinghochkantstäben, der überschliffen wird, so daß er genau rund läuft. Der Zylinder ist mit einem Untersieb und

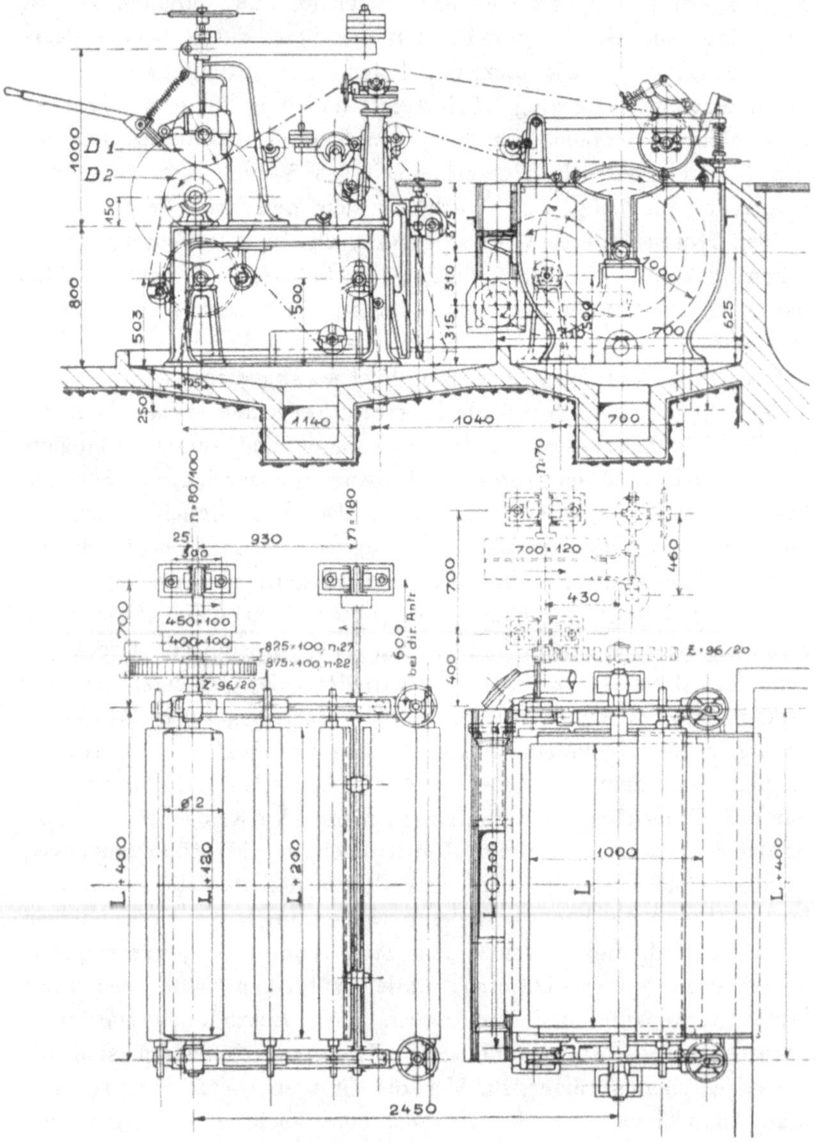

Abb. 70

einem feinen Entwässerungssieb ausgerüstet, dessen Feinheit sich nach den Erfahrungen der betreffenden Holzschleiferei richtet. Dieser Siebzylinder läuft in einem Stoffkasten mit gußeisernen Stirnwänden und einem Boden aus Eisenblech, er besitzt Außenlager und ist durch Abdichtbänder abgedichtet. Die Abgautschwalze ist aus

Gußeisen und besitzt Federentlastung. Das gußeiserne Preßgestell trägt die ebenfalls gußeisernen Preßwalzen, deren obere mit Hebelpressung versehen ist und Spindelaufhelfung mit Handrädern besitzt. Zur Führung des Filzes sind 6 Filzleitwalzen und 2 Filzpreßwalzen aus Holz vorgesehen, die durchgehende Stahlachsen besitzen. Alle Walzenlager sind halbbeweglich und werden mit Fettschmierung ausgerüstet, die besser als Oelschmierung ist. Filz und Sieb werden durch je ein Spritzrohr gereinigt. Die Maschinen bis zu 1600 mm Zylinderlänge erhalten einen Antrieb mit Stufenscheibe auf die untere Preßwalze, über 1600—2000 mm Zylinderlänge erhalten sie Stufenscheibe und Zahnradvorgelege. Diese Entwässerungsmaschinen können auch zum Eindicken des Stoffes verwendet werden und müssen in diesem Falle als kombinierte Entwässerungsmaschinen ausgeführt sein. In diesem Falle erhält der Siebzylinder noch ein Vorgelege mit Stirnradantrieb und einen Abnahmeschaber für den eingedickten Stoff. In diesem Falle erhöhen sich die Leistungen der nachstehenden Tabelle noch um etwa 20 v. H.

Zylinder-durchmesser mm	Zylinderlänge mm	Leistung lufttrocknen Stoff in 24 Stunden kg
1000	1450	2200 - 2900
1000	1600	2500 - 3200
1000	1800	2800—3600
1000	2000	3100—4000
1250	1600	3100—4100
1250	1800	3500 - 4600
1250	2000	3900—5100
1250	2200	4300—5600
1250	2400	4700 - 6100
1250	2600	5100—6600

Diese Maschinen können nun auch mit eine Stoffaufrollvorrichtung mit selbsttätiger Rollenaushebung versehen werden, wie sie in Abbildung 71 gezeigt ist. Dieser Apparat besteht aus zwei Ständern, welche zur Verlängerung an das Maschinengestell angesetzt werden und welche die Ständer für die Rollstangen tragen. Die Wirkungsweise dieser Vorrichtung ist folgendermaßen: Der Arbeiter legt die Rollstange 1 in die geöffnete Gabel, auf welche sich der Stoff in bekannter Weise aufwickelt. Der um a drehbare Stahlgußhebel b wird so hinter den Riegel c gedrückt, daß die Nase K^1 im Eingriff steht (wie punktiert angegeben). Der Arbeiter legt die Rollstange 2 in den gesicherten Hebel b und drückt die Stange mit den beiden Hebeln in die Arbeitsstellung, so daß der Riegel c mit der Nase K^2 im Eingriff steht. Beim Aufrollen des Stoffes

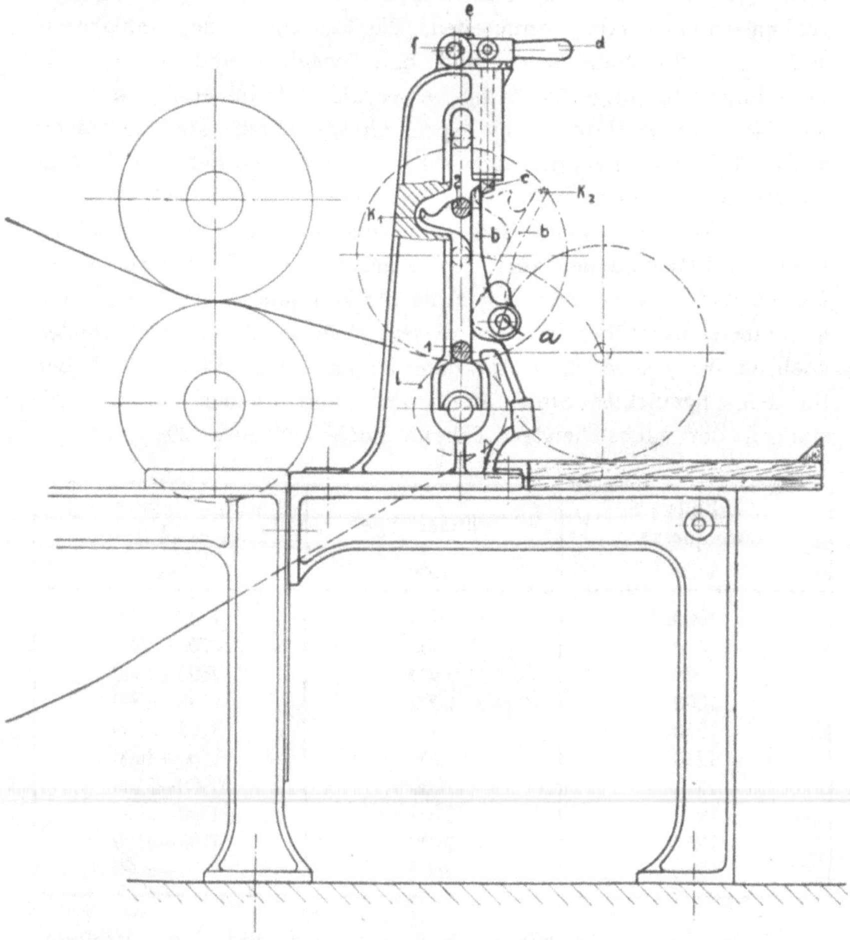

Abb. 71

auf die Rollenstange 1 wird die im Hebel b liegende Rollenstange 2 hochgehoben. Bei erreichter Rollenstärke wird der um f drehbare Hebelgriff bis zum Anschlag e hochgezogen, der Hebel wird ausgelöst und die Rollstange mit aufgewickeltem Stoff rollt über die untere Walze 1 aus der Maschine. Die Rollstange 2 fällt herunter in Arbeitsstellung. Während die Rollstange 2 rollt, hat der Arbeiter genügend Zeit, die ausgeworfene Rolle vom Tisch zu entfernen und dann mit Rollstange 2 oder 3 die Handhabung zu wiederholen. Auf diese Weise kann ein Arbeiter leicht mehrere große Entwässerungsmaschinen bedienen, so daß beträchtliche Lohnersparnisse erzielt werden.

Die Abbildung 72 zeigt eine Rundsiebentwässerungsmaschine für Holzschliff der Linke-Hofmann-Lauchhammerwerke, Abt. Füllnerwerk in Warmbrunn in Schlesien. Diese Maschine ist gleichfalls für

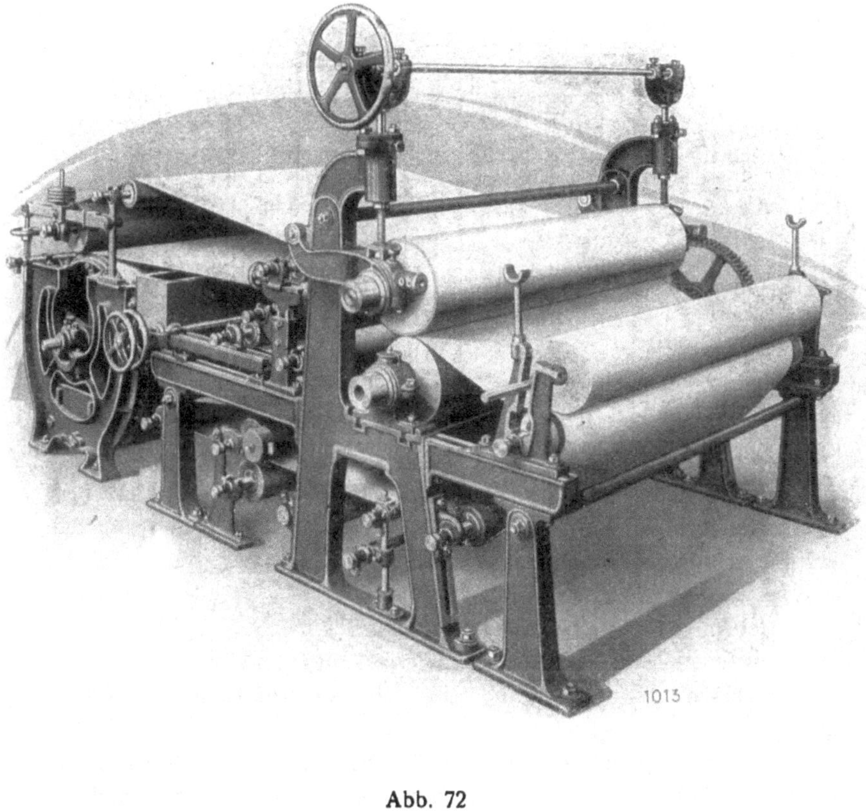

Abb. 72

Rollenstoff eingerichtet, kann aber ebensogut für Schabstoff als auch für Paketstoff verwendet werden. Normal entwässern diese Maschinen den Stoff auf etwa 33 bis 35 v. H. Trockengehalt; wenn er aber für weiteren Versand bestimmt ist, dann empfiehlt es sich, den Stoff noch nachzuentwässern, worüber weiter unten gesprochen werden soll. Diese Maschinen können auch mit einer Vorrichtung ausgerüstet werden, welche das Bleichen des Holzschliffes (siehe weiter unten) in der Maschine gestattet. Diese Maschinen können ebenfalls als kombinierte Maschinen für Paket-, bzw. Rollen- oder Schabstoff und als Eindickzylinder gebaut werden, welche ein Eindicken des Stoffes auf Holländerkonsistenz (etwa 8 v. H. Trockengehalt) gestatten. In diesem Falle wird der Naßfilz von der Gautsche zurückgeschlagen und diese mit einem entsprechenden Schaber versehen, welcher den Stoff in die Eindickbütte leitet. Der Pressenteil der Maschine wird dann ausgerückt und nur der Siebzylinder angetrieben. Aus der folgenden Tabelle sind die Leistungen usw. dieser Maschinen ersichtlich.

Arbeitsbreite . . . . . . mm	1800	2000	2200	2500	2700	3000
Zylinderdurchmesser . . . „	1250	1250	1250	1250	1250	1250
Zylinderlänge . . . . „	2000	2200	2400	2700	2900	3200
Durchmesser der unteren Preßwalze . . . . „	350	350	350	350	380	380
Durchmesser der oberen Preßwalze . . . . „	400	400	400	400	450	450
Leistung der Maschine in 24 Stunden lufttrockenen Stoff kg	5500 bis 6500	6000 bis 7500	6500 bis 8000	7500 bis 9000	8000 bis 10 000	9000 bis 11 000
Kraftbedarf . . . . PS	3	$3^1/_2$	4	$4^1/_2$	5	$5^1/_2$
Arbeitsgeschwindigkeit Meter in der Minute	20–25	20–25	20–25	20–25	20–25	20–25

In Holzschleifereien, die unmittelbar mit der Papierfabrik verbunden sind, so daß ein Entwässern des Stoffes auf den üblichen Entwässerungsmaschinen unvorteilhaft wäre, dickt man ihn nur ein und verwendet dazu sogenannte Eindickzylinder, wie sie ja bei den Rundsiebentwässerungsmaschinen schon beschrieben wurden. Man läßt in diesem Falle nur den Pressenteil weg und stellt nur einen angetriebenen Siebzylinder auf, wie er in der Abbildung 73 und 74 gezeigt ist.

Die Wichtigkeit des Rundsiebes bei solchen Entwässerungsmaschinen hat nun schon seit langem die Spezialfabriken veranlaßt, ihre Aufmerksamkeit einer verbesserten Konstruktion zuzuwenden. Lange Zeit hatte man keinen rechten Ersatz für die alte Rippenkonstruktion zu finden vermocht, die geeignet wäre, diese zu übertreffen, meist griff man immer wieder auf die alte Bauart zurück. Es ist nicht zu verkennen, daß diese alte Konstruktion mit den auf Hochkant gebogenen Reifen und Stäben, die in den Nuten verstemmt wurden, viele Vorteile hatten, so lange die Breite der Zylinder nicht zu groß wurde. Mit den immer mehr wachsenden Anforderungen an die Leistungsfähigkeit der Maschinen und den

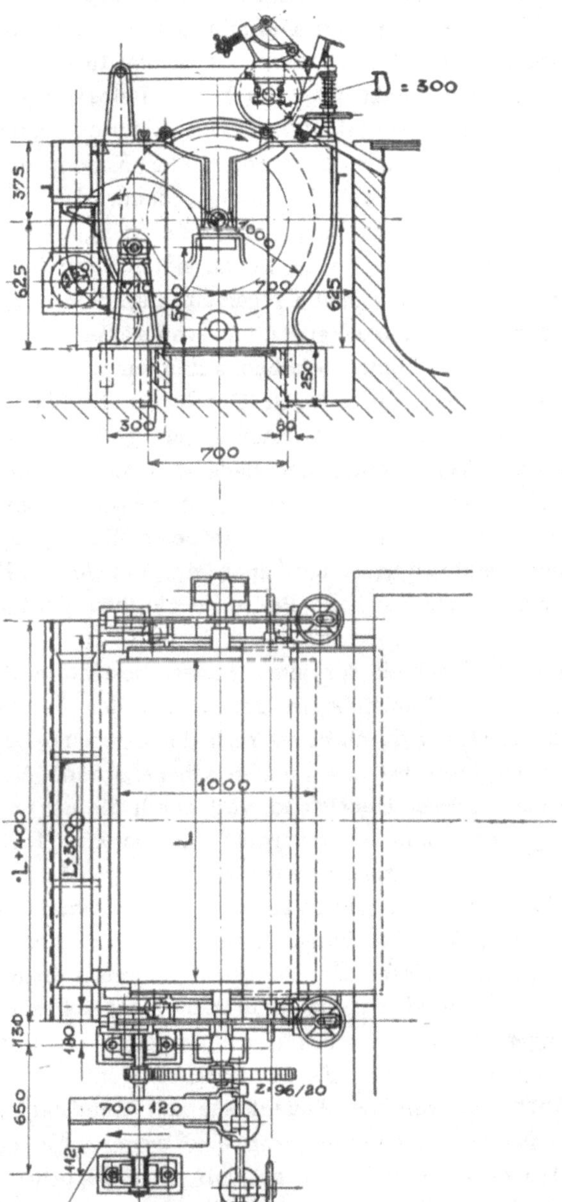
D = 300
375
625
1000
700
500
625
250
300
80
700
1000
L
L+400
L+300
130
180
650
412
700·120
z·96/20
n·70
430

Abb. 73 und 74

immer mehr zunehmenden Arbeitsbreiten der Maschinen wurden jedoch die Nachteile der alten Rundsiebzylinderbauarten immer mehr erkennbar. Die Neigung zum Durchbiegen der Längsstäbe wurde immer größer, da die Stärke dieser Stäbe im Interesse der freien Siebfläche nur beschränkt ist. Auch die Befestigung der Stäbe in den Endrosetten der Zylinder machte Schwierigkeiten, da hier nur wenig Material stehen blieb, denn die Kanten der Rosetten müssen mit dem Untersieb abschließen, damit das Ueberzugsieb glatt aufliegen kann. Dadurch, daß die Längsstäbe der alten Zylinder meist zu schwach waren, bogen sie sich durch und wurden an den Befestigungsstellen in die Hochkantringe von dem Untersieb durchgescheuert. Durch die Verwendung von stärkeren Stäben wurde das Uebel nur unvollkommen behoben, außerdem ist ihre Anwendung nicht vorteilhaft, da sie den freien Durchgang für das Siebwasser beengen und so Anlaß zu Verstopfungen geben. Einen guten und begehbaren Weg bot nun der Längsstab mit schleifenförmigem Profil (in Form einer 8). Dieser ergibt zwischen den einzelnen Stäben nicht nur einen um 7 v. H. größeren Durchgang, was die Entwässerung begünstigt, sondern auch eine um 76,6 v. H. größere Biegungsfestigkeit, ohne sich im Preise im gleichen Verhältnis höher zu stellen.

Ein anderer Nachteil der alten Bauart besteht in der kleinen Auflagerfläche der Rundstäbe in den Nuten der Hochkantreifen, es entstehen hier leicht durch den Druck der Gautsche Lockerungen der Drähte. In den erweiterten Nuten scheuern dann diese Drähte ununterbrochen. Dieser Uebelstand wird durch die oft ungenügende Verstemmung von Hand noch vergrößert. Da die Hochkantringe hinter den Längsstäben zurückstehen müssen, um Markierungen in der Papierbahn zu vermeiden, so bleibt zur Einschließung des Stabes nur wenig Material übrig. Durch die erwähnten Schleifenstäbe läßt sich nun dieser Uebelstand vollkommen beheben, denn beim Verstemmen wird das Material des Hochkantreifens in die Einschnürungen des Längsstabes gepreßt und so ein Lockern desselben unmöglich gemacht. Es ist erklärlich, daß der Hochkantreifen reichlich weit von der Außenkante des Rundstabes abstehen kann und daß der eingepreßte Stab eine weitere Auflage im gestauchten Hochkantreifen erhält, so daß eine doppelte Sicherheit gegeben ist. Die Auflagefläche der Stäbe erhält eine weitere Vergrößerung dadurch, daß die Breite des Ringes auf der Nute infolge der Einpressung vergrößert wird; durch dieses Verfahren wird das Material auch härter und widerstandsfähiger. Diese Verstärkung des Reifens hebt die Schwächung, die durch das Einfräsen der Nute entsteht, vollkommen auf und trägt so zur Erhöhung der Widerstandsfähigkeit bei. Ganz besonders aber tritt der Vorteil des Schleifenstabes bei seiner Befestigung in den Endringen der Zylinder in Erscheinung. Man hat den Nachteil bei den alten Zylindern mit Rundstäben, bei denen an den Randscheiben nur wenig Material übrig bleibt, so daß die Ränder leicht ausbrechen, zu vermeiden gesucht, indem man die Enden der Rundstäbe im stumpfen Winkel abbog und durch schräg gebohrte Löcher in den Endscheiben zog und verschraubte. Aber auch diese Bauart war wenig geeignet, dem Uebelstande vollkommen abzuhelfen; wenn auch die Gefahr des Ausbrechens der Ränder der Endscheiben dadurch vermindert wurde, weil am Rande mehr Material stehen blieb, so bringt doch die Notwendigkeit, daß die Stabenden verschraubt werden mußten, viele Unzuträglichkeiten mit sich. Bekanntlich ragen die Ränder der Endscheiben bei der Gerüstkonstruktion über das Sieb hinaus, so daß die Gautsche in erster Linie auf diesen Rändern aufliegt. Es erklärt sich also daraus, daß bei den Rundstäben eine gewisse Materialstärke zum Vernieten der Stäbe stehen bleiben muß. Dieser Umstand ist bei dem Schleifenstab vermieden, indem nur der halbe Querschnitt des Apparates zum Vernieten verwendet wird. Das ist der untere halbe Querschnitt, so daß man nur den Rand des Längsstabes mit den Endscheiben vollkommen glatt abschließen kann, da genügend Material am Rande stehen bleibt. Die Gautsche liegt nunmehr in ihrer ganzen Länge vollkommen gleichmäßig auf den Rundsiebzylinder auf. Da die Nietlochränder beim Lochen umgebogen werden, so daß die vorstehenden Lochkanten genau in die Versenkungen der Nietlöcher in den Hochkantreifen eingreifen, so werden Lasche und Hochkantring unverrückbar in ihrer gegenseitigen Lage gehalten und bilden ein starres Ganze. Während bei den alten Rundstabzylindern zur Einhaltung der Abstände zwischen den Hochkantringen Gasrohr zur Verwendung kam, werden beim Schleifenstabzylinder Gußröhrchen verwendet, die den Vorteil haben, daß sie von Rost und säurehaltigem Wasser nicht so sehr angegriffen werden.

Bei den Holzstoffentwässerungsmaschinen verwendet man nun oft als Ueberzug die gebrauchten Siebe der Langsiebmaschinen. Das Aufziehen solcher Metalltücher verursacht natürlich mehr Schwierigkeiten als das Aufbringen neuer Siebe. Die gebrauchten Siebe sind meistens nicht mehr ganz glatt, sondern verzogen und verbeult, so daß es selten gelingt, einen glatten Ueberzug zu erhalten. Mit einem solchen Rundsieb kann man dann natürlich nicht arbeiten, zumal die Lebensdauer nur sehr kurz sein würde, weil sich die Falten und Beulen durch den Druck der Gautsche bald durchreiben.

In der Abbildung 75 ist nun eine der Firma Jul. Pohle G. m. b. H. in Raguhn (Anhalt) geschützte Vorrichutng gezeigt, welche das Aufziehen sowohl solcher gebrauchter als auch neuer Ueberzüge erleichtert. Durch Löten oder Nähen wird nun zuerst das eine Ende a des Ueberzuges in bekannter Weise auf dem Rundsiebzylinder befestigt und das lose Ende a^1 um ihn herumgelegt. Dann werden in möglichst gleichmäßigen Abständen Klemmen b am losen Ende angebracht und durch Haken c oder andere frei bewegliche Zwischenglieder mit Schrauben d verbunden. Diese Schrauben sind in denselben gleichmäßigen Abständen in einem über die ganze Breite des Siebzylinders reichenden Balken angebracht und an ihrem hinteren Ende mit Muttern und Unterlegscheiben versehen. Der Balken e wird an jeder Seite mit Ketten oder ähnlichen Mitteln an einer Speiche der Stirnscheibe des Siebzylinders befestigt oder auf eine andere Weise derartig festgelegt, daß er gegenüber dem Siebzylinder seine Lage nicht verändern kann. Dann

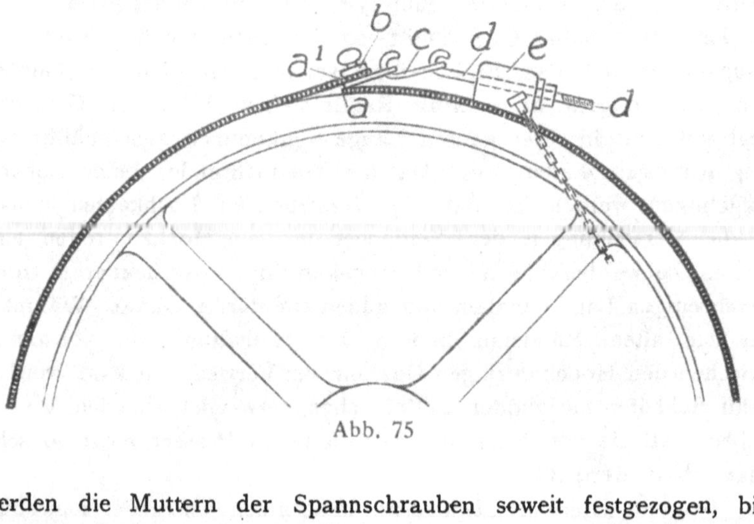

Abb. 75

werden die Muttern der Spannschrauben soweit festgezogen, bis das Sieb die gewünschte Straffheit zeigt. Der in üblicher Weise auf Böcke gelegte Siebzylinder kann dabei zum Abklopfen und zur Festsellungt etwa noch loser Siebstellen frei herumgedreht werden, damit ein Nachspannen der betreffenden Stelle erfolgt. Dann wird das auf diese Weise straff gespannte Ende des Siebes fest an den

Körper des Siebzylinders aufgenäht, darauf die Spannvorrichtung abgenommen und die Siebnaht in üblicher Weise hergestellt. Ein geübter Mann kann einen Rundsiebzylinder von etwa 2000 mm Länge nach dem vorstehenden Verfahren in etwa 8 Stunden fertig überziehen. Der Siebüberzug muß um 40—50 mm weiter als der Umfang des Siebzylinders gewählt werden.

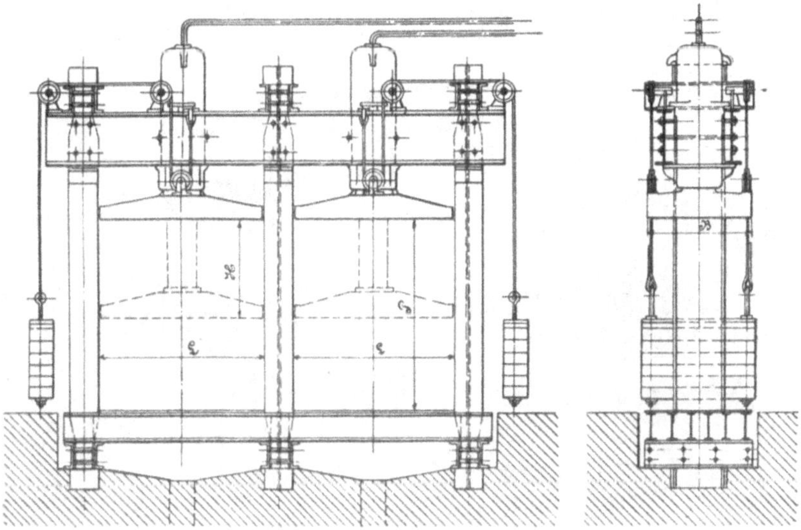

Abb. 76a

Soll der Holzschliff z. B. in Handelsschleifereien auf weitere Entfernungen versandt werden, so ist es empfehlenswert, ihn einer Nachentwässerung zu unterziehen, welche man am besten mittels hydraulischen Pressen vornimmt. Man kann auf diese Weise ganz beträchtliche Frachtersparnisse erzielen und das Ladegewicht der Eisenbahnwagen weit besser ausnutzen, da man wesentlich weniger Wasser zu verfrachten hat. Diese Nachentwässerung kann bis auf etwa 45—50 v. H. Trockengehalt getrieben werden. An Stelle der alten hydraulischen Pressen aus Gußeisen verwendet man heute am besten solche aus Schmiedeeisen, wie sie in Abbildung 76a gezeigt sind. Diese Pressen haben gegenüber den alten mit gußeisernen Holmen und Säulen den großen Vorteil, daß sie sich nicht verziehen und daß Brüche so gut wie ausgeschlossen erscheinen. Infolge der eigenartigen Zusammensetzung der Flußstahlträger und die Vermeidung von Gußeisen und der runden, stets zum Verziehen und Verbiegen neigenden Säulen erhalten diese

Pressen eine außerordentliche Festigkeit und Betriebssicherheit. Die Preßzylinder werden aus Stahlguß hergestellt, der Kolben aus einen dichten Spezialguß, so daß sich die Reibung auf das geringste Maß ermäßigt und eine Abnutzung in niedrigen Grenzen bleibt. Der Preßzylinder wird vorteilhaft an den Kopf der Presse verlegt, so daß der Kolben vor Verunreinigungen durch Abwasser, Schmutz

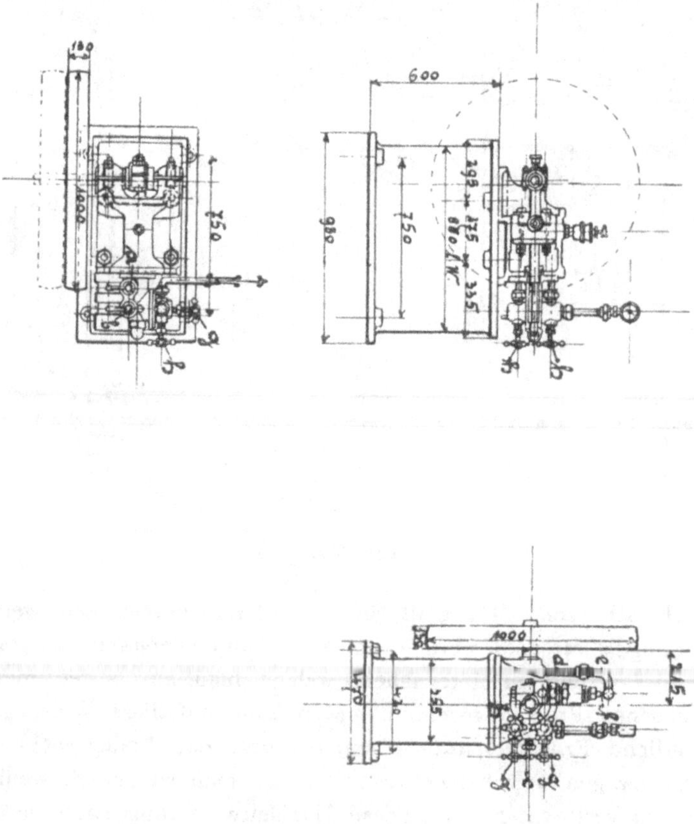

Abb. 76b

usw., die Rost und Beschädigungen und somit vorzeitigen Verschleiß verursachen, geschützt ist.

Zur Erzeugung des erforderlichen Wasserdruckes verwendet man Preßpumpen, wie sie in der Abbildung 76b gezeigt sind. Diese Preßwasserpumpen sind mit Kolben von 20 und 35 mm Durchmesser ausgerüstet und haben beide Auslösevorrichtungen. Der größere Kolben löst sich bereits bei 100 Atm. aus, der kleinere dagegen bei dem höchsten einstellbaren Arbeitsdruck. Die zulässige größte Spannung beträgt 300 Atm., welche durch ein Sicherheitsventil begrenzt wird. Die Arbeit mit diesen Pumpen ist also vollkommen selbsttätig und betriebssicher, so daß sie nur ein geringes Maß an Bedienung und Wartung beanspruchen.

Besondere Vorschriften für das Nachentwässern des Holzschliffes in den hydraulischen Pressen sind nicht erforderlich, da hier alle die Vorsichtsmaßregeln, die beim Nachentwässern der Pappen erforderlich werden, außer acht gelassen werden können. Es kommt hier nur darauf an, den Wassergehalt in möglichst kurzer Zeit bis zu einem gewissen Grade zu entfernen. Ein Zerpressen und Verdrücken der Pappen ist beim Holzschliff ohne Bedeutung, während es bei den Pappen gleichbedeutend mit der Bereitung von Ausschuß sein würde.

*

DIE BÜTTEN

Für die Aufspeicherung des Grobstoffes, der von den Sortierern ausgeschieden wird, machen sich Rührbütten erforderlich, wenn man nicht den Raffineur ununterbrochen mitlaufen lassen will, was allerdings unwirtschaftlich sein würde, da in den seltensten Fällen der Zulauf des Grobstoffes so regelmäßig ist, daß eine gleichbleibende Belastung des Raffineurs zu erzielen wäre. Es ist vielmehr vorteilhaft, den Raffineurstoff in solchen Bütten aufzuspeichern, um ihn dann auf einmal aufzuarbeiten. Wenn nun diesen Bütten auch nicht diese Bedeutung zukommt, wie z. B. den Bütten in Papier- und Pappenfabriken, die für eine vollständige Gleichmäßigkeit des Stoffes Gewähr bieten müssen, so sind doch mancherlei Gesichtspunkte nicht außer Acht zu lassen. Der von den Sortierern aus-

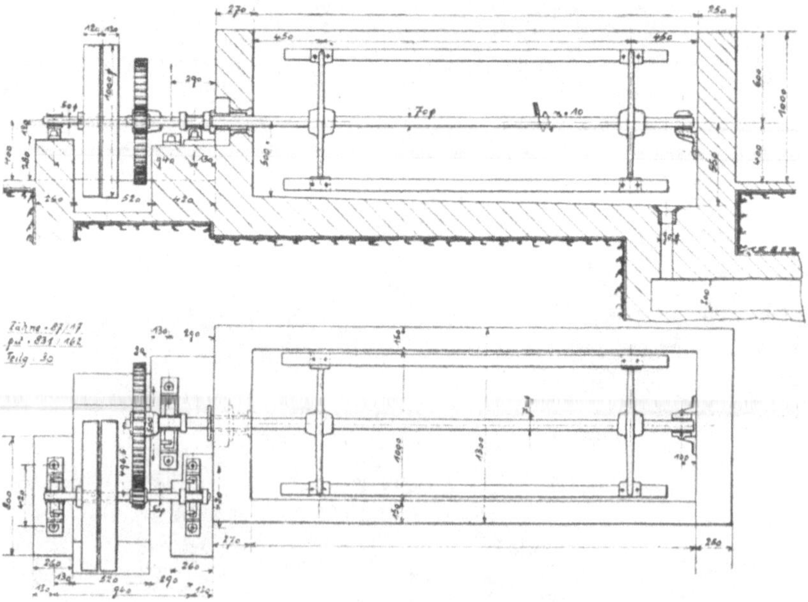

Abb. 77

geschiedene Stoff bildet meist einen ziemlich dicken Brei, es ist also erklärlich, daß die Rührwerke besonders wirksam sein müssen, damit sich dieser Brei nicht absetzt und dann von den Pumpen nicht mehr gefördert werden kann oder zu deren Verstopfung führt. Abbildung 77 u. 78. Diese Bütten werden heute ausschließlich aus Mauerwerk oder noch besser aus Beton gebaut und sind so eingerichtet, daß die Sortierer auf ihnen aufgestellt werden können und der von diesen ausgeschiedene Grobstoff direkt in die Bütten läuft. Die alten, oft noch zu findenden Rührbütten aus Holz sollte man in der neuzeitlichen Holzschleiferei vollkommen vermeiden, da sie immer nur Anlaß zu Verunreinigungen des Stoffes geben, die unter allen Umständen und mit allen Mitteln vermieden werden müssen. Diese alten Holzbütten hatten meist die Form eines aufrecht

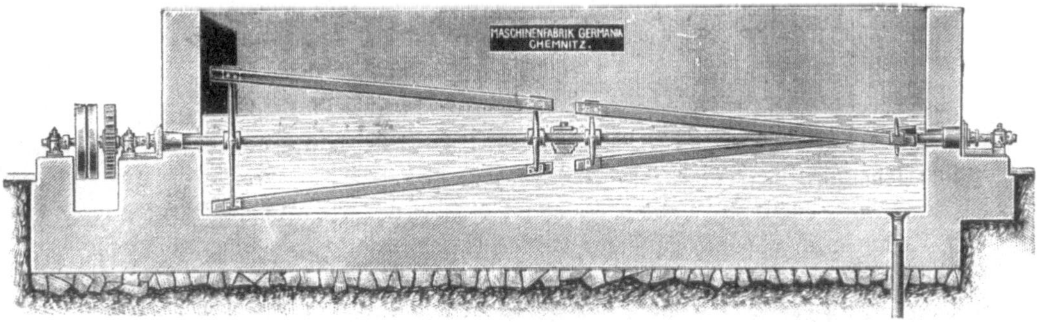

Abb. 78

stehenden, abgestumpften Kegels, wenn auch mitunter solche mit muldenförmig liegender Anordnung vorkamen. Diese Holzbütten verursachen nun mehr Unterhaltungskosten als Betonbütten, da bei ihnen die Eisenteile, ganz besonders aber die Reifen, welche die einzelnen Dauben zusammenhalten, öfters gestrichen werden müssen, damit sie nicht vorzeitig durch Rost usw. verdorben werden. Auch die Antriebsverhältnisse der stehenden Bütten machen mitunter große Schwierigkeiten und die Durchmischung des Stoffes läßt zu wünschen übrig. Bei den liegenden Bütten hingegen macht es keine große Mühe, den Antrieb so einzurichten, wie es für die gegebenen Verhältnisse am vorteilhaftesten erscheint. Dazu kommt noch, daß die Reinigung wesentlich leichter vor sich geht und die Gefahr des Festsetzens von Stoffteilchen wesentlich geringer ist.

Ueber die Anordnung der Bütten läßt sich allgemein wenig sagen, da sie sich in den Holzschleifereien ganz nach den gegebenen örtlichen Verhältnissen richtet. Wie gesagt, ordnet man sie meistens so an, daß die Sortierer auf ihnen Platz finden können. Man hat dadurch den Vorteil einer größeren Raumersparnis und meist auch des bequemeren Antriebes.

*

DAS KONSERVIEREN VON HOLZSCHLIFF

Die Notwendigkeit, besonders feuchten Holzstoff längere Zeit aufzubewahren, machte auch die Frage wichtig, wie man diesen Holzstoff vor dem Verderben schützen kann. Besonders bei den Handelsschleifereien, die auf Wasserkraft angewiesen sind, ist diese Frage außerordentlich wichtig, da sie mit ihrer Erzeugungsmenge in den meisten Fällen von der zur Verfügung stehenden Aufschlagwassermenge abhängig sind. Es kann dann vorkommen, daß zu Zeiten lang anhaltender Niederschläge, wo dauernd Vollwasser zur Verfügung steht, die Anlagen bis zur Grenze ihrer Leistungsfähigkeit ausgenutzt werden können und die Erzeugung des Holzstoffes größer ist als die Nachfrage. Um dann die bei einem daraus entstehenden Ueberangebot eintretende Drückung der Preise zu vermeiden, ist es von Bedeutung für den Handelsschleifer, den Holzstoff auf Lager nehmen zu können, damit er bei zurückgehender Erzeugung infolge Wasserknappheit und damit steigender Nachfrage mit Nutzen losgeschlagen werden kann.

Es ist nun aber von Bedeutung, daß der Holzschliff auch so gelagert werden kann, daß Verluste durch Minderwertigwerden oder Verderben ausgeschlossen sind. Die Gefahr, daß der feuchte Holzstoff bei längerem Lagern in Fäulnis übergeht oder sonstwie verdirbt, ist nun durchaus nicht gering. Das sicherste Mittel zur Verhütung dieser Gefahr wäre nun das völlige Trocknen des Schliffes, wie es ja in einigen nordischen für Export arbeitenden Schleifereien auch gehandhabt wird. In diesem Zustande läßt sich natürlich der Holzschliff beliebig lange Zeit aufbewahren, ohne daß er verderben kann, wenn nur seine Lagerung zweckentsprechend durchgeführt wird; außerdem besitzt das Verfahren noch den Vorteil der größeren Frachtersparnis, die auf weite Entfernungen wohl in Frage kommen kann. Andererseits aber verlangt die Trocknung einen Aufwand an Wärme und damit an Kohle, die namentlich den mit Wasserkraft arbeitenden Schleifereien nicht zur Verfügung steht. Dampfschleifereien, die den Abdampf ihrer Kraftmaschinen vorteilhaft zu diesem Zwecke nutzbar machen können, arbeiten aber selten für Handelsschliff. Mitunter haben wohl die Handelsschleifereien für ihren Betrieb Reservemaschinen für Zeiten des Wassermangels, aber gerade in diesen Perioden hat die Trocknung des Stoffes wenig Zweck, da er infolge der verminderten Erzeugung meist glatt abgesetzt werden kann. Immerhin verteuert die Trocknung des Holzschliffes bei noch so billig zur Verfügung stehender Abwärme die Ware sehr, dazu tritt noch der Umstand, daß das Wiederauflösen des getrockneten Holzschliffes in den Papierfabriken einige Umstände macht, so daß man nur im Notfalle getrockneten Schliff verwendet. Selbst durch Kollern gelingt das nicht immer in dem erwünschten Maße und gerade bei Feinschliff zeigt sich dieser Nachteil stärker als beim Grobschliff, indem sich dann ungelöste Stoffblättchen finden, die selbst im Holländer durch noch so sorgfältiges Bürsten nicht zu lösen sind und die Verwendung zu besseren Papieren unmöglich machen.

Ein anderer Nachteil, der sich auch besonders bei feinerem Stoff zeigt, besteht darin, daß der getrocknete Stoff meist bei gleicher Güte eine trübere Farbe hat als nasser Stoff, und auch mitunter an Festigkeit verliert. Dieser Nachteil zeigt sich allerdings meist erst beim fertigen Papier, wodurch er um so schwerwiegender wird. Dieses Nachlassen der Farbe und der Güte ist einmal im Einfluß des Trocknens und das andere Mal in der stärkeren Beanspruchung der Fasern durch das Mahlen zu suchen. Der aus nordischen Ländern in Deutschland eingeführte Stoff ist allerdings meist in endloser Form hergestellt, er ist ziemlich rasch und grob geschliffen, so daß er nur für Rotationsdruck oder andere billige Papiere Verwendung finden kann. Die Auflösung dieses Stoffes macht keine Schwierigkeiten und beeinflußt die Festigkeit des Stoffes kaum. Am meisten Schwierigkeiten macht der Stoff, der in Flockenform bei höherer Temperatur getrocknet wird, wobei sich dann kleine dünne Stoffblättchen bilden, die dann in Ballen gepreßt werden. Die Auflösung dieses Stoffes gelingt kaum in der Weise, daß sich nicht die einzelnen Stoffblättchen störend im Papierblatte bemerkbar machten. Das beste Verfahren, Holzschliff zu trocknen, besteht darin, daß man dicke Holzpappen an der Luft oder bei niedriger Temperatur trocknet. Der Stoff läßt sich dann im Kollergang restlos und leicht auflösen, er erleidet kaum eine Veränderung in Festigkeit und Farbe.

Das Verderben des feuchten Stoffes beruht nun meist auf der Pilzbildung. Die Keime können schon im Holze vorhanden sein oder durch die Luft an den Stoff gelangen. Man kann aus gesundem Holz und mit reinem Wasser geschliffenen Stoff sehr lange unter Wasser aufheben, ehe daß er verdirbt oder sich verändert, das Verfahren ist aber kaum als wirtschaftlich zu bezeichnen. Der Stoff hält sich in den Gruben, besonders im Winter, sehr gut.

Am einfachsten und auch am billigsten ist das Aufstapeln des geschliffenen Holzes in gut durchlüfteten, aber vor Staub,

Ruß, Rauch, Sonnenbrand, Regen und auch vor starkem Wind geschützten Räumen. Das Verfahren hat allerdings den Nachteil, daß es ziemlich viel Handarbeit verlangt, da der Stoff erst gestapelt und dann seinerzeit wieder vom Stapel entnommen werden muß. Durch moderne und sachgemäße Anlagen läßt sich das aber auf ein Maß bringen, welches diese Lagerung wirtschaftlich macht. Da Verluste durch Verderben usw. dann fast ausgeschlossen sind, kann der Mehraufwand an Arbeitslohn usw. durch die infolge der steigenden Konjunktur zu erzielende Nachfrage und höheren Preise wieder wettgemacht werden. Die Lagerschuppen verlangen kaum soviel Anlagekosten, Unterhaltung und Verzinsung wie die Trockenanlagen. Das Trocknen des Holzschliffes beansprucht außerdem auch allerlei Handarbeit und Transportkosten, die kaum geringer sind, als das Stapeln der nassen Pakete.

Die Lagerung der Pakete in diesen Lagerschuppen muß so erfolgen, daß sie fortwährend von der atmosphärischen Luft umspült werden. Man stellt die Pakete ganz wie sonst für den Transport her, bloß nicht so stark und legt sie kreuzweise übereinander, gerade wie dic Eckstapel von Rollenholz, aber nicht zu hoch und auch nicht etwa dicht aneinander, so daß die Luft überall Zutritt hat und hindurchstreichen kann. Scheinbar wird hier das Gegenteil von dem empfohlen, was für die Verhinderung der Fäulnis von Bedeutung ist, die ungehinderte Luftzirkulation verhindert aber das Wachstum der Pilze genau so, wie der völlige Luftabschluß, denn nur bei stagnierender Luft bilden sich die Schimmelpilze.

Bemerkenswert sind bei der Anlage der Holzschlifflagerschuppen die Vorschläge des verstorbenen Vorsitzenden des Vereins der Holzstoffabrikanten, Herrn Eugen Kaul, der an den gewöhnlichen Lagerschuppen tadelte, daß sie meist nur einen einzigen Zugang haben, so daß man zuerst den hinteren Teil füllt und dann immer mehr zugibt, bis der Schuppen voll ist. In wasserarmen Zeiten beginnt man mit der Entnahme und muß dann natürlich den frischen Stoff zuerst entnehmen, während der älteste ganz zuletzt an die Reihe kommt. Dieser Stoff ist dann erfahrungsgemäß meist schon stockfleckig geworden, besonders wenn die Luft keinen genügenden Zutritt hatte.

Deshalb muß eine wirklich gute Stoffniederlage so eingerichtet sein, daß der Stoff-Ein- und Ausgang in derselben Reihenfolge möglich ist, wie die Fabrikation erfolgte. Das gelingt nun am einfachsten so, daß man den langen Lagerschuppen in eine Anzahl Kammern teilt, welche jede auf der einen Seite einen Ein- und auf der anderen Seite einen Ausgang hat. Siehe auch Abbildung 79 Man schafft den erzeugten Stoff in den Lagerschuppen und füllt nach und nach die einzelnen Kammern, bei Nr. 1 beginnend, beim Versand alsdann nimmt man den ältesten Stoff zuerst, ebenfalls mit Nr. 1 anfangend. Es wird auf diese Weise kein Stoff zu lange in den Kammern lagern. Legt man dann auf beiden Seiten des Schuppens ein Schmalspurgleis an, so ist der ganze Transport

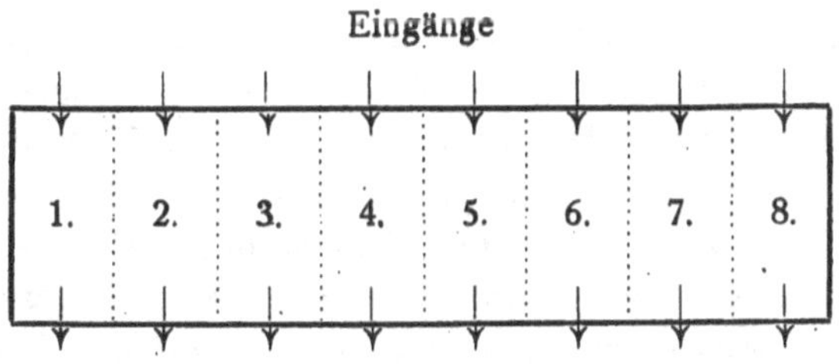

Abb. 79

sehr bequem, noch besser ist es natürlich, wenn man das Verladegleis direkt an die Verladeseite des Schuppens legen kann, da dann die Füllung der Eisenbahnwaggons direkt aus dem Schuppen erfolgt. Der Stoff bleibt dann dabei auch am saubersten und die Aufbewahrungskosten sind denkbar gering.

Man hat ja nun auch eine Konservierung des Holzstoffes durch chemische Mittel versucht, um den nassen Holzstoff vor dem Verderben zu schützen, ihm seine ursprüngliche Farbe zu erhalten und ihm sogar eine frischere Farbe zu geben. Man wollte z. B. das Holz vor dem Schleifen mit Chemikalien (Zinkchlorid, Chlorkalzium, schwefelsaurer Tonerde, Kalium- und Natrumsulfit usw.) behandeln, um den daraus geschliffenen Stoff widerstandsfähiger oder haltbarer zu machen. Diese Verfahren waren aber alle teuer und umständlich, da die Imprägnierungsmittel in gasförmigem Zustande oder in wässeriger Lösung auf das Holz einwirken mußten und haben deshalb keine weitere Einführung in der Praxis gefunden.

Hierher gehören auch die Versuche zum Bleichen des Holzschliffes, die aber alle nicht zu den Erfolgen geführt haben, die man erwartete, zumal diese Verfahren zum Teil alle ziemlich umständlich sind. Oft ist der Erfolg auch nur ein augenscheinlicher, nach einigen Tagen nimmt der Stoff wieder seine alte Färbung an, sodaß die immerhin nicht unbeträchtlichen Kosten dafür zwecklos sind. Die Bleiche mit Chlorkalk, die sonst bei allen Papierfasern Anwendung findet, versagt hier ebenfalls. Andererseits aber kann man braunen Holzschliff, der aus gedämpftem oder gekochtem Holz geschliffen wurde, mit Chlorkalk bleichen, nachdem man ihn wiederholt ausgewaschen hat. Man braucht dazu aber große Mengen Chlorkalk (etwa 60 v. H.). Da der Stoff dabei einen großen Gewichtsverlust erleidet und das Verfahren sehr teuer ist, sodaß die Erfolge in keinem Verhältnis zu den Kosten stehen, so lohnt es nicht und wird auch garnicht angewendet.

Eine gewisse Bleiche und eine Erhöhung der Haltbarkeit ist aber zu erreichen durch eine Behandlung mit einer wässerigen Lösung von Kalzium- oder Natriumbisulfit. Das Verfahren ist ziemlich einfach und auch nicht teuer. Die Sulfitlauge wird in der Stärke von 7—10° (wie sie zum Kochen des Zellstoffes verwendet wird) aus einem etwa 2 m über der Entwässerungsmaschine aufgestellten Behälter durch Spritzrohre fein auf der Stoffbahn zerteilt. Durch das Auspressen des Stoffes teilt sich dann die Lauge dem ganzen Stoffe mit, der längere Zeit eine frische Farbe behält, nach und nach aber seine ursprüngliche Naturfarbe wieder erhält. Auch gegen die Pilzbildung ist die Sulfitlauge kein zuverlässiges Hilfsmittel. Wenn aber solcher auf der Entwässerungsmaschine vorbehandelter Stoff im Kollergang aufgelöst wird und eine Zugabe von etwa 10 v. H. Sulfitlauge 7° Bé erhält, dann bekommt er seine frische Farbe wieder und wird noch heller, fast weiß, allerdings nur, wenn man ihn nicht zu naß kollert. Dieser gekollerte Stoff kann dann einige Tage lagern und verursacht bei der Verarbeitung auf der Maschine keine Schwierigkeiten, das Papier erhält eine bedeutend frischere Farbe. Im Kollergang ist allerdings die Berührung des so behandelten Stoffes mit Schmiedeeisen zu vermeiden. Die Fasern werden durch die Behandlung auch geschmeidiger. Bei Aspenschliff, der an und für sich schon sehr hell ist, läßt sich auf diese Weise eine Farbe erzielen, die eine Unterscheidung von gebleichtem Strohstoff nur durch das Mikroskop oder durch Reagenzien ermöglicht.

Bekanntlich ist die Farbe des Holzschliffes nach dem verwendeten Holz verschieden und mitunter auch einem raschen Wechsel unterworfen, der sich vielleicht durch die oxydierende Einwirkung der Luft auf die Säfte des Holzes erklären läßt. Dieser Farbwechsel erfolgt nun jederzeit von der Oberfläche des nassen Holzschliffes aus und verbreitet sich allmählich nach innen. Dieser Oxydationsvorgang geht nun bei den einzelnen Holzarten verschieden schnell vor sich, erreicht aber bald sein Ende, während andere Holzschliffarten wieder sehr lange lagern können, ohne die Farbe zu verändern. Mitunter zeigt sich auch bei ein und derselben Holzart die durch Oxydation hervorgerufene Färbung in sehr verschiedener Weise, so daß man wohl annehmen kann, daß die Saftfülle und die Saftbeschaffenheit einen Einfluß darauf hat. Auch die Einflüsse und die Beschaffenheiten des Wassers spielen dabei eine große Rolle.

Die einzelnen Holzschliffsorten verändern sich nun beim Aufbewahren im ungepreßten Zustande, beim ungehinderten Luftzutritt und bei einer Temperatur von 0—10° nach von Winkler aufgestellten Versuchen in folgender Weise:

Holzart	In frisch geschliffenem Zustande	Nach mehrwöchentlichem Lagern
Fichte	hellgelb	hellgelb
Tanne	gelb	gelb
Kiefer	grünlichweiß	schmutzigweiß
Lärche	hellgelb	hellgelb
Aspe	gelblichweiß	gelblichweiß
Linde	grauweiß	grauweiß
Ahorn	gelblichweiß	gelblichweiß
Buche	erbsgelb	oberflächlich rötlich
Birke	gelbweiß	fleischrot
Erle	tiefgelb	ziegelrot

Bei Kiefer, Buche, Birke und Erle unterliegt also die Farbe einer wesentlichen Veränderung, bei Fichte, Tanne, Lärche und Ahorn dunkelt das Gelb mit der Zeit etwas nach, während Aspe und Linde gar keine Veränderung erfahren.

Die Einwirkung des Wassers auf die Farbe des Stoffes ist wohl aus dem Gehalte an Gerbsäure zu erklären, den jede Holzart in größerem oder geringerem Maße hat. Fast alle in der Holzschleiferei verwendeten Wässer, besonders aber die Flußwässer, sind nun mehr oder weniger eisenhaltig. Das Eisen findet sich als gelöstes Eisenoxydul. Beim Schleifen des Holzes findet nun eine innige Mischung der Holzfasern mit dem Wasser statt, es erfolgt die sogenannte Tintenreaktion, die sich mitunter auch bei der Verwendung eiserner Maschinenteile findet, die mit dem Stoff in innige Berührung kommen. Man verwendet aus diesem Grunde bei Stoffpumpen an Stelle des Eisens bei solchen Teilen nur Bronze und Kupfer.

*

DIE ERZEUGUNG DES BRAUNSCHLIFFES

Wie so vieles andere, verdankt der Braunschliff seine Erfindung einem Zufall. Nachdem bereits im Jahre 1862 vom Engländer Knox in einer Patentschrift das Kochen des Holzes als Vorbereitung zum Schleifen vorgeschlagen wurde, kam im Jahre 1867 der Kommerzienrat Behrend in Varzin durch einen Zufall darauf, als er Versuche anstellte, um ein neues Kochverfahren für Zellulose zu finden. Hier blieb das Verfahren bis 1868 geheim. Das erste deutsche Patent erhielt im Jahe 1872 Oswald Mey in Zwickau, der sich dann mit Völter zur Ausbeutung des Verfahrens verband. Man hatte bald erkannt, welche günstige Beeinflussung das Holz durch dieses Verfahren in bezug auf Länge und Geschmeidigkeit der Faser ausübte, so daß sich eine bedeutende Industrie daraus entwickelte.

Der Braunschliff nimmt eine Mittelstellung zwischen dem weißen Holzschliff und der Zellulose ein und bildet so das Verbindungsglied zwischen beiden, durch neuere Verfahren ist man auch in der Lage, auf diese Weise einen hellen Stoff herzustellen, der die für manche Zwecke als nachteilig zu bezeichnende braune Farbe nicht besitzt.

Bekanntlich wird beim Braunholzschleifen das auf die sonst übliche Art und Weise vorbereitete Holz vor dem Schleifen noch einer besonderen Behandlung unterzogen, die im großen und ganzen darin besteht, daß man die Holzrollen einem Dämpfungs- oder Kochprozeß unterzieht, wodurch sie abgesehen von der kennzeichnenden, mehr oder minder intensiven Braunfärbung, eine ziemlich weitgehende Veränderung in ihrer Struktur erleiden. Ursprünglich bezeichnete man das so gewonnene Erzeugnis als Lignit, der Name hat sich aber nicht eingeführt und ist heute auch kaum mehr bekannt, zumal die Bezeichnung Braunschliff die zutreffendere ist.

Das Verfahren kann nun nach verschiedenen Gesichtspunkten durchgeführt werden, und zwar sowohl hinsichtlich des Dampfdruckes im Kocher, der Zeitdauer des Dämpfens oder Kochens, des Ablassens der Koch- bzw. Kondensationswässer und des Auswaschens oder Auslaugens des gedämpften oder gekochten Holzes im Kocher. Auf diese verschiedene Handhabung des Verfahrens hat die Art des zur Verwendung kommenden Holzes und das angestrebte Endergebnis einen großen Einfluß. Zur Beurteilung des Verfahrens ist es nun von Bedeutung, die chemischen Vorgänge, die dabei eine Rolle spielen, einmal näher zu beleuchten. Wenn diese Fragen auch nicht direkt gelöst werden können, so sollen doch wenigstens die einzelnen Vorgänge beleuchtet werden, durch deren Modifikation ein verschiedenartiges Endergebnis in bezug auf Faser und Farbe erzielt werden kann. Aus den Beobachtungen des normalen Betriebes muß man dann diejenigen Erfahrungen sammeln, durch die man Unterlagen zur Lösung der Frage erhalten kann, welche Fabrikationsverfahren zur Gewinnung eines Stoffes maßgebend sind, das den Wünschen und Bedürfnissen entspricht.

Eines ist als feststehend erwiesen, nämlich daß beim Dämpfen die verschiedenen Bestandteile des Holzes, die man kurzweg als Inkrusten bezeichnet, gelöst werden, soweit sie noch nicht löslich sind, so daß man sie einfach auslaugen und auswaschen kann. Noch mehr als beim Dämpfen ist das beim Kochen der Fall. Die als Inkrusten des Holzes zu bezeichnenden Bestandteile sind nun: Harze und ätherische Oele, organische Säuren, namentlich Ameisensäure, Koniferin, Ligninstoffe usw. Diese Stoffe werden durch die Behandlung dermaßen umgelagert, daß sie, abgesehen von den braunen Farbstoffen, in lösliche Verbindungen übergehen. Man kann diesen Prozeß aber auch zu weit treiben, so daß dann gewissermaßen eine trockene Destillation stattfindet, welche eine neuerliche chemische Umänderung der eben gebildeten Extraktstoffe zur Folge hat, die dann eine Verkohlung des Holzes einleitet. Trotzdem darf man aber den normalen und richtig behandelten Braunschliff nicht als ein Verkohlungsprodukt bezeichnen, wie man oft schon wegen seiner braunen Färbung zu tun geneigt ist.

Ein guter brauner Holzschliff muß mehr als ein weißer Holzschliff selbst als der Heißschliff gute Zellstoffasern enthalten, da die oben erwähnte Extraktion mit heißem, mehr oder minder hochgespannten Dampf einen großen Teil der Färbungen entfernt. Man kann also durch dieses Verfahren bei richtiger Anwendung selbst aus sonst minderwertigen Holzstücken, die für die Herstellung eines weißen Holzschliffes ganz ungeeignet sind, eine geschmeidige, lange und zähe Faser erzielen.

Die qualitativen Vorzüge, die dem Braunschliff ein ausgedehntes Gebiet in der Pappen- und Papierfabrikation erschlossen haben, sind also unverkennbar und nicht hoch genug zu veranschlagen. Man behauptet nun oft, daß wirtschaftliche Vorteile gegenüber den üblichen Weißschliffverfahren nicht zu erzielen sind. Tatsache ist ja, daß trotz der Vorbehandlung des Holzes eine Krafterspamis beim Schleifen von gedämpftem oder gekochtem Holz nicht zu erreichen ist, wie man oft anzunehmen geneigt ist und wie es ja auch als zu begrüßender Fortschritt zu bezeichnen wäre. Mitunter kann man sogar das Gegenteil feststellen, indem man beim Braunholzschleifen mehr Kraft verbraucht, ohne daß man allerdings die Gründe dafür in dem Verfahren zu suchen hätte. Das hat seine Ursache vielmehr fast stets in dem manchmal nicht den Zwecken entsprechenden und unmodernen Betriebseinrichtungen und ungeeigneten Steinen.

Man hat sogar beim Braunholzschleifen mit einer geringeren Ausbeute zu rechnen, da ein großer Teil des Holzes schon beim Dämpfen oder Kochen ausgezogen und bei der Auswaschung ausgelaugt wird, ein anderer Teil ist dadurch in seiner Zusammensetzung mürbe geworden, so daß er beim Schleifen in die Brüche geht und dann als Verlust abgeschwemmt wird. Man kann daher im allgemeinen beim Braunschliff mit einer Minderausbeute von 5—10 v. H. rechnen gegenüber dem Weißschliff, vorausgesetzt natürlich, daß es sich um vollwertiges Schleifholz handelt, bei sehr harzreichem Kiefernholz, das man zu Weißschliff nicht verarbeiten kann, für Braunschliff aber noch sehr gut verwendungsfähig ist, kann der Verlust natürlich noch viel größer werden.

Nicht außer acht zu lassen ist ferner beim Braunschliff, daß die Herstellungskosten weiter verteuert werden durch die Vorbehandlung und durch die erforderlich werdende Erzeugung von Dampf und heißem Wasser. Wenn man also die geringere Ausbeute, den mindestens gleichen Kraftbedarf und die wesentlich höheren Herstellungskosten berücksichtigt, dann muß man zu dem Ergebnis kommen, daß im allgemeinen der Preis für Braunschliff nicht im Verhältnis zu dem des wesentlich billiger herzustellenden Weißschliffes steht. Die Tatsache, daß man dazu auch billigeres Holz verwenden kann, ändert daran nichts, da man bei diesem billigerem Holz eben auch mit größeren Verlusten zu rechnen hat.

Man kann nun die Wirtschaftlichkeit einer Braunholzschleiferei wesentlich heben, indem man eine scharfe Betriebskontrolle ausübt. Man muß sich alle günstigen Umstände zunutze machen, um wettbewerbsfähig bleiben zu können, denn jede noch so geringfügige Verbilligung des Erzeugnisses ist stets gleichbedeutend mit Gewinn.

Die Anforderungen an das Erzeugnis sind nun so verschieden, daß es kaum möglich ist, bestimmte Richtlinien für ein gutes und brauchbares Erzeugnis zu geben. Tatsächlich hat ja auch jeder Braunholzschleifer sein eigenes Verfahren, das er für das richtige hält und über das er Stillschweigen bewahrt. In weitaus den meisten Fällen sind aber wirklich brauchbare Verfahren nur Zufallstreffer, die sich gerade für die gegebenen Verhältnisse und Betriebseinrichtungen durch Probieren als zweckmäßig erwiesen haben, auf wissenschaftlicher und gründlicher Erforschung und Beobachtung der Vorgänge beruhen sie aber nicht. Damit kann aber der Industrie nicht gedient sein, wenn sie fortschreiten will. Die meisten Braunholzschleifer sind sich nicht einmal klar über die allerdings komplizierten Vorgänge beim Kochen und beim Dämpfen des Holzes und über die Höhe ihrer Ausbeute.

Um aber den Anforderungen der Abnehmer an die Qualität und Farbe, die oft in weiten Grenzen wechseln, gerecht werden und wettbewerbsfähig bleiben zu können, muß man eben alle Vorteile auszunutzen suchen. Man muß also vor allen Dingen auch die Eigenschaften des zur Verfügung stehenden Holzes studieren. Schon die Holzart, ob Fichte oder Kiefer, spielt eine große Rolle, da jedes Holz beim Dämpfen oder Kochen anders behandelt werden muß. Von manchen Seiten wird behauptet, daß gerade beim Braunschliff die Schlagzeit des Holzes einen Einfluß habe. Wenn das beim Weißschliff vielleicht der Fall sein könnte, so hat das für den Braunschliff doch sicher keine tiefergehende Bedeutung. Eher dürfte das Klima auf das Holz von Einfluß sein, da das aus kälteren Gegenden stammende Holz, das langsam gewachsen ist, mehr Winterfasern enthält, die bekanntlich wertvoller sind, als das in milderem Klima gewachsene Holz, das mehr Sommerfasern enthält, die dem Braunschliff dann leicht einen schwammigen Charakter geben.

Ob nun Dämpfen oder Kochen des Holzes vorzuziehen ist, darüber gehen die Meinungen noch sehr weit auseinander. Es werden ja auch beide Verfahren sehr viel angewendet, wenn man auch vielfach geneigt ist, das Dämpfen vorzuziehen. Beide Verfahren ergeben aber ganz bestimmte Eigenschaften des Holzes, besonders auch in bezug auf die Farbe.

Die Dampfspannung beträgt 1—7 Atm., sie schwankt also in den weitesten Grenzen. Die Dämpfungszeit wird mit 3—24 Stunden angegeben, ja teilweise sogar mit 80—100 Stunden. Diese langen Dämpfungszeiten dürften aber nur seltene Ausnahmefälle betreffen und auch auf keinen Fall als wirtschaftlich und geeignet zu bezeichnen sein. Es ist auch gar nicht ersichtlich, welche Vorteile diese lange Dämpfung bieten sollte, eines ist aber sicher, daß sie große Nachteile bringt, indem sie große Kosten verursacht und viele Kocher nötig macht, damit man die erforderlichen Holzmengen stets rechtzeitig vorbereiten kann. Als Durchschnitt wird man annehmen können: für die Dampfspannung 3—5 Atm. und für die Behandlungsdauer 3—12 Stunden. Tatsächlich arbeiten alle erfolgreichen Braunholzfabriken auch nach Verfahren, deren Spannungen und Behandlungsdauer in diesen Grenzen liegen.

Aus dem eingangs Gesagten ergibt sich nun, daß die Farbe durch die Dampfspannung und die Dämpfungsdauer weitgehendst beeinflußt wird, da diese wieder ihre Einflüsse auf die inneren Vorgänge bei der Behandlung geltend machen. Bei höheren Dampftemperaturen und längerer Behandlung erreicht man nun im allgemeinen etwas dunklere Töne, während niedrigere Spannungen und kürzere Behandlung hellere Töne hervorbringt. Die Färbung des Holzes erfolgt etwa in dem gleichen Maße, als sich mit dem fortschreitenden Durchdringen immer mehr Inkrusten umlagern und dadurch die Färbung vertiefen, während bei schwächerer und kürzerer Behandlung diese Anreicherung mit Farbstoffen langsamer vor sich geht.

Daraus ergibt sich nun wieder, daß man in diesen Verfärbungsprozeß in gewisser Beziehung regelnd und bestimmend eingreifen kann, und zwar auf die einfachste Weise, indem man von Zeit zu Zeit oder ununterbrochen das Kondenswasser abläßt. Das Holz hat dann keine oder nur geringe Möglichkeit, sich mit den organischen Farbstoffen immer mehr anzureichern, es bleibt also heller. Die Erfahrung muß es nun zeigen, in welchem Maße das Kondenswasser abgelassen werden muß und ob das periodisch oder ununterbrochen zu erfolgen hat. Bei gewissenhafter Betriebskontrolle und genauester Kenntnis des Holzes, das zur Verarbeitung kommt, wird es dann leicht sein, bald Tabellen aufzustellen, nach denen man eine gewisse Holzsorte behandeln muß, um das erwünschte Endergebnis zu erzielen.

Man kann aber diesen Einfluß auf die Färbung noch dadurch wesentlich erhöhen, und so vor allen Dingen auch eine praktische Reinigung des Holzes daran anschließen, wenn man das Holz nach dem Dämpfen im Kocher mit heißem Wasser auswäscht. Auf diese Weise laugt man das Holz aus und entfernt somit alle löslichen oder durch das Dämpfen gelösten Inkrusten, so daß man für die weitere Behandlung nur ganz sauberes Material hat, was besonders auch die Reinheit des Fertigerzeugnisses günstig beeinflussen wird.

Die Vorgänge beim Kochen des Holzes sind nun ganz ähnlich wie beim Dämpfen. Da hierbei das Holz von Anfang an mit Wasser behandelt wird, so ist es erklärlich, daß man mit diesem Verfahren besonders helle und schöne Töne erzielen muß, da alle löslichen Verbindungen und gelösten Stoffe von Beginn der Behandlung an mit größter Sorgfalt ausgezogen und dementsprechend auch leichter ausgewaschen werden können. Das Kochen bedeutet demnach gewissermaßen eine Vereinigung vom Dämpfen und Auslaugen und somit auch meist eine Vereinfachung des Verfahrens. Man läßt bei diesem Verfahren die erste Auflösungs- und Umwandlungsarbeit vom Dampf ausführen, dessen Kondenswasser sofort und ununterbrochen entfernt wird, worauf man dann alle sonstigen Extraktstoffe noch einmal gründlich auslaugt. Die letzte Reinigung wird schließlich vollkommen von dem siedenden Wasser ausgeführt, das alles noch mitnimmt, was löslich ist. Man kann das nach solchem Verfahren behandelte Holz dann bei sorgfältiger Weiterverarbeitung und besonders bei sachgemäßem Schleifen, Sortieren und Raffinieren zu einem hochwertigen Halbstoff verarbeiten.

Man kann auch das Kochverfahren noch einfacher gestalten, in dem man es nicht in zwei Teile, Dämpfen und Kochen, zerlegt, sondern dem Kocher von Anfang an heißes Wasser zuführt, daß man dann durch Dampfzuleitung nach und nach bis auf die gewünschte Temperatur bringt. In den gewöhnlichen Kochern ist dieses Verfahren aber nicht ohne weiteres durchführbar, man muß dazu vielmehr Kocher mit Zirkulationseinrichtung verwenden, durch welche das Wasser von Anfang an in Umlauf versetzt wird. Nach Beendigung des eigentlichen Kochverfahrens setzt man dann immer mehr frisches Wasser zu bis dasselbe klar abfließt. Der so erzielte Stoff ist ganz hell und von vorzüglicher Beschaffenheit. Gerade bei diesem Verfahren hat man einen denkbar weitgehenden Einfluß auf die Färbung des Holzes; es läßt sich eben nicht überall ohne weiteres durchführen, weil die gewöhnlich vorhandenen Kocher dazu nicht geeignet sind.

Bei dieser Gelegenheit sei auch bereits darauf hingewiesen, daß das Material des Kochers, besonders aber das seiner etwaigen Auskleidung auf die Färbung des Holzes einen großen Einfluß haben kann. Am besten haben sich die schmiedeeisernen Kocher bewährt, die innen eine Auskleidung mit Kupferblech erhalten. Kupfer ist nämlich dasjenige Material, das unter keinen Umständen eine Verfärbung des Stoffes zur Folge hat und auch von den freiwerdenden Säuren des Holzes nicht angegriffen wird. Einen ähnlichen Erfolg könnte man mit Gußeisen erzielen, das billiger ist, für Kocher aber nicht mehr zulässig ist. Alle anderen Materialien zur

Auskleidung der Kocher haben sich nicht bewährt. Ganz abgesehen von gewissen technischen Schwierigkeiten und Nachteilen haben sie meist einen mehr oder minder großen Einfluß auf die Färbung des Holzes. Sie verfärben nämlich fast alle das Holz, so daß niemals die erforderlichen und angestrebten hellen Töne zu erreichen sind, die es vor allen Dingen auch ermöglichen, das aus diesem Stoff hergestellte Erzeugnis mit Anilinfarben in lebhaften Tönen aufzufärben. Meist wird das Holz durch den Einfluß dieser Kocherauskleidungen grau und mißfarbig, was sich dann natürlich auch bei dem daraus hergestellten Holzschliff bemerkbar macht.

Man wird nun die Frage aufwerfen können, ob bei der Veredlung des Holzes nach diesem Verfahren bereits die Grenzen erreicht sind oder ob es gelingen wird, noch weitere Fortschritte zu erzielen. Die Praxis hat nun gezeigt, daß das sehr wohl möglich ist, allerdings unter Zusatz gewisser Chemikalien, die aber sehr wohlfeil sind, wohlfeiler als alle in der Zellstoffindustrie verwendeten und die auch keine umfangreichen Laugenaufbereitungsanlagen und dergleichen verlangen. Es ist hierbei in erster Linie an den sogenannten „Engestoff“ gedacht, dessen Herstellungsweise grundsätzlich auf dem vorbeschriebenen Verfahren beruht, bei dem aber die Auslaugung aller löslichen Bestandteile und auch vor allen Dingen auch der organischen Farbstoffe mit Hilfe von billigen Chemikalien so weit getrieben wird, daß man einen Stoff gewinnt, der bezüglich der Zähigkeit der Faser dem besten Braunschliff nicht nachsteht, bezüglich der Farbe aber den Weißschliff aus bestem Fichtenholz erreicht. Man hat es bei diesem Stoff also noch mehr als beim Braunschliff mit einem Bindeglied zwischen Holzschliff und Zellstoff zu tun. Das chemisch vorbehandelte Holz wird also auch hier auf mechanischem Wege in seine Fasern zerlegt. Es ist nun nicht recht begreiflich, weshalb gerade dieses Verfahren, das doch als genügend durchgebildet betrachtet werden kann, nicht mehr Anwendung findet, zumalen sich die Umstellung der Schleifereien darauf leicht durchführen ließe. Das Verfahren ist allerdings patentiert. Der Engestoff ist nämlich auch in erster Linie berufen, für viele Papiere den Bedarf an Zellulose zu vermindern, für viele ganz entbehrlich zu machen.

Soweit der Verfasser unterrichtet ist, scheint man in Amerika diesem Verfahren zweifellos mehr Aufmerksamkeit zuzuwenden und ihm mehr Bedeutung beizumessen wie bei uns.

Auf die Güte der Faser und die Größe der Ausbeute hat natürlich die Auswahl des Holzes auch beim Braunschliff einen großen

Einfluß. Wenn auch so große Ansprüche an das Holz wie für Weißschliff im allgemeinen und Feinschliff im besonderen nicht gestellt werden, so ist es doch klar, daß auch beim Braunschliff mit hochwertigem Holz ein besseres Ergebnis zu erzielen ist, als bei minderwertigem Holz. Man muß hierbei in Betracht ziehen, daß ein hochwertiger Stoff immer besser bewertet und bezahlt wird und daß der Kraftaufwand und die Herstellungskosten auch bei minderwertigem Stoff dieselben bleiben. Immerhin kann man zu Braunschliff nicht ganz fehlerfreies, z. B. ästiges oder harzreiches Holz verwenden, wenn es nur sonst gesund ist. Auch vom Käferfraß leicht befallenes Holz kann unter Umständen noch zur Verarbeitung gelangen, da die dadurch verursachten Verunreinigungen nicht so störend sind, wie beim Weißschliff, der dadurch meist minderwertig oder ganz unbrauchbar wird. Es ist deshalb erklärlich, daß man zu Braunschliff auch mit Vorteil Kiefernholz verarbeiten kann, daß zu Weißschliff wegen seines Harzreichtums im allgemeinen weniger geeignet ist. Viele Fabriken verarbeiten auch mit Kiefernholz zugleich ästiges Fichtenholz, das zu Weißschliff ungeeignet ist. Ich möchte dieses Zusammenarbeiten aber weniger empfehlen, wenn man ein gutes Erzeugnis herstellen will, wenigstens soweit es sich auf das Dämpfen des Holzes bezieht. Ich empfehle daher Fichten- und Kiefernholz getrennt zu kochen oder zu dämpfen, um ein gleichmäßiges Erzeugnis zu erhalten und dann auf dem Schleifer gemischt zu verschleifen. Die Erfahrung hat bekanntlich gezeigt, daß auch im Kocher das Holz je nach seiner Art und seinem Wachstum getrennt und verschieden behandelt werden muß, also verschieden lang gedämpft oder gekocht und bei verschiedenen Spannungen.

Die Holzvorbereitung unterscheidet sich nun von der in der Weißschleiferei üblichen in keiner Weise; es finden dieselben Maschinen und Vorrichtungen dazu Verwendung. Das Ausbohren der Aeste und das Sauberschälen ist nicht unbedingt erforderlich, richtet sich aber nach dem Verwendungszweck des Stoffes, je höher die Ansprüche an diesen sind, desto sauberer und besser muß das Holz vorbereitet werden. Ein Sauberschälen vor dem Dämpfen oder Kochen kann man aber unterlassen, da sich durch die Behandlung im Kocher die noch anhaftenden Rindenteile vollkommen erweichen und zum Teil schon allein ablösen. Ich habe das Holz, nachdem es aus dem Kocher gekommen und einigermaßen abgetropft war, durch Bürstmaschinen gehen lassen, die im Augenblick alle Rindenreste und Bastteile beseitigten, so daß nicht nur der Schällohn erspart blieb, sondern auch noch beträchtliche Ersparnisse an Holz erzielt wurden. Wird das Holz allerdings mit der Rinde abgeliefert, so ist ein Vorschälen unbedingt erforderlich. Ganz besonders ist für die Entrindung von gekochtem Braunholz auch die unter den Schälmaschinen bereits erwähnte Holzentrindungstrommel (Abbildung 12) zu empfehlen, die hier ganz hervorragende Dienste leistet.

Das Dämpfen und Kochen erfolgt nun auf verschiedene Weise. Man verwendet dazu bekanntlich geschlossene Kessel. Einige Fabrikanten schneiden das Holz vorher auf Schleiflänge, andere kochen es in langen Rollen. Das letztere dürfte vorzuziehen sein, denn Beschicken und Entleeren des Kochers können schneller vor sich gehen. Die Holzkocher haben im Laufe der Jahre mancherlei Wandlungen durchgemacht. Nachdem man anfangs die zum Hadernkochen verwendeten Kugelkocher benutzte, hat man dann besondere Konstruktionen geschaffen, die sich auf die gemachten Erfahrungen stützen.

Die Kugelkocher (Abbildung 80) haben wohl den Vorteil, namentlich beim Kochen mit Wasser und beim Auslaugen eine gute Zirkulation zu ermöglichen, da man sie nur in Umdrehung zu versetzen braucht, um das zu erreichen. Sie besitzen aber den Nachteil, daß sich der Raum durch Holzrollen nur schlecht ausnutzen läßt. Man baute daher zylindrische Kocher nach den Abbildungen 81, 82 und 83, die man ebenfalls zum Teil drehbar machte, wie z. B. die Abbildung 82 und welche die Nachteile der schlechten

Abb. 80

Raumausnutzung nicht haben. Andere Fabrikanten wieder bevorzugen feststehende Zylinderkocher wie Abbildung 81 und 83 auch stehende Kocher haben sich bewährt. In einigen Sonderfällen sorgte man durch besondere Vorrichtungen in diesen für eine gute Zirkulation des Wassers, wozu sich allerdings der liegende Kocher weniger eignet. Erwähnenswert möchte dabei noch ein Kocher sein, der aber merkwürdigerweise wenig Anwendung findet, obgleich er viele

Vorteile bietet. Der Kocher hat einen auf- und abschraubbaren, mit Prismadichtung versehenen Deckel A (Abbildung 84), der durch eine fahrbare Winde gehoben und seitlich abgelegt werden kann. Mittels derselben Winde wird darauf durch Kette K der falsche Boden B bis auf die Höhe des oberen Kesselrandes gehoben und

Abb. 81

Abb. 82

Abb. 83

vom Schleiferboden aus das zu dämpfende Holz aufgepackt und mit der Winde nachgelassen, bis der Kocher in ganzer Höhe mit Holz gefüllt ist. Werden das Holz und der falsche Boden zu schwer, so läßt man Wasser in den Kocher; dadurch wird der größte Teil des Gewichtes vom Wasser getragen. Nach dem Füllen wird der Deckel dicht verschraubt, das Zirkulationsrohr durch Verschraubung V angeschlossen, das Wasser bei C abgelassen und durch Oeffnung des Ventiles H 1 gedämpft. Der Dampf geht durch den Zirkulationselevator E, durch das Steigerohr G und den Rohrring R 1 in den oberen Teil, treibt allmählich die Luft und das letzte Wasser bei C ab. Kommt hier Dampf, so schließt man c, nachdem man H 2 geöffnet hat. Der Elevator E unterhält eine mäßige Zirkulation des Dampfes. Nach genügend langem Dämpfen läßt man womöglich vorgewärmtes Waschwasser ein, dazu schließt man H 1, öffnet H 3, bis der Kocher sich von unten durch R 2 auf gewünschte Höhe gefüllt hat, dann schließt man H 3,

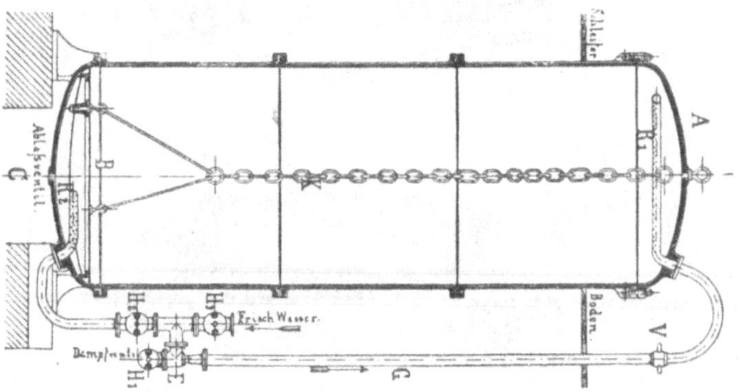

Abb. 84

öffnet H 1 und unterhält mittels E einen Kreislauf der Waschflüssigkeit, bis erfahrungsgemäß das Holz ausgelaugt ist. In diesem Kocher kann man auch gleich von vornherein mit zirkulierendem Wasser kochen. Man hat nur gleich nach der Holzfüllung auf zwei Drittel Höhe mit Wasser nachzufüllen, das Wasser nach Schließung des Deckels durch E in Zirkulation zu versetzen und allmählich auf die gewünschte Wärme und Spannung zu bringen, die dann auf die Dauer der erforderlichen Zeit durch Regelung der Dampfzuführung gehalten werden müssen. Nach Ablassen der die Säuren usw. in starker Verdünnung enthaltenden Kochwässer kann man durch vorgewärmtes Wasser nochmals wie oben beim Kochen nachlaugen. Nach dem Dämpfen bzw. Kochen des Holzes wird nach vollständigem Abblasen der Flüssigkeiten und des Dampfes bei C der Deckel A wieder losgeschraubt, zur Seite gelegt und mittels der Winde das gekochte Holz, gegebenenfalls durch Wassernachlassen auf die Höhe des Kocherbodens gehoben und vom Boden B aus abgenommen. Dieser Apparat bietet also zugleich eine große Erleichterung beim Füllen und Leeren, man braucht keine Arbeiter in den heißen Kocher zu schicken.

Bekanntlich wird nun beim Dämpfen von Holz Ameisensäure frei, welche die Bleche der schmiedeeisernen Kocher stark angreift und auch die gußeisernen mit der Zeit unbrauchbar macht. Die gußeisernen Kocher sind jetzt übrigens verboten, da sie für die häufig gebräuchlichen hohen Drücke nicht als zuverlässig und betriebssicher zu bezeichnen sind. Gußeisen ist niemals ganz spannungsfrei herzustellen und besitzt bei großen Wandstärken nur geringe Elastizität. Alle angewendeten Vorsichts- und Schutzmaßregeln ändern daran nichts. Infolge der bei hohen Drücken erforderlich werdenden großen Wandstärken sind Blasen im Guß äußerlich schwer oder gar nicht zu erkennen. Man hat wohl die Kocher zum Schutze gegen die Angriffe der Säuren mit säurefesten Steinen ausgekleidet, aber das erwies sich nur als ein mangelhafter Notbehelf, da man nur unvollkommen beobachten kann, ob diese Ausmauerung oder Auskleidung nicht irgendwie undicht ist, so daß an dieser Stelle Anfressungen eintreten, die dann doppelt gefährlich sind, weil man sie eben nicht feststellen kann. Hier schafft nun die Kupferauskleidung der schmiedeeisernen Kocher zuverlässige Abhilfe. Die Kocher erhalten besondere Sicherheitsvorrichtungen, so daß sie eine sehr lange Lebensdauer aufweisen. Es sind Fälle bekannt, wo die nach dem der Firma Zeitzer Dampfkesselfabrik G. Schumann in Zeitz geschützten Verfahren ausgekleideten Kocher weit über 25 Jahre im Betrieb sind. Solche Kocher schließen jegliche Explosionsgefahr aus, da der äußere schmiedeeiserne Schutzmantel, der dem Kocher den nötigen Widerstand gegen den Druck verleiht, mit der Säure nicht in Berührung kommt. Durch die Sicherheitsvorrichtungen werden Schäden am Kupfermantel sofort gemeldet, so daß sie in kürzester Zeit ohne Betriebsstörungen an Ort und Stelle behoben werden können. Alle anderen Schutzmittel für die Kocher gegen die Angriffe durch die Säuren haben sich weniger bewährt, teilweise haben sie sogar, wie schon erwähnt, auf das Holz einen nachteiligen Einfluß ausgeübt, indem sie die Farbe beeinflussen und den Stoff grau und unansehnlich machen.

Es ist nun wiederholt die Frage aufgeworfen worden, ob eine Isolierung der Holzkocher gegen die Wärmeausstrahlungen vorteilhaft und zu empfehlen ist. Man hat dieser Frage früher keine große Bedeutung beigemessen und tatsächlich auch in wenigen Betrieben für eine solche Isolierung gesorgt. Unter dem Drucke der

Kohlenverhältnisse und dem Bestreben nach verbesserter Wärmewirtschaft auch in kleineren Betrieben, ist man jedoch gezwungen, dieser Frage jetzt ernstlich näher zu treten. Wenn man in Betracht zieht, um welche teilweise großen Oberflächen es sich bei den Holzkochern handelt, so ist es ohne weiteres ersichtlich, daß durch einen zweckentsprechenden Wärmeschutz große Ersparnisse zu erzielen sind, abgesehen von anderen Vorteilen, die teilweise auf betriebstechnischem und teilweise auch auf hygienischem Gebiete liegen. Die betriebstechnischen Vorteile liegen vor allen Dingen darin, daß man bei sachgemäßer Isolierung den Druck auf den Kochern leichter halten kann und daß sich weniger Kondenswasser bildet, das abgeleitet werden muß. Die hygienischen Vorteile sind darin zu suchen, daß dem Arbeiter günstige Arbeitsbedingungen geboten werden, indem er vor der strahlenden Hitze und vor Verbrennungen geschützt ist.

Der Grund, weshalb man die Kocher nicht isoliert, ist nicht ersichtlich, tut man es doch bei den Dampfkesseln schon von Anfang an, indem man sie wenigstens einmauerte. Die Einmauerung ist ja nun bei den Kochern nicht zu empfehlen und auch nicht durchführbar. Es machen sich dagegen schwerwiegende Bedenken geltend, die besonders aus der periodischen Arbeitsweise zu erklären sind, im Gegensatz zu dem ununterbrochenen Betrieb der Dampfkessel. Während nämlich bei letzteren die Betriebsdauer, in welcher die Kessel und damit das Mauerwerk unter gleichmäßiger und gleichbleibender Wärme stehen, auf mehrere Wochen, ja mitunter sogar Monate erstreckt, wechseln beim Holzkocher diese Perioden in kurzen Abständen, mitunter mehrmals am Tage. Die Kocher und damit das Mauerwerk werden also in verhältnismäßig kurzen Zeiträumen heiß und kalt, die Folge davon ist, daß das Mauerwerk undicht wird. Durch die dann eintretende Luftbewegung wird aber gerade das Gegenteil von der bezweckten Wirkung erreicht, so daß von einer Einmauerung der Kocher lieber abgesehen wird. Häufig will man ja auch die Kocher nicht isolieren, weil man sie dauernd überwachen will, um feststellen zu können, ob sich Undichtigkeiten zeigen. Es ist das aber ebensogut von innen aus möglich. Ein anderer Grund, weshalb die Isolierung oft unterbleibt, besteht in den Schwierigkeiten, die augenscheinlich vorhanden sind, um eine gute Isolierung anbringen zu können, die ihren Zweck erfüllt und auch festhält. Bei Kochern, die infolge ihrer Rotierung dauernden Erschütterungen ausgesetzt sind, lassen sich die sonst beim Wärmeschutz üblichen Massen (Kieselgur usw.) nicht verwenden, da sie nicht genügend widerstandsfähig gegen Erschütterungen sind. Ein anderer Umstand, der zu bedenken ist, besteht darin, daß infolge des periodischen Betriebes der Kocher Schwierigkeiten bestehen, die Umhüllung so anzubringen, daß sie festsitzt. Bekanntlich müssen die Kieselgurisoliermassen in feuchtem Zustand lagenweise auf die durch Dampf erwärmten Flächen aufgebracht werden, damit sie schnell trocknen. Erfahrungsgemäß ist das am besten unter vollem Betriebsdruck auszuführen. Dieses Vorgehen erfordert zwar einige Vorsicht, da leicht Verbrennungen an den heißen Flächen vorkommen können, besitzt aber den Vorteil, daß die einzelnen Schichten schnell trocknen und daß die Schutzmasse nicht reißt und platzt, wie es vorkommen kann, wenn bei nur schwach geheizten Flächen isoliert wird, da beim Normal- oder öfter vorkommenden Höchstdruck die Durchmesser der Kocher größer sind, als wenn diese kalt sind. Beim Erkalten wird dann wohl die Isolierung locker, d. h. sie sitzt nicht mehr fest an den Wänden an, behält aber bei guter Ausführung ihren Zusammenhang und bildet gewissermaßen einen Mantel um den Kocher herum. Bei den Dampfleitungen ist dieser Umstand nun nicht als besonders nachteilig zu betrachten, da ja selten solche Betriebspausen vorkommen, daß die Rohre vollständig erkalten. Eine gute Isolierung läßt selbst bei Stillständen über Sonntag die Rohre nicht ganz kalt werden.

Anders liegt der Fall allerdings bei den Kochern. Hier werden durch das Erkalten (auch nur teilweises) die Zwischenräume zwischen Schutzschicht und Kocherwand sehr groß in Anbetracht der großen Abmessungen der Apparate. Dazu kommt noch, daß die Betriebsperioden bei diesen Apparaten sehr kurz sind, so daß der Spannungszustand mitunter am Tage mehrmals wechselt. Ein dritter Umstand ist bei den Holzkochern zu berücksichtigen, daß durch das Aus- und Einpacken der Holzrollen die Gefahr der Beschädigung der Isolierung sehr groß ist.

Immerhin sind auch Kieselgurmasseumhüllungen bei stehenden oder liegenden Holzkochern, die ja die Mehrzahl bilden, mit Erfolg angewendet worden. Die Stirnwände muß man allerdings noch besonders sichern, indem man die Isolierung mit Blech verkleidet. Der idealste Wärmeschutz würden hier die sogenannten Asbestmatratzen sein, die in solchen Formen angefertigt werden, daß sie sich dem Umfang des Apparates genau anpassen und sich an den Verbindungsstellen lückenlos zusammenschnüren lassen. Ein besonderer Vorteil besteht darin, daß man die Isolierung abnehmen kann ohne sie zu beschädigen, wenn man den Apparat äußerlich besichtigen oder Reparaturen daran vornehmen will. Da der Asbest durch die Wärme keinerlei Veränderung erleidet und die Matratzen an und für sich sehr widerstandsfähig sind, so können sie dann ohne weiteres wieder aufgelegt werden.

Es gibt natürlich noch andere brauchbare Isoliermittel für Holzkocher, so z. B. den sogenannten Isolierfilz, Kieselgursteine usw., die alle den erstrebten Zweck voll und ganz erfüllen und je nach den gegebenen Verhältnissen zu bevorzugen sind. Unter allen Umständen sollte man aber eine richtige und ausreichende Isolierung der großen wärmeabgebenden Flächen nicht unterlassen, da man dadurch in der Lage ist, die Wärmewirtschaft auch eines kleineren Betriebes in empfindlicher Weise günstig zu beeinflussen.

Wie bei der Herstellung des Weißschliffes, die ja grundsätzlich die gleiche ist, wie die des Braunschliffes, spielen auch hier die Schleifapparate eine große Rolle, da von ihnen Güte und Beschaffenheit, Menge des Stoffes und der Kraftbedarf abhängen. Es eignen sich nun zum Schleifen von Braunholz alle bekannten und bewährten Schleifapparate, die schon ausführlich im Abschnitt „Holzschleifer" besprochen wurden.

Von größtem Einfluß ist natürlich auch hier die Wahl des Steines. Die Körnung soll etwas gröber sein als beim Weißschliff, sie läßt sich allerdings nur durch Versuche feststellen, da die Vorbehandlung des Holzes beim Dämpfen oder beim Kochen und der Verwendungszweck des Braunschliffes mitbestimmend sind. Es ist eine irrige Ansicht, wie schon weiter vorn gesagt, daß zum Schleifen von gedämpftem oder gekochtem Holz weniger Kraft erforderlich sei, als beim Weißschliff. Wo anscheinend günstige Ergebnisse erzielt wurden, beruhten sie stets, wie eine genaue Untersuchung ergab, auf anderen Ursachen. Ich bin auch viel auf die Ansicht gestoßen, daß zum Schleifen des gedämpften Holzes größerer Kraftaufwand nötig sei und daß man deshalb den Stein gröber im Korn halten müsse, um auf die gleiche Ausbeute wie beim Weißschliff zu kommen, konnte aber durch Versuche feststellen, daß dem nicht so war. Bei zu grobem Korn und zu großer Schärfe erhält man leicht einen zu splittrigen und groben Stoff, der viel Raffineurarbeit erfordert und so einen großen Aufwand an Kraft bedeutet. In einzelnen Betrieben verzichtet man allerdings auf das Raffinieren und begnügt sich damit, die groben Splitter auszusortieren. Durch die hier ersparte Raffineurarbeit erklärt sich wohl auch der vermeintliche Minderbedarf an Kraft. Diese Ersparnis geht aber auf Kosten der Güte und der Feinheit des Stoffes. Das Verfahren ist auch unwirtschaftlich, da die vielen Splitter verlorenen Stoff bedeuten und somit Verlust an Geld. Der teilweise festgestellte höhere Kraftverbrauch ist damit zu erklären, daß man den groben, splittrigen Stoff sehr sorgfältig raffinierte, so daß der Raffineur sehr stark belastet wurde und dauernd mitlaufen mußte. Das ist aber nicht der richtige Weg zur Erzielung eines guten und feinen Braunschliffes. Es ist vielmehr auch bei Braunschliff nötig, daß man ihn schon auf dem Schleifer möglichst fein herstellt, um möglichst wenig Grobschliff zu erhalten. Dabei ist aber darauf zu achten, für welchen Zweck der Stoff bestimmt ist. Wenn man ihn zu Lederpappen verarbeiten will, darf er nicht zu schmierig sein, da er sich auf dem Rundsieb sonst nur sehr schwer entwässern läßt. Er darf aber auch nicht zu rösch sein, weil dadurch die Entwässerung wieder zu rasch vor sich geht und sich die einzelnen Lagen der Wickelpappen nicht genügend untereinander verfilzen, so daß die Pappen dann spalten. Bei Braunschliff für Papiere ist eine größere Schmierigkeit erwünscht; es sind das aber Umstände, die beim Weißschliff entsprechend seinen Verwendungsarten genau so gut beachtet werden müssen.

Als Steine können sowohl natürliche wie auch künstliche Steine Verwendng finden. Die Schärfung erfolgt genau wie beim Weißschliff am vorteilhaftesten durch Schärfmaschinen, weil man damit eine raschere und gleichmäßigere Schärfung erreichen kann als bei der Handschärfung. Die Handschärfung erfordert viel Geschick, Uebung und Zuverlässigkeit und bedeutet in allen Fällen einen längeren Stillstand, während die modernen Steinschärfmaschinen so eingerichtet sind, daß man die Arbeit während des Betriebes, also ohne Stillstand, in wenigen Minuten vornehmen kann. Es ist das gerade für Braunschliff von Bedeutung, da die Steine schärfer gehalten werden müssen als bei Weißschliff, so daß sich öfteres Schärfen nötig macht. Es sei noch darauf hingewiesen, daß es sich empfiehlt, Reservesteine, die bereits mit Reservewellen versehen sind, hinzulegen, da die selbst im ausgelaugten Holz noch enthaltene Ameisensäure die Wellen stark angreift, so daß diese von Zeit zu Zeit ausgewechselt werden müssen.

Die Splitterfänger, die beim Braunschliff unbedingt erforderlich sind, da die Splitterbildung größer als beim Weißschliff ist, müssen unbedingt kupferne Siebe und mindestens gußeiserne Siebkästen erhalten. In vielen Fällen stellt man sie auch aus Bronze oder Kupfer her; schmiedeeiserne Kästen werden von der Ameisensäure des Stoffes sehr schnell zerstört und gußeiserne Kästen erleiden mit der Zeit Beschädigungen. Die Stoffpumpen und auch die Sortierer müssen ebenfalls in allen Teilen, die mit dem Stoff in Berührung kommen, aus Kupfer oder Bronze hergestellt sein. Als Stoffpumpen wird man vorteilhaft die leicht zu reinigenden Zentrifugalpumpen verwenden. Im übrigen ist dann die Weiterbehandlung des Braunschliffes wie beim Weißschliff. Der Stoff kann je nach dem eingedickt werden, wenn er direkt in der Fabrik zu Papier verarbeitet werden soll, oder in der bei Weißschliff üblichen Art und Weise versandfähig gemacht werden. In weitaus den meisten Fällen jedoch wird er direkt zu Pappen, und zwar den sogenannten Lederpappen verarbeitet.

*

DIE HERSTELLUNG VON HOLZSCHLIFF OHNE SCHLEIFVERFAHREN

Die Versuche, Holzstoff auf andere Weise als durch das bisher übliche Verfahren, das in einem Zerfasern auf Steinen besteht, herzustellen, ist fast eben so alt wie die Holzschleiferei selbst. Zu allen Zeiten ist man bestrebt gewesen, Verfahren und Maschinen zu finden, welche die Erreichung dieses Zieles ermöglichen sollten. Man suchte, besonders früher, als die Schleifapparate noch nicht einen so reinen und splitterfreien Stoff lieferten, wie heute der moderne Großkraft-, Magazin- und stetige Schleifer, die Stoffgüte durch andere Verfahren zu verbessern. Die Vervollkommnung der zuletzt genannten Schleifer, die einen den höchsten Anforderungen gewachsenen Stoff liefern, kann aber nicht imstande sein, die Versuche und Bestrebungen zur Auffindung anderer Maschinen und Vorrichtungen aufzuhalten, denn gerade diese modernen Schleifer eignen sich in der Hauptsache für größere Kräfte. Der kleine und mittlere Handelsschleifer verfügt aber oft über ausreichende Kräfte nicht und hat trotzdem ein Interesse daran, einen Stoff herzustellen, der dem von den modernen Schleifern gelieferten ebenbürtig ist. Gerade ihm muß daran gelegen sein, daß Verfahren und Einrichtungen gefunden werden, die auch mit kleinerer Kraft bei guter Ausbeute einen gleich guten Stoff liefern. Mit den vielfach noch zu findenden alten Gewichts- und Friktionsschleifern ist das aber bekanntlich nicht in dem Maße möglich, wie es wünschenswert wäre. Hydraulisch belastete Schleifer sind aber oft für die kleinen und schwankenden Wasserkräfte nicht wirtschaftlich. Hierzu tritt der Umstand, der es wünschenswert erscheinen läßt, das man nicht nur das übliche Holz, das man als Papierholz bezeichnet, verarbeiten möchte. Besonders vom volkswirtschaftlichen Standpunkte aus ist diese Forderung außerordentlich wichtig. Gutes Schleifholz wird immer teurer und im Inlande immer knapper, so daß jährlich beträchtliche Summen dafür ins Ausland gehen müssen.

Von um so größerer Bedeutung wird es also sein, daß man Maschinen und Verfahren erfindet, mit denen man auch aus minderwertigen oder Abfallhölzern einen erstklassigen Stoff herstellen kann. Wenn dieser infolge des verwendeten Holzes auch nicht immer als erstklassig zu bezeichnen sein wird, und mit dem auf oben bezeichneten Schleifern hergestellten nicht gleichwertig sein wird, so ist er doch für viele Zwecke vollkommen ausreichend. In den großen Sägewerken und Holzbearbeitungsfabriken gibt es täglich große

Mengen an Abfallholz. Dieses Holz in Gestalt von Säumlingen, Spreißeln, Brettchen usw. stammt meistens von erstklassigem Holz und war bisher fast nur für Brennzwecke verwendbar. Man verschleift es ja wohl auch teilweise schon auf besonderen Schleifern, kann damit aber eine gute Ausbeute und einen besonders guten Stoff nicht erzielen, so daß das Verfahren bisher nur wenig Anwendung findet. Es ist daher begreiflich, wenn man nach anderen Verfahren sucht, die in der Lage sind, die veralteten Betriebe wieder wettbewerbsfähig zu machen.

Daß die Zerfaserung des Holzes zur Gewinnung von Holzschliff auch auf einem anderen Wege als den bisher üblichen Schleifsteinen möglich ist, ist vollkommen erwiesen. Schon das älteste Holzpapier, das von Dr. G. Schäffer in Regensburg vor etwa 150 Jahren hergestellt wurde, bestand aus Holzfasern, die weder auf chemischem Wege, noch durch ein Schleifverfahren gewonnen waren. Schäffer stampfte das Holz und erhielt so eine Faser, aus der er Papier machte, von dem Proben bis auf unsere Zeit erhalten sind. Das Stampfen, das, wie sich weiter unten zeigt, auch in neuerer Zeit wieder versucht wurde, kann nun allerdings nicht als Fortschritt gegenüber dem Schleifen bezeichnet werden, denn es beansprucht viel Zeit und noch mehr Kraft als das bewährte Schleifverfahren. Man hat dann den Zweck auf alle möglichen anderen Weisen zu erreichen gesucht, so durch feilenähnlich aufgehauene Stahlscheiben, Scheiben mit eingesetzten Stahlstiften, wie man sie heute zum Schärfen der Steine verwendet und dergleichen Vorrichtungen mehr. Alle diese Vorrichtungen können aber den Zweck nicht erreichen, da sie das Holz raspeln und so einen splittrigen Stoff erzeugen, der dann mit sehr hohem Kraftaufwand und viel Verlust an Fasern raffiniert und sortiert werden muß.

Das alte bewährte Schleifverfahren nach Keller-Völter auf Steinen, das heute durch zweckentsprechende Schleifapparate, hochwertige Kunst- und Natursteine usw. zur höchsten Vollendung gebracht wurde, können alle diese Verfahren nicht ersetzen oder auch nicht annähernd erreichen. Erst der neueren Zeit blieb es vorbehalten, Maschinen und Verfahren zu schaffen, die den richtigen Weg weisen, um für gewisse Verhältnisse das Schleifverfahren durch ein anderes ersetzen zu können. Ob das für alle Verhältnisse der Fall sein wird, ist wohl kaum anzunehmen, da die modernen Schleifer einen Stoff liefern, der an Güte und Feinheit kaum noch zu übertreffen ist und dabei einen Kraftaufwand aufweisen, der auch durch andere Verfahren kaum mehr unterschritten werden kann.

Das älteste dieser Verfahren stammt aus Amerika und wurde im Jahre 1897 das erstemal erwähnt. Das Holz wird zunächst auf Hackmaschinen, wie sie in der Zellulosefabrikation üblich sind, in kleine Stücke von etwa 25×3 cm zerkleinert. Diese Vorbereitungsweise zeigt sich übrigens bei fast allen ähnlichen Verfahren bis auf die neueste Zeit mit nur wenig Ausnahmen. Dann wird das gehackte Holz einem Fülltrichter zugeleitet. Durch Walzen, die durch eine Klinkvorrichtung von der Hauptwelle der Maschine aus ruckweise bewegt werden, werden diese Holzschnitzel dann vorgequetscht und fallen dann, nachdem sie auf diese Weise erweicht sind, in einen weiteren Trichter, wo sie mit Wasser benetzt werden. Von hier aus gelangen sie zwischen stählerne Schlagmesser, welche in vier Reihen nebeneinander auf einer mit 700 Umdrehungen in der Minute umlaufenden Welle befestigt sind. Diese auf der Hauptwelle sitzenden Schlagmesser schlagen nun zwischen einer Reihe fester Messer hindurch, die am Gehäusemantel festsitzen, deren Kanten abgerundet und deren nach der Achse zu liegenden Enden durch Ansätze verdickt sind. Diese Ansätze geben den Schlagmessern die richtige Führung und verhindern das wirkungslose Rotieren ungetroffener Holzteile an den Umfängen der Zwischenringe. Durch die spiralige Anordnung der Walzenschlagmesser, in der ganzen Länge des Gehäuses angeordnete Erweiterungen und durch Winkelecken soll eine immerwährende Verschiebung der Stoffüllung in der Längsachse des Apparates und eine Absonderung nicht zerteilter Holzstücke erreicht werden. Der Apparat ist ferner mit einer Sortiereinrichtung für den fertig verfeinerten Stoff versehen. Diese Sortierung findet durch Schlitzöffnungen im unteren Mantelteile statt, die in ihrer Weite leicht verändert werden können. Durch einfache Handhabung an einem drehbaren Hebel kann die vollständige Schließung und dadurch Freiwerden der Schlitze von der Hauptmasse der verstopfenden Splitter erzielt werden und darauf Wiedereröffnen auf die vorher eingestellte Weite. Es ist wohl anzunehmen, daß diese Vorrichtung einen großen Kraftverbrauch hatte, ohne daß dadurch ein den heutigen Anforderungen entsprechender Stoff erreicht werden konnte.

Nach späteren Mitteilungen hat man diese Maschine zu verbessern gesucht, indem man das Holz nicht mehr hackte oder schnitzelte, sondern in den oberen Fülltrichter ganz einfach Rollenholz eingab, das durch eine Messerwalze in längsgehobelte Späne verwandelt wurde, welche man dann durch die Schlägerwelle weiter bearbeitete.

Das ebenfalls aus dem Jahre 1897 stammende Verfahren von Kemp der Zerfaserung mittels des Holzreibers verwendet schnell umlaufende zylindrische Reibwalzen, deren Löcher dauernd offen gehalten werden. Unter Verwendung von Wasser soll dabei ein langfaseriger Stoff erzielt werden, der frei von totem Stoff ist. Die Reibeisenfläche soll dabei nur halb so groß zu sein brauchen, als die sonst übliche Schleiferfläche, der Kraftaufwand gar nur ein Viertel so groß. Auch diese Vorrichtung wurde im gleichen Jahre durch J. August verbessert. Der Reibzylinder, der um eine wagerechte Achse rotiert, und die Seitenbürsten, welche die abgeraspelten Holzteile von ihm abstreifen, bleiben dabei bestehen. Das Holz wird aber in Brettform durch Rollen zugeführt und durch eine besondere Halte- und Druckvorrichtung gehalten und gepreßt. Die grob losgerissenen Holzteile werden durch eine besondere Vorrichtung zurückgehalten und sollen dann feiner verraspelt werden. Der Reibzylinder hat rinnenförmige Höhlungen, wo die von den Reibwarzen losgerissenen und ins Innere gedrückten und mit Wasser benetzten Holzteilchen zum Schwimmen und infolge der Fliehkraft durch runde Löcher des Reibbleches zum Entweichen nach außen gebracht werden. Ob aber der damit erzeugte Stoff den Anforderungen, welche die Papierindustrie heute stellt, gewachsen sein wird, mag freilich bezweifelt werden. Eine mikroskopische Untersuchung würde wohl die Grobheit des Stoffes beweisen. Das vorherige Schneiden des Holzes in Bretter kann auch nicht als Vorteil bezeichnet werden, denn in der modernen Holzschleiferei ist man stets bemüht, das Holz durch Sägen so wenig wie möglich zu zerteilen, um dem auch bei dünnsten Sägeblättern nicht zu umgehenden Holzverlust einzuschränken. Beim Teilen des Holzes in Bretter ist aber mit einem Schnittverlust zu rechnen, der dem beim Teilen der Rollen entstehenden um ein Vielfaches übertrifft.

Ein wesentlicher Fortschritt in diesen Bestrebungen war nun das sogenannte Quetschverfahren, welches das erste ist, das wirklich brauchbare Ergebnisse vor allen Dingen auch in bezug auf niedrigen Kraftverbrauch zeitigte. Dieses Verfahren, auch nach seinen beiden Erfindern Rasch und Kirchner als Rasch-Kirchnersches Quetschverfahren bezeichnet, hat auch mehrfach praktische Anwendung gefunden und sich dabei auch gut bewährt. Der Gedanke dazu stammt von dem damaligen Direktor der Holzpappenfabrik Forssa, Hudikvall in Schweden, die Ausführung von Professor Kirchner, der damals gerade mit der Einführung der Kollergänge beschäftigt war.

Wie alle bereits erwähnten Verfahren verwendet auch dieses Hackmaschinen, auf denen das Holz in etwa nußgroße Stücke, wie in der Zellstoffabrikation, zerteilt wird. Weiter machen sich dazu zwei Kollergänge, eine Stoffpumpe und ein Zentrifugalholländer erforderlich. Bei dem ersten Versuche wurden die aus dem gedämpften Holze gehackten Holzstücke auf Kollergängen mit harten Quarzsteinen unter wenig Wasserzugabe zu einer wolligen Masse vermahlen, die dann in einer Rührbütte mit mehr Wasser eingeweicht wurde, um dann in einem dicken Brei auf eine Scheibenmühle gepumpt zu werden, welche sie in einem einmaligem Durchgange in einen reinen, zähen Stoff verwandelte, der zur Herstellung einer guten hellen Lederpappe diente. Die Erfolge waren gut und konnten zu anderen Unternehmungen ermutigen, denn in dieser Anlage wurden mit 40 PS in 24 Stunden 1300 bis 1500 kg dieses äußerst brauchbaren Stoffes hergestellt.

Daß die damals angestellten Versuche in Deutschland keine größeren Erfolge hatten, schreibt Kirchner selbst folgenden Umständen zu: Der aus dem deutschen gedämpften Holz hergestellte Holzschliff war nicht schmierig genug, so daß ihn keiner als Halbstoff haben wollte. Auch die Verarbeitung zu Pappen und zu Papieren wollte in Deutschland nicht recht gelingen. Es dürfte das seinen Grund aber weniger in dem Holz als in dem mangelnden Unternehmungsgeist und in dem Fehlen praktischer Versuche haben.

Die Vorteile des nach dem Rasch-Kirchnerschen Verfahren hergestellten Stoffes sind nun folgende:

Der erzielte Stoff wird ganz gleichartig, denn die Fasern haben ganz gleiche Länge und können nach Bedarf fein oder grob, lang oder kurz gemahlen werden. Man kann auch ästiges und geringwertiges Holz verarbeiten. Eine Sortierung des Holzes macht sich ganz überflüssig. Die Bedienung der ganzen Anlage ist sehr einfach. Eine Entrindung des Holzes ist nicht unbedingt erforderlich, so daß an Holz und an Arbeit gespart werden kann. Den letzten Punkt wird man allerdings nicht so ohne weiteres unterschreiben können, da durch die Rinde doch allerlei Verunreinigungen in den Stoff gelangen, die seine Güte bedeutend herabsetzen. Wenn auch bei dem Holz für Braunschliff die Entrindung nicht so sauber und gründlich wie bei weißem Stoff durchgeführt werden muß, da die noch anhaftenden Rinden und Bastteile durch den Kochprozeß gelöst werden, so daß sie auf Bürstmaschinen usw. leicht und ohne Holzverlust entfernt werden können, so dürfte es doch nicht ratsam sein, die Rindenteile usw. in die Stoffaufbereitungsmaschinen gelangen zu lassen. Besonders wenn man helle Stoffe herstellen will, sind die Rindenteile sorgfältig zu entfernen, damit sie den Stoff nicht verunreinigen.

Während bisher Rasch-Kirchner für 100 kg Stoff in 24 Stunden nur etwa 3 PS brauchten, wendete man bei dem verbesserten Verfahren 6,25 PS für die gleiche Menge Stoff und die gleiche Zeitdauer auf. Das erklärt sich aus den wesentlich höheren Anforderungen, die man heute an den Stoff stellt. Es bleibt aber immerhin noch eine kleine Kraftersparnis gegenüber mittleren und kleineren Schleifereien, besonders wenn man den erzielten langen und reinen Stoff berücksichtigt. Für viele Zwecke würde dieser Stoff sogar zu bevorzugen sein. Das Verfahren wurde dann von Henseling weiter verbessert und nun als Rasch-Kirchner-Henseling-Verfahren bezeichnet. Auch Henseling hackt das Holz in etwa bohnengroße Stücke und stampft diese unter Wasserbenetzung in patentierten Stampfwerken, quetscht sie auf schweren Kollergängen und mahlt dann auf Steinraffineuren fertig. Der Stoff erhält auf diese Weise eine Weichheit, die der gewisser Lumpenfasern nahekommen kann; er ist also nicht für alle Zwecke verwendbar, eignet sich aber sehr gut für Packpappen. Die große Weichheit und die dunkle Färbung durch das Dämpfen und die lange Behandlung in eisernen Gefäßen machen den Stoff unansehnlich. Der Kraftverbrauch schwankt bei diesem Verfahren zwischen 4 und 7 PS für 100 kg lufttrockenem Stoff in 24 Stunden und wird vom Grade des Dämpfens des Holzes sehr beeinflußt. Eine wirkliche Verbesserung gegenüber dem Rasch-Kirchnerschen Verfahren besteht also kaum. Es unterliegt aber keinem Zweifel, daß es bei sachlicher Arbeit gelingen wird, das ursprüngliche Verfahren nach Rasch-Kirchner noch so auszuarbeiten, daß es auf wirtschaftlichste Weise einen Stoff liefert, der vielseitige Verwendung finden kann, wie sich weiter unten zeigt, vielleicht sogar weißen Stoff.

Man hat infolgedessen auch immer weiter gearbeitet, um ein brauchbares Verfahren zu finden. Unter Nummer 286 874 ist folgendes Verfahren geschützt, das den Holzschliff in zwei Arbeitsgängen ohne Schleifverfahren herstellen will, und zwar büttenfertig. Obwohl anstatt eines Mahlganges deren zwei angeordnet sind, soll doch ganz erheblich weniger Kraft nötig sein, als beim Schleifverfahren. Vor allen Dingen soll das Enderzeugnis ein sehr gutes sein, da die Holzfaser bei der Behandlung sehr geschont wird. Nach der Erfindung wird gleichmäßig durch Stirnschnitt vorzerkleinertes Holz zunächst unter Zuführung von Wasser in einem Grobmahlgang zu einem gleichmäßigen Halbstoff und unmittelbar daran anschließend in einem Feinmahlgang zu büttenfertigem Holzschliff vermahlen. Diese Mahlgänge sind nun folgendermaßen eingerichtet: Auf einer Vollwelle befindet sich eine Hohlwelle, die den Läuferstein des Grobmahlganges trägt, welchem ein fester Bodenstein gegenübersteht. Nach der Peripherie hin nähern sich die Arbeitsflächen der beiden Steine. Auf der Vollwelle befindet sich außerdem der Läuferstein des Grobmahlganges, anschließend der Läuferstein des Feinmahlganges. Das Gehäuse dieses Läufersteines ist mit einer schüsselartigen Aushöhlung versehen, welche einen Durchgangsraum für den vorgearbeiteten Stoff schafft. Dieser gelangt aus dem Spalt zwischen dem Grobläufer und dem festen Stein austretend, unmittelbar oder mittelbar durch die schüsselartige Aushöhlung in den Feinmahlgang der Maschine, wo er fertig gemahlen werden kann. Der Läuferstein des Grobmahlganges kann mit Schleuderrippen ausgestattet sein, welche in der schüsselartigen Kammer laufen und den Uebergang des Vorproduktes in den Feinmahlgang unterstützen. In einer mittleren Unterbrechung des festen Steines befindet sich auf der hohlen Welle eine Fördervorrichtung für das vorzerkleinerte Holz, die aus der Verbindung einer Schnecke mit Schleuderrippen besteht. Die Zuführung des vorzerkleinerten Holzes erfolgt in bekannter Weise durch einen Trichter am Gehäuse unmittelbar zu der Fördervorrichtung. Der Läuferstein ist verschiebbar und einstellbar auf der Vollwelle gelagert. Unbenommen bleibt es, Vorrichtungen anzubringen, welche den Läuferstein des Feinmahlganges, welcher alsdann auf der Vollwelle verschiebbar gelagert ist, gegen den Stein anzupressen. Es können auch zwei getrennte Vorrichtungen vorgesehen werden, von denen die eine die Arbeit des Läufers des Grobmahlganges und die andere die Arbeit des Feinmahlganges übernimmt. In diesem Falle werden entweder beide Vorrichtungen in gleicher Höhe angebracht und erhalten gleichen oder getrennten Antrieb, hierbei wird das Vorprodukt aus dem Grobmahlgang durch Fördervorrichtungen beliebiger Art nach dem Feinmahlgang befördert, oder der Grobmahlgang wird höher angeordnet, so daß der vorbereitete Stoff unter dem Einfluß der Schwere dem Feinmahlgang zufließt und dort verarbeitet wird. Was das Material der Steine anbetrifft, so kann man aus Zweckmäßigkeitsgründen für den Grobmahlgang Schmirgel oder einen anderen harten Stein wählen, während der Feinmahlgang, der leichter nachstellbar ist, mit weicherem Stein arbeitet.

Neben dem Rasch-Kirchnerschen Verfahren, daß allerdings noch der Verbesserung bedürftig ist, hat besonders das Biffarsche Verfahren viel Aussicht, weiteste Verbreitung zu finden. Im eigentlichen Sinne ist es schon eine Verbesserung des Rasch-Kirchnerschen Verfahrens und bietet Aussicht, bei weiterer Durcharbeitung große Erfolge zu bringen. Der Gedanke, die sogenannte Biffarmühle, die in Abbildung 67 schon gezeigt wurde und nachstehend nochmals näher beschrieben wird, auch zur Herstellung von Holzschliff nach dem Quetschverfahren nutzbar zu machen, lag nahe, da sich diese Maschine schon seit geraumer Zeit mit bestem Erfolg zum Mahlen von Zelluloseästen bewährt hatte. Da diese Maschine selbst wenig gekochte Aeste tadellos verarbeitet, so muß sie erst recht zur Verarbeitung von entsprechend vorbereitetem Holz geeignet sein. Die Praxis bestätigt diese Vermutung, so daß es nun darauf ankommt, im praktischen Betriebe weiter zu arbeiten und das Verfahren den Verhältnissen anzupassen.

Die Konstruktion der Sichtermühle kann als vollendet betrachtet werden, da sie sich in vielen Fällen schon bewährt hat. Das Hauptkennzeichen der Maschine besteht darin, daß zwei Arbeitsgänge in einer Maschine erfolgen. Der Stoff wird zunächst sortiert und dann gemahlen oder raffiniert. Der Grobstoff macht den Kreislauf in der Maschine so lange mit, bis er fein genug ist, um durch die Sortierbleche der Maschine zu gehen. Alle Nebenapparate, wie Stoffbütten und Stoffpumpen fallen also hier weg. Da außerdem der Stoffeinlauf und der Stoffauslauf annähernd auf gleicher Höhe liegen, so ist es möglich, auch bei den größten Anlagen die Anordnung so zu treffen, daß der Stoff der Mühle direkt und ohne Verwendung der sonst erforderlichen Pumpen zulaufen kann. Die Erfahrung hat nun gezeigt, daß in der Zellulosefabrikation selbst wenig gekochte Zelluloseäste mit der Biffarsichtermühle restlos verarbeitet werden können. Der so gewonnene Aststoff zeigt eine große Feinheit, so daß er nur wenig Mahlarbeit im Holländer verlangt. Hierauf wurde das neue Verfahren aufgebaut.

Das Holz muß zu diesem Zwecke ebenfalls vorzerkleinert werden und zwar auf etwa Bohnengröße. Man verwendet dazu mit Vorteil die in der Zellstoffabrikation üblichen und bewährten Maschinen. Vor allen Dingen kann man mit diesem Verfahren auch Abfallholz von Sägewerken, Holzbearbeitungsfabriken usw. verarbeiten.

Zunächst muß das Holz, gleichviel ob es Rollen- oder Abfallholz ist, also gehackt werden. In der Abbildung 85 ist eine solche Hackmaschine der Eisengießerei und Maschinenfabrik A.-G. zu Bautzen gezeigt. Bei diesen Maschinen ist Wert auf größte Betriebssicherheit gelegt worden und die Konstruktion so gewählt, daß die Abnutzung auf das geringste Maß beschränkt bleibt. Diese Maschinen werden in sieben verschiedenen Typen gebaut und zwar

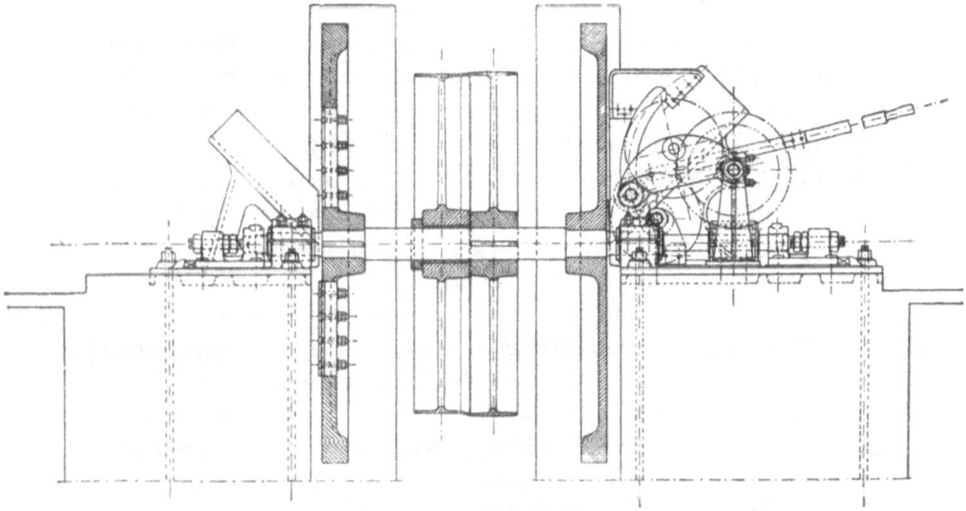

Abb. 85

als Hackmaschinen mit einer Hackscheibe für Rundholz,
als Hackmaschine mit zwei Hackscheiben für Rundholz,
als Hackmaschinen mit selbsttätiger Zuführung des Holzes für Sägewerksabfälle, Schwarten, Latten usw., mit einer und mit zwei Hackscheiben,
als Hackmaschine mit auswechselbarem Hackkasten und für Rundholz, Sägewerksabfälle, Schwarten, Latten usw., mit einer und mit zwei Hackscheiben,
als Hackmaschine mit einem Hackkopf, um vorn Langholz und beiderseitig kurzes Holz verarbeiten zu können.

Die Holzeinfuhrkästen sind bei den Rundholzhackmaschinen aus Gußeisen oder Stahlguß angefertigt. Die der Abnutzung am meisten ausgesetzten Stellen sind mit auswechselbaren Stahleinlagen versehen. Die Hackmaschinen mit geringerer Leistung werden mit gußeisernen, die mit höherer Leistung mit besten Stahlguß-

Hackscheiben ausgeführt. Letztere bauen sich auf einem schweren Rahmen auf. Besonders wichtig ist eine einwandfreie Befestigung der Hackscheiben auf der Welle, die durch Anbringung von zwei Keilen und scharfes Aufpressen der Scheiben erreicht wird. Die Welle besteht aus Bessemerstahl von hoher Festigkeit. Die Befestigung der Messer an den Hackscheiben ist sehr einfach, so daß eine schnelle Auswechslung möglich ist. Die Veränderung der Hacklänge in den Grenzen von 10 bis 60 mm wird durch schmiedeeiserne Zwischenlager leicht und schnell erreicht, es sind also alle komplizierten Nachstellvorrichtungen vermieden, die sich im Betriebe immer als unzuverlässig erwiesen haben. Je nach der Leistung der Maschinen erhalten die Hackscheiben zwei bis vier Messer. Vorteilhaft werden die Hackscheiben mit Hauben umkleidet, die zur schnellen Bedienung der Messer leicht lösbare Klappen erhalten. Die Hauben können auch so eingerichtet werden, daß die mit Wurfflügeln ausgerüsteten Hackscheiben das Holz weiter transportieren. Man kann dadurch mitunter eine besondere Transportvorrichtung ersparen. Bei Verarbeitung von Abfallholz wird ein Holzeinfuhrkasten mit selbsttätiger Vorschubvorrichtung für die sichere und gleichmäßige Zuführung des Holzes zu den Messern eingebaut.

Wenn man auch Kleinholz und Späne verarbeiten will, so kann man zur Vorzerkleinerung auch mit Vorteil die Kleinholz- und Spänezerleger verwenden. Man kann auf dieser Maschine aber auch Sägereiabfälle wie Latten, Spreißel usw. zerkleinern. Die Faser wird in dieser Maschine sehr geschont, da sie nicht durchschnitten, sondern geknickt und gequetscht wird; die Ast- und Rindenstücke, die wertlos und sogar schädlich sind, werden dabei zerbröselt, so daß eine Aussichtung dann sehr leicht ist. Die Maschinen werden für verschiedene Leistungen gebaut und zwar:

Größe	Stündliche Leistung Kleinholz etwa kg	Stündliche Leistung Schälspäne etwa kg	Kraftbedarf bei Höchstleistung etwa PS
AZ I	500	1000	10–15
AZ II	750	1500	18–22
AZ III	1000	2000	25–30

Aehnliche Dienste verrichtet die in der Abbildung 86 gezeigte Schlagkreuzmühle der Eisengießerei und Maschinenfabrik A.-G., Bautzen. Man kann auf dieser Maschine auch nasse Stoffe zerschroten und ebensogut die Abfälle von Sägewerken, Kistenfabriken usw.

Das vorzerkleinerte Holz wird im Interesse eines reinen und sauberen Stoffes dann vorteilhaft noch gestäubt und sortiert, wozu

Abb. 86

sich der in der Abbildung 87—89 gezeigte Holzstäuber und Sortierer der Eisengießerei und Maschinenfabrik A.-G. in Bautzen sehr gut eignet. Da sich aus der Abbildung die Bauart deutlich ergibt, so erübrigt sich eine nähere Beschreibung.

Das so vorbereitete Holz wird nun vorteilhaft durch Gebläse nach Silos geblasen, die über den Kocherboden angeordnet sind, so daß man die Kocher von hier aus direkt füllen kann. Als Holzkocher wird für diese Schnitzel besonders der Kugelkocher geeignet sein, da er zunächst den großen Vorteil bietet, daß er sich in Umdrehung versetzen läßt und so ein gleichmäßiges Durch-

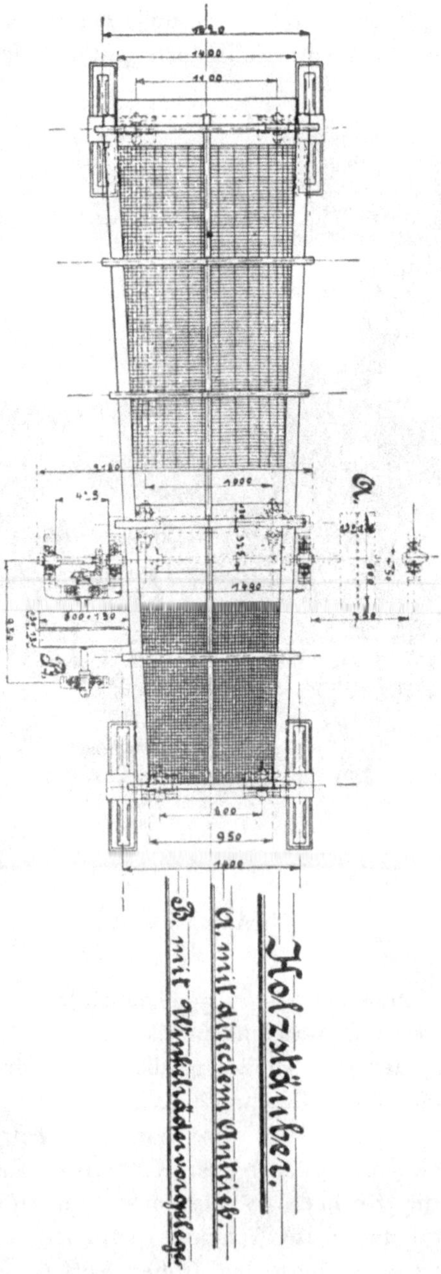
Holzstäuber.
A. mit directem Antrieb.
B. mit Winkelrädervorgelege

Abb. 87

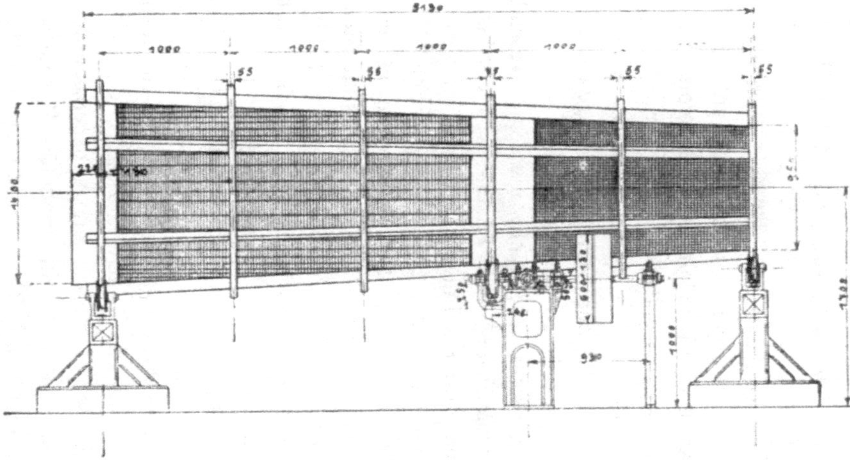

Abb. 88

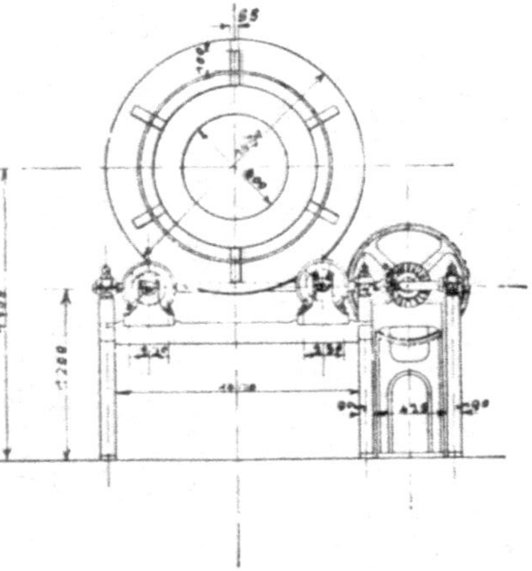

Abb. 89

kochen des Holzes gestattet. In der Abbildung 90 ist ein solcher Kugelkocher ebenfalls in einer Ausführung der Eisengießerei und Maschinenfabrik A.-G. Bautzen gezeigt. Ein näheres Eingehen auf die Konstruktion erübrigt sich. Während man sonst bei der Kochung von Holz in Rollen in der Hauptsache die bei der Erzeugung des Braunschliffes erwähnten, festliegenden, zylindrischen Kocher verwendet, ist bei der Kochung dieser Schnitzel der Kugelkocher vorzuziehen, da er eine Fertigkochung in viel kürzerer Zeit gestattet und das Holz in viel innigere Berührung mit dem Wasser und dem Dampf bringt, denn man muß in Betracht ziehen, daß die feingehackten Schnitzel ziemlich fest aufeinander lagern und so nur langsam durchweichen würden, wenn der Kocher nicht durch die Rotation für eine dauernde Umwälzung des Materials sorgen würde. Auch das Füllen und Entleeren dieser Kugelkocher geht bei weitem schneller vor sich, als beim Zylinderkocher.

Das gedämpfte Holz gelangt dann in eine Rührbütte mit Schöpfrad und wird von dieser der Biffarmühle zugeteilt, um dann als fertig sortierter und gemahlener Stoff auf die Pappen- oder Entwässerungsmaschine zu gelangen. Der von der Mühle beim ersten Durchgang nicht vollständig zerkleinerte Teil der Holzstückchen geht wieder in die Mühle zurück, er macht also den Kreislauf solange mit, bis der Stoff die genügende Feinheit erlangt hat, um verarbeitet werden zu können.

Das Verfahren stellt also nicht nur eine wesentliche Vereinfachung und Verbesserung des Rasch-Kirchnerschen Verfahrens, sondern auch eine Vereinfachung des Schleifverfahrens dar, welch letzteres es aber nur in Sonderfällen ersetzen kann. Um in 24 Stunden etwa 4000 kg trocken gedachten Stoffes in der Biffarmühle fertigzustellen, ist eine Sichtermühle mit 1200 mm Steindurchmesser erforderlich, die einen Kraftaufwand von etwa 50 bis 60 PS beansprucht. Die anderen Maschinen, die noch erforderlich sind, also Hackmaschinen, Bütten, Pappenmaschinen usw., haben nur einen verhältnismäßig geringen Kraftbedarf. Das Verfahren bietet aber noch den Vorteil, daß man die Nebenprodukte, wie Harz, Oel usw. aus dem Holze gewinnen kann, indem man die in den Holzkochern sich bildende Lauge abzieht und durch Destillation oder andere geeignete Verfahren auf Nebenerzeugnisse verarbeitet.

Neuerdings ist nun noch ein ähnliches Verfahren bekannt geworden und zwar von Hans Rinderknecht in Düsseldorf, das unter D. R. P. 389 265 geschützt ist. Rinderknecht nimmt das Quetschen des Holzes, das vorher zerkleinert und einer gewissen chemischen

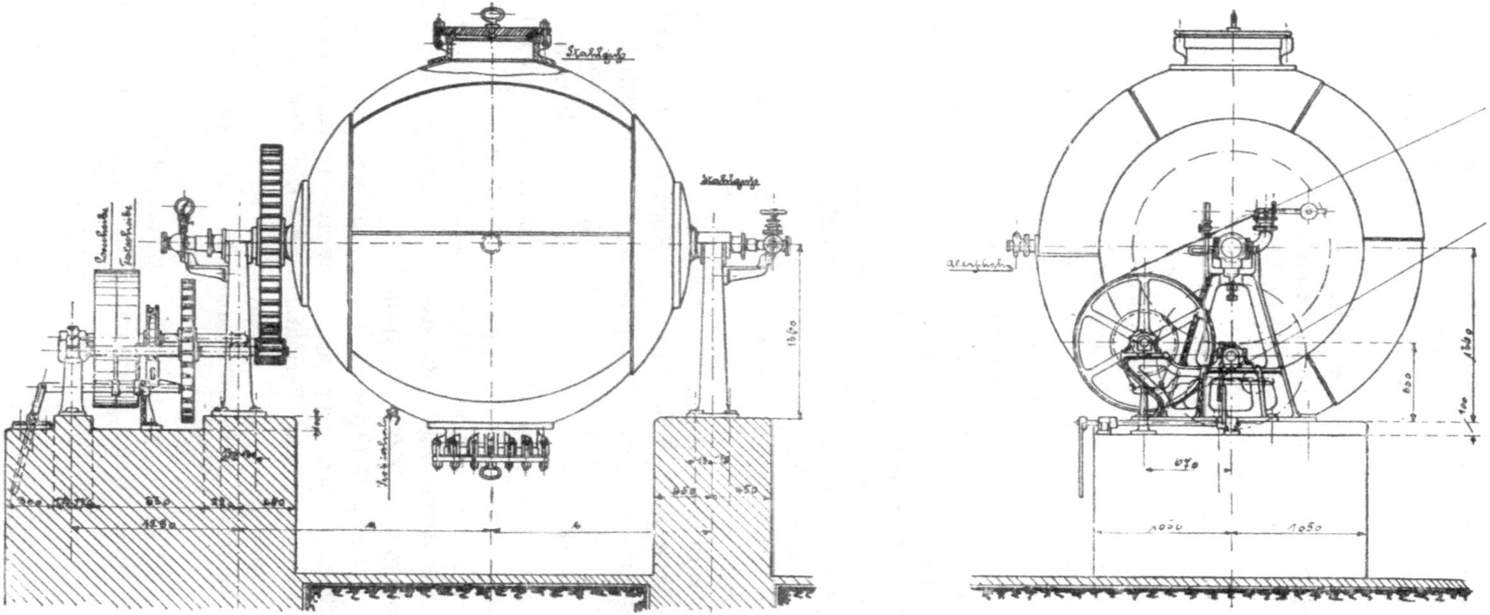

Abb. 90

Aufschließung unterzogen wurde, in einer Kegelstoffmühle besonderer Bauart vor. Die Vorbereitung des Holzes zu diesem Verfahren ist also grundsätzlich wie bei allen vorbeschriebenen Quetschverfahren.

Der umlaufende Steinkegel dieser Mühle ist von einem Steinmantel umgeben, der am dünnen Ende des Mahlkegels entweder zylindrisch oder schwächer konisch ist, als der Mahlkegel, so daß ein im Querschnitt keilförmiger Ringraum entsteht. An diesen Ringraum schließt sich ein Gehäuse an, in dem eine Förderschnecke gelagert ist. Der Steinmantel verläuft in seinem hinteren Teile auf der Innenseite parallel oder nahezu parallel zum Mantel des Mahlkegels. Der hierdurch entstehende Ringraum zwischen beiden kann durch Verschieben des Mahlkegels eingestellt werden.

In dem Ringraum findet ein Schleifen der Masse statt, die infolge der Schleuderkraft und des Druckes der Schnecke dem engeren Teil des Ringraumes zustrebt. Dabei werden die kleineren Stücke den größeren vorauseilen, bis sie wieder zwischen die beiden Schleifflächen eingekeilt sind und zermahlen werden. Es findet somit eine selbsttätige Regelung des Anpreßdruckes der verschieden großen Stoffteilchen an den Mahlflächen statt, so daß das Schleifen durchweg gleichmäßig erfolgt.

Der Stoff tritt nun in den engeren Ringraum zwischen Mahlkegel und Steinmantel. Je weiter er in diesem Raum vorwandert, desto mehr wird er gemischt, gemahlen und verarbeitet. Der fertig gemahlene Stoff fließt dann durch ein Rohr nach der Sortierung, die grundsätzlich aus jedem der bewährten Sortierer bestehen kann. Der grobe Stoff kommt wieder zur Kegelmühle zurück.

Es findet also kein Schleifen statt, sondern vielmehr nur ein Zerfasern, ähnlich wie bei den Raffineuren, indem die schon stark vorzerkleinerten und durch die Kochung oder Dämpfung gelockerten Faserbündel in ihre einzelnen Fasern zerlegt werden. Die Folge davon ist ein langer Stoff, da die Faser zum größten Teile in ihrer ursprünglichen Länge verbleibt.

Die vorgelegten Stoffproben, sowohl von weißem wie auch von braunem Stoff, zeigten denn auch eine schöne lange Faser und nur wenig Splitter. Dieses Verfahren wird augenblicklich im Großbetriebe ausprobiert, so daß anzunehmen ist, daß sich auch aus ihm ein brauchbarer Weg zur Verarbeitung von Abfallholz ergeben wird.

Wie schon verschiedentlich erwähnt, besteht nun ein Interesse daran, nach diesen Quetschverfahren auch einen guten Weißschliff herstellen zu können, wie ihn das bis jetzt gebräuchliche Schleifverfahren liefert. Die Möglichkeit dazu ist vorhanden und zwar im sogenannten Engeverfahren. Eine gewisse chemische Vorbehandlung und eine Vorzerkleinerung ist für alle modernen Quetschverfahren nun Grundbedingung, da namentlich durch erstere die Inkrustierungen des Holzes gelöst werden, so daß eine Zerfaserung leichter bewerkstelligt werden kann. Es kommt nun darauf an, daß diese chemische Vorbehandlung billig ist und daß sie den Stoff nicht verfärbt, wie das beim bisher üblichen Dämpfen oder Kochen, das bekanntlich auch eine chemische Einwirkung hatte, der Fall ist. Hierzu bietet nun das Engeverfahren den Weg, daß sich aber trotz guter Erfolge noch im Versuchsstadium befindet und zwar aus dem Grunde, weil sich dazu berufene Fabriken noch nicht entschließen konnten, eingehende Versuche im großen zu unternehmen, die eine praktische Verwendbarkeit nachweisen und noch etwa anhaftende Fehler und Mängel zeigen, so daß sie beseitigt werden können. Da das Engeverfahren zweifellos in Verbindung mit den Quetschverfahren eine große Zukunft haben wird, so soll es hier grundsätzlich erläutert werden.

Es wurde nämlich festgestellt, daß es genügt, das Schleifholz etwa 5 Stunden bei 125 Grad C zu dämpfen, um aus dem so hergestellten Schliff ein gelbes Papier zu erzeugen, das bei 50 gr/qm eine mittlere Reißlänge von etwa 3000 Meter besitzt. Nun kam es darauf an, die schädliche und unerwünschte Verfärbung des Holzes beim Dämpfen oder Kochen zu verringern oder gar ganz zu verhindern. Der Erfinder ging dabei von der Ansicht aus, daß diese Verfärbung auf einem Oxydationsvorgang beruhe, also auf der Anwesenheit sauerstoffhaltiger Luft oder sauerstoffhaltigen Wassers oder Holzes im Kocher. Er wählte nun Arbeitsweisen, welche die schädigenden Einflüsse des Sauerstoffes ausschalten sollten. Zunächst wurden in den Jahren 1914 und 1915 zwei Verfahren geschützt, Schleifholz unter künstlichen Druck mit heißem Wasser zu behandeln. Zu diesem Zwecke wurde nach D. R. P. 288 717, nachdem das Kochgefäß möglichst luftleer gemacht war, heißes Wasser unter 100 Grad C durch eine Druckpumpe in den Kocher gebracht und das Holz mehrere Stunden so behandelt und durchtränkt. Der auf diese Weise erzielte Stoff war aber nicht sonderlich fest, besser jedoch als der nach D. R. P. 288 639 erzeugte, der mit indirekter Heizung und Hitzegraden bis zu etwa 120 Grad C unter hydraulischem Druck von 8—10 Atm. gekocht wurde. Bei dieser Behandlung war wohl die Gelbtönung nur sehr gering, die Festigkeit des daraus hergestellten Papiers erreicht im Mittel 3037 m bei einer mittleren Dehnung von 1,3 v. H. Das Papier ließ sich nach Versuchen in verschiedenen Druckereien gut drucken. Der Stoff war aber für größere Papiergeschwindigkeiten als 100 m/min. nicht fest genug. Wurde die Kochtemperatur aber über 120 Grad C gesteigert, um eine zähere Faser zu erlangen, so war die Verfärbung zu groß, so daß der Stoff für weiße Papiere ungeeignet war.

Durch das Kochen des Holzes mit höheren Hitzegraden von 125 bis 145 Grad C wird der Schliff aber besser als der gewöhnliche Braunholzschliff und bleibt auch dabei viel heller. Zur Herstellung von Packpapieren ist er deshalb vorzüglich geeignet. Es wurden hierbei bei einem rötlichen Packpapier von 55 gr/qm eine Längsreißlänge von 5791 m und eine Querdehnung von 1,3 v. H. erzielt. Diese Zahlen stellen aber noch nicht die Höchstgrenze dar, besonders wenn das Verfahren etwas abgeändert wird. Man läßt den Kocher mit einen hydraulischen Druck von 8—10 Atm. noch eine Durchtränkung mit kaltem Wasser unter Druck folgen oder man dämpft das Holz mit direkter Dampfzuströmung und durchtränkt es nachher mit kaltem Wasser, oder man kocht es nochmals unter hydraulischem Druck. Im letzteren Falle werden auch die beim Dämpfen entstandenen Kondensate zur Auswirkung gebracht.

Das auf diese Weise vorbehandelte Holz kann man nach den üblichen Verfahren schleifen; man kann es aber auch nach dem Quetschverfahren zerfasern. Durch den Zusatz ganz geringer Mengen von Aufschließungsmitteln kann man die Güte des Stoffes ganz außerordentlich erhöhen. Prof. Dr. Klemm beurteilt diesen nur mit Wasser gekochten Stoff folgendermaßen: „Der Vorzug vor anderen Schleifstoffen beruht in der leichteren Trennbarkeit der Fasern, die auf der gründlichen Zermürbung der Zellenzwischensubstanz beruht. Der Stoff gewinnt Aehnlichkeit mit dem Holzzellstoff, denn die Auflösung der Zwischenzellensubstanz ist die eine der Leistungen der Zellstoffkochung." Dr. Klemm sagt über den Kollerstoff aus gehacktem Holz, gemeint ist wohl der nach dem Rasch-Kirchnerschen Quetschverfahren aufgeschlossene Stoff, folgendermaßen: „Deshalb ist es auch erklärlich, daß der eingeschlagene Weg, Holz durch Hacken und Kollern in ein Faserprodukt zu verwandeln, einen Stoff von holzzellstoffartiger Beschaffenheit geliefert hat." In gleichem Maße ist das mindestens der Fall bei den neueren Quetschverfahren nach Denso, Biffar und Rinderknecht.

Im Jahre 1915 wurde Enge auf zwei Verfahren Patente erteilt und zwar D. R. P. 296 949 und 296 973. Es handelt sich hierbei darum, daß beim Kochen mit künstlichem Druck Aetznatron oder Sulfitlauge zugesetzt wurde. Hierbei tritt eine gute Durchtränkung des Holzes mit den Behandlungsmitteln ein, durch welche allein ein gleichmäßiges Enderzeugnis, eine Art Halbzellulose, erzielt wird. Die Festigkeit des nach D. R. P. 269 639 hergestellten Stoffes erreichte aber für schnellaufende Maschinen immer noch nicht aus, so daß man höhere Dampftemperaturen anwenden mußte. Es gelang nun 5 Stunden mit 125 Grad C vorgedämpftes Holz nach völliger Durchtränkung mit einer ½ prozentigen Bisulfitlösung im Kocher soweit zurückzubleichen, daß der daraus hergestellte Stoff für Druckpapier sehr gut verwendbar wurde. Die Festigkeit des Papiers war auch für schnellaufende Maschinen genügend, sie betrug nach einer Untersuchung des Materialprüfungsamtes bei 40 gr/qm schwerem Druckpapier mit etwa 11 v. H. Asche in der Längsrichtung 4200 m, in der Querrichtung 2150 m, bei einer mittleren Dehnung von 1,3 v. H.

Wenn man das Holz im Kocher längere Zeit bei Hitzegraden unter 100 Grad C behandelt, so nimmt es schon eine gelbliche Tönung an. Enge kochte oder dämpfte deshalb nach seinem Patent 315 679 das Schleifholz im Vakuum bei 80 bis 95 Grad C und erhielt davon einen schönen weißen Schliff, der besonders weich und saugfähig ausfiel und für manche Papiersorten gut geeignet erscheint. Bei langsamen Gang der Papiermaschine konnte auch Papier davon hergestellt werden, das eine mittlere Reißlänge von 2238 m und eine mittlere Dehnung von 1,31 v. H. aufwies.

Obgleich sich nun diese Verfahren in der Praxis sehr gut bewährt haben, und auch die denkbar besten Aussichten bieten, so konnten sie sich bisher namentlich in der Druckpapierfabrikation noch nicht einführen, wohl weil die Fabriken die Anschaffung der erforderlichen Apparatur scheuten. Wenn das für diesen Teil auch bedingungsweise zutreffen mag, so ist es doch hinsichtlich der Packpapiererzeugung nicht zutreffend, weil nach dem Engeverfahren zweifellos hellere und festere Papiere erzeugt werden können, als nach den bisher üblichen Braunholzverfahren.

Neuerdings hat Enge noch ein anderes Verfahren ausgearbeitet, um ohne Dämpfen und Kochen einen besonders festen, weißen Holzschliff zu erzeugen. Hierauf wurde das D. R. P. 29 551 angemeldet. Hierbei wird die beim Heißschleifen entstehende Hitze durch Zugabe von Aufschlußmitteln direkt auf den Schleifstein zu einer chemischen

Wirkung ausgenützt, wie sie beim Kaltschleifen oder durch Zusetzen hinter dem Schleifer nicht erreicht werden kann. Es werden vornehmlich Mineralsäuren, z. B. Salzsäure, saure Salze, schwefelsaure Tonerde u. dgl. in Lösung oder pulverförmig zur Anwendung gebracht. Dabei wird der Schliff etwas gebleicht, die Faser wird wollig, fest und geschmeidig. Aus solchem Stoff kann ohne Zellstoffzusatz bruchfester Karton hergestellt werden. Dünne Pappen aus diesem Stoff sind rill-, ritz-, nut- und ziehfähig.

Es unterliegt aber keinem Zweifel, daß die Engeverfahren den Weg zeigen werden, um auch aus Abfallholz nach dem Quetschverfahren einen hellen, weißen und zähen Stoff aus Holz auf mechanischem Wege herzustellen. Es wird nur darauf ankommen, die Dämpfung oder Kochung entsprechend durchzuführen, um an Stelle eines braunen, einen hellen Stoff zu erhalten. Ein besonderer Vorteil des neuen Stoffes ist die Zähigkeit der Faser, die durch die besondere Behandlung erreicht wird und die vor allen Dingen durch die schonende Behandlung durch die Quetschverfahren nicht vermindert werden kann, wie das beim Schleifen nach den bisher üblichen Verfahren leicht der Fall ist.

*

DIE PUMPEN

Die wichtigsten Fördereinrichtungen in Holzschleifereien sind die Pumpen, da es sich in der Hauptsache darum handelt, Wasser oder mehr oder minder dickflüssige Flüssigkeiten zu fördern. Naturgemäß haben sich auch hier besondere Bauarten herausgebildet, die dem Verwendungszwecke ganz besonders entsprechen. Besonders zum Heben von dickflüssigen Stoffen sind die Kolbenpumpen geeignet und zwar auch für den Dauerbetrieb. Der äußere Aufbau dieser Pumpen ist aus der Abbildung 91 ersichtlich, die eine Bauart der Firma J. M. Voith in Heidenheim darstellt. Die Kurbelwelle läuft in Ringschmierlagern, welche auf starken Rippenständern montiert sind. Um den Verschleiß der Exzenter nach Möglichkeit zu verhindern, sind diese reichlich bemessen und mit zuverlässiger Fettschmierung versehen. Je nach dem Verwendungszweck werden die Zylinder mit Metallfutter oder ganz aus Metall ausgeführt, das ist namentlich von Wichtigkeit, um eine Verfärbung des Stoffes durch gerbsaures Eisen (Tintenreaktion siehe weiter vorn) zu verhindern. Die Tauchkolben, welche gute Führung besitzen, erhalten ebenfalls vorteilhaft Metallüberzug und werden durch leicht nachstellbare Stopfbüchsen gedichtet. Von großer Bedeutung ist bei den Stoffpumpen, daß das Pumpengehäuse so durchgebildet wird, daß sich keine Ecken und toten Punkte bilden, in denen sich Stoff absetzen kann. Diese Pumpen werden mit 1 bis 4 Zylindern ausgeführt. Infolge der Normalisierung ist es leicht möglich, durch Auswechseln der Welle und Ansetzen eines weiteren Zylinders eine einzylindrige Pumpe in eine mehrzylindrige umzuwandeln und so die Leistung zu erhöhen. Da die Pumpenleistungen von Interesse sind, so sollen auf nachstehender Tabelle die wichtigsten Angaben über diese Pumpen gemacht werden.

Zum Fördern von Stoff- und Abwasser verwendet man heute vorteilhaft die Zentrifugalpumpen, wie sie in der Abbildung 92 in einer Ausführung der Firma Amme, Giesecke u. Konegen A.-G., in Braunschweig, dargestellt sind. Diese Pumpen besitzen infolge der besonderen Konstruktion von Gehäuse und Flügelrad den Vorzug größter Unempfindlichkeit gegen Verstopfungen. Die Pumpen bestehen aus Grundplatte, Pumpengehäuse und Lagerbock aus Gußeisen, Stahlwelle einerseits im großen Weißmetallkammlager, andererseits im Weißmetallringschmierlager laufend, Flügelrad aus Gußeisen oder Bronze, Stopfbüchse, zwei großen Reinigungsdeckeln und Riemenscheibe aus Gußeisen.

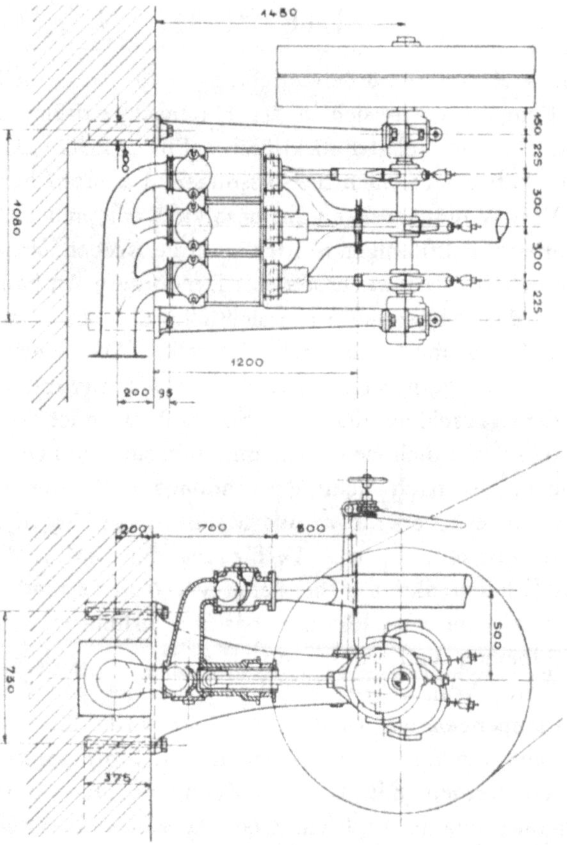
1450
150
225
300
300
225
1080
1200
200
95
200
700
500
500
730
375

Abb. 91

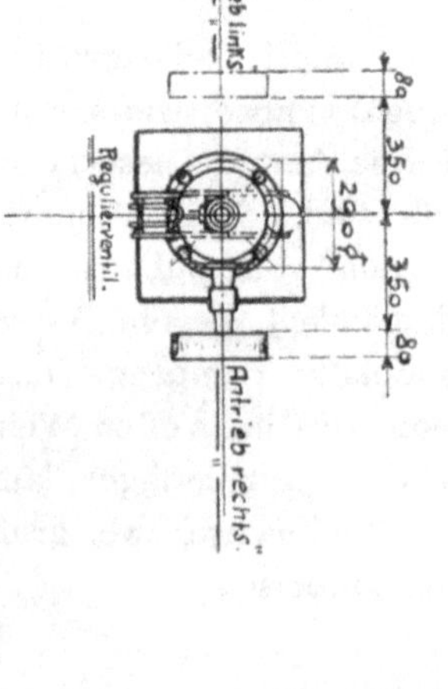
Antrieb links
Regulierventil.
Antrieb rechts
80
350
290 ⌀
350
80

Anzahl der Zylinder	Kolben-		Antriebs-scheibe		Leistungen Liter in der Minute bei					
	Ø mm	Hub mm	Ø mm	Breite mm	20	25	30	35	40	45
					Umdrehungen in der Minute					
1	175	200	1800	150	—	100	120	140	160	180
2	175	200	1800	150	—	200	240	280	320	360
3	175	200	1800	150	—	300	360	420	480	540
4	175	200	1800	150	—	400	480	560	640	720
1	225	300	2000	200	—	165	200	235	270	305
2	225	300	2000	200	—	330	400	470	540	610
3	225	300	2000	200	—	495	600	705	810	915
4	225	300	2000	200	—	660	800	940	1080	1220
2	300	300	2500	250	680	850	1020	1190	1350	1520
3	300	300	2500	250	1020	1275	1530	1785	2040	2280
4	300	300	2500	250	1350	1700	2040	2380	2700	3040

Vor nicht zu langer Zeit bestand öfter noch eine Abneigung gegen die Ausführung der Schleifereien als Parterreanlagen, weil die Stoffwasserpumpen als nicht betriebssicher genug angesehen wurden. Einige Ausführungen haben auch tatsächlich diesbezügliche Nachteile, jedoch entsprechen die guten Konstruktionen vollkommen den an sie zu stellenden Anforderungen. Die Firma Amme, Giesecke und Konegen A.-G. in Braunschweig führt ihre Pumpen nach besonderer Spezialkonstruktion aus, bei welcher Verstopfungen durch Späne, Splitter oder lange Fasern, sogenanntes Sauerkraut, nicht vorkommen können. Gleichzeitig besitzen diese Pumpen auch einen sehr guten Wirkungsgrad, zu welchem auch die Schneckenform des Gehäuses wesentlich beiträgt, und infolge reichlich bemessener zweiteiliger Ringschmierlager mit Weißmetallausguß Störungen ausgeschlossen sind. Zur Aufnahme des Achsialdruckes ist im Außenlager ein kräftiges Doppeldruck-Kugellager eingebaut und mit einer gußeisernen Klappe abgeschlossen.

In den Schleifereien normaler Anordnung sind zwei solcher Pumpen erforderlich, die eine für das Stoffwasser und die andere für das Abwasser zur Wiederverwendung desselben, um den Faserverlust klein zu halten und an Abwasser zu sparen. Das Abwasser, welches auf den Siebzylindern der Entwässerungsmaschinen bzw. Eindickern austritt, wird dabei als Spritzwasser auf die Schleifer und Sortierer, sowie zur Verdünnung des Stoffwassers im Spänefänger und vor den Sortierern benützt. Hierzu wird meist ein

Abb. 92

Abb. 93

besonderer Behälter nicht verwendet, sondern das Rohrsystem wird direkt an die Pumpe angeschlossen. Die Verwendung des Abwassers als Spritzwasser auf die Schleifersteine ist aber nur empfehlenswert bei Herstellung weißen Stoffes, bei braunem Stoff tritt leicht ein Verschmieren der Steine ein.

Die Firma Amme, Giesecke und Konegen hat ihre beiden Pumpen kombiniert zu einer Doppelpumpe, deren eine Pumpenseite das Stoffwasser und deren andere das Abwasser fördert. Abbildung 93 zeigt eine solche Pumpe, die mehrere Vorteile besitzt. Der bei diesen Pumpen immer auftretende Achsialdruck hebt sich gegenseitig auf, es sind gegenüber zwei Einzelpumpen nur zwei Lager statt vier und nur ein Riemen statt zwei nötig. Außerdem wird bei Anwendung dieser Doppelpumpen bedeutend an Stoff gespart.

*

DAS FABRIKATIONS- UND DAS ABWASSER

Wenn auch in der Holzschleiferei im allgemeinen das Fabrikationswasser keine so bedeutende Rolle spielt als in der Feinpapierfabrikation, so sollte man ihm doch mehr Beachtung schenken als das bisher üblich war, denn wie schon weiter vorn kurz erwähnt wurde, kann sehr wohl das Wasser einen Einfluß auf die Verfärbung des Holzschliffes haben. Dabei spielt vor allen Dingen der Gerbsäuregehalt des Holzes eine Rolle, der bei eisenhaltigem Wasser oder auch bei Berührung des Stoffes mit eisernen Maschinenteilen eine Verfärbung des Stoffes zur Folge haben kann. Alle in der Holzschleiferei verwendeten Fabrikationswässer, und zwar sowohl die Fluß- als auch die Quellwässer sind mehr oder weniger eisenhaltig, das Eisen findet sich in dem Wasser gelöst als Eisenoxydul und ist oft an Kohlensäure gebunden. Es ist eine äußerst häufige Verunreinigung des Wassers. Solches Wasser wird schon oft an der Luft trübe und setzt einen gelbbraunen Schlamm ab, sein Geschmack wird tintig, sein Geruch bisweilen sogar schlecht, im besonderen aber bei der Anwesenheit von Schwefelwasserstoff.

Das Eisen findet sich im Wasser als lösliches Eisenoxydul meist an Kohlensäure gebunden, seltener an Humin-, Phosphor- oder Mineralsäuren. Durch Berührung mit der Luft scheidet sich Kohlensäure aus, das Oxydul geht in unlösliches Oxyd und infolge dessen Unbeständigkeit sofort in unlösliches Hydroxyd über.

Der Eisengehalt des Wassers ist nun außerordentlich schwankend und auch für einen und denselben Brunnen nicht immer gleich. Bisweilen stellt er sich auch erst einige Zeit nach Inbetriebsetzung des Brunnens ein und steigt dann langsam auf einen höheren Wert, um dann schließlich auf diesem ganz zu beharren. Dieser Eisengehalt spielt nun in der Holzschliffabrikation eine verschieden schädliche Rolle. Er ist oft die Ursache zu Verfärbungen des Holzschiffes oder bildet die Vergilbungskörper, die sich im fertigen Papiere geltend machen. Das Verfärben des Holzschliffes durch den Eisengehalt des Wassers beruht nun, wie schon weiter kurz erwähnt wurde, darauf, daß bei der Zerfaserung des Holzes auf dem Schleifstein unter beständigem Wasserzufluß eine innige Vermischung der Holz- und Wasserbestandteile stattfindet. Der Gerbstoffgehalt des Holzes wirkt auf den Eisenoxydgehalt des Wassers ein, so daß die erwähnte Tintenreaktion erfolgt. Infolge der außerordentlich großen Empfindlichkeit der Reaktion genügen oft nur Spuren von Gerbsäure und Eisenoxydul, um eine bläuliche bis schmutziggraue Verfärbung des Schliffes herbeizuführen. Beim nassen Holzstoff ist diese Verfärbung augenfälliger als bei dem fertigen daraus hergestellten Papier. Die Verfärbung erscheint intensiver bei einem Verhältnis von Eisen zum nassen Holzstoff von 1 : 50 000 und ist bei einem Verhältnis von 1 : 300 000 noch deutlich erkennbar. Nicht so vollständig geklärt sind die Vergilbungserscheinungen, die sich besonders bei holzschliffhaltigen Papieren zeigen, aber auch bei holzfreien Papieren auftreten können, so daß man annehmen muß, daß nicht allein der Eisengehalt des Wassers und der Gerbstoffgehalt des Holzes daran Schuld tragen. Klemm stellte nun fest, daß die Ursache des Vergilbens bei holzfreien Papieren, in denen kein Lignin enthalten ist, welches durch Zersetzung die Verfärbung hervorrufen kann, Eisenseifen sind, also Verbindungen von Eisen mit Harzen, Fetten bzw. harz- oder fettsaure Eisensalze. Diese Eisenseifen besitzen nun eine ziemlich große Lichtempfindlichkeit, so daß sie unter dem Einflusse des Lichtes zersetzt werden. Es entstehen dabei braungefärbte Körper, die im Wasser, besonders aber in schwach alkalischen Flüssigkeiten, sehr leicht löslich sind.

Daraus ergibt sich also, daß gerade die Beschaffenheit des Wassers nicht nur von größter Bedeutung für die Papierfabrikation, sondern auch für die Holzschleiferei ist. In der Papierindustrie legt man nun im großen und ganzen Wert auf die Kenntnis der Beschaffenheit des Wassers und auf dessen Reinigung, besonders aber auf dessen Enteisenung, während man in Holzschleifereien, soweit sie nicht modernen Papierfabriken direkt angegliedert sind, diesem Umstand kaum Beachtung schenkt, trotzdem die Reinigung und Enteisenung, wie sich weiter unten zeigt, durchaus nicht schwierig und umständlich ist. In den Holzschleifereien ist es üblich, daß man das Wasser dem Flußlauf entnimmt, ohne es zu filtrieren und zu reinigen. Aber auch bei den klarsten und besten Wässern finden sich in den Rohren besonders an den Krümmern, Verengungen usw. hellbraungefärbte gallertartige Massen, die mit der Zeit die Querschnitte verengen oder gar die Rohre verstopfen können und schließlich durch erhöhten Wasserdruck mit fortgerissen werden und dann den Stoff verunreinigen. Diese gallertartigen Massen beruhen auf dem Eisengehalt des Wassers und oft auf dem in Gemeinschaft mit diesem vorkommenden Mangangehalt.

Im allgemeinen wird man als zulässige Grenze des Eisengehaltes des Wassers 0,1 mg im Liter annehmen können, ausgenommen bei der Fabrikation sehr feiner Papiere, wie z. B. photographischer Rohpapiere, Lichtpauspapiere usw., bei denen auch schon dieser Eisengehalt schadet. Bei einem Eisengehalt von 0,2 mg im Liter ist aber auch bei anderen Papieren eine Enteisenung des Wassers unbedingt erforderlich, besonders auch in der Holzschleiferei, da infolge der außerordentlichen Empfindlichkeit in der Reaktion schon bei diesem Eisengehalt eine störende Verfärbung eintreten kann.

Die Prüfung des Wassers auf Eisen erfolgt am besten nach Kluth mit einer 10-prozentigen Natriumsulfitlösung, die aus chemisch reinem Schwefelnatrium bereitet ist und in braunen, gut schließenden Flaschen mit Glasstopfen gut haltbar ist. Zur Untersuchung verwendet man einen 300 mm hohen, 25 mm weiten Glaszylinder mit ebenen Boden, der zum Schutze gegen seitlich einfallendes Licht mit einer Metallhülse umgeben ist. Das zu untersuchende Wasser wird in diesen Zylinder gebracht und dann mit 1 ccm der oben erwähnten Lösung versetzt. Nun blickt man von oben durch die Wassersäule auf eine in 3—4 cm Entfernung befindliche weiße Unterlage und beobachtet die Farbenveränderung, die je nach der vorhandenen Eisenmenge sofort oder in kurzer Zeit eintritt, und zwar von Grüngelb bis Schwarzbraun. Das im Wasser enthaltene Eisen verwandelt sich dabei in Ferrosulfid, das in koloidaler Form in Lösung bleibt. Wenn das Wasser nur geringe Mengen an Eisen enthält, dann empfiehlt es sich, einen zweiten Glaszylinder, in dem sich nicht mit der Lösung versetztes Wasser befindet, aufzustellen, um Farbenvergleiche anstellen zu können. Bei einem Gehalt von 0,5 mg Eisen im Liter ist der Farbton dunkelgrün bis schwarzbraun, bei 1 mg im Liter Eisen kann man die Färbung auch schon nach 2 bis 3 Minuten in einem Reagenzglas beobachten. Die Enteisenung des Wassers ist nun für die Holzstoffindustrie nicht ohne Bedeutung, so daß näher darauf eingegangen werden soll, um auch zu zeigen, wie einfach sie im allgemeinen ist, so daß man ihrer Vorteile überall teilhaftig werden kann.

Wie schon gesagt, tritt das Eisen im Wasser meist als doppelkohlensaures Eisenoxydul (primäres Ferrokarbonat) auf, es kann mitunter auch an Huminsäuren, Phosporsäure, seltener an Mineralsäuren gebunden sein. Die organischen Stoffe des Bodens haben darauf teilweise einen großen Einfluß. Die Ausscheidung des Eisens beruht nun auf der Oxydation des primären Ferrokarbonates und einer Trennung desselben vom Wasser unter Gelbbildung. Bei doppelkohlensaurem Eisenoxydul, welches das häufigere ist, genügt zur Oxydation die Belüftung des Wassers, bei den selteneren Mineralsäuren und Eisenverbindungen müssen Zusätze von Eisenchlorid und Kalkhydrat verwendet werden. Befördernd wirken auf den Enteisenungsvorgang besonders die Härtebildner (Kalk- und Magnesiumverbindungen), verzögernd die Kohlensäure und große Mengen organischer Substanzen.

Wie weit nun die Enteisenung getrieben werden muß, damit nicht noch nachträglich eine Ausflockung stattfindet, hängt ganz von der Natur eines Wasser ab, muß also jeweils besonders festgestellt werden. — Die Enteisenungsverfahren bestehen nun aus drei Teilen:

1. Einer möglichst innigen Belüftung des Wassers zur Hervorrufung der Flockenbildung.
2. Schaffung einer Kontaktwirkung (Katalyse).
3. Abfangen der ausgeschiedenen Flocken in Klärkammern und Filtern.

Man unterscheidet nun offene und geschlossene Enteisenungsanlagen. Die offenen Enteisenungsanlagen, die besonders wegen ihrer Einfachheit für die Holzschleiferei geeignet sind, geleiten das Wasser durch Brausen, gelochte Bleche, Düsen, Kaskaden und Rieselung über zwei bis drei Meter hohe Koks-, Ziegel- oder Holzhorden. Neuerdings wird vielfach ein 1 Meter hoher freier Fallraum für das Wasser zwischen der Verteilungseinrichtung und dem Riesler eingefügt. Am kräftigsten wirkt das Rieseln. Gerieseltes Wasser wird auf Grob- und Feinfiltern gereinigt, nur belüftetes Wasser braucht feinkörnige Filter.

Bei dem Verfahren von Prifke wird das Wasser durch ein System gelochter Wellblechrinnen möglichst gleichmäßig über einen aus großen Koksstücken oder Ziegelbrocken oder Holzhorden bestehenden Rieseler von zwei bis drei Meter Höhe verteilt. Dieses Material liegt auf einem gelochten Boden aus Eisenbeton, durch den hindurchfließend das Wasser sich unterhalb des Rieslers sammeln kann, um von da einem Filter und dann dem Reinwasserbehälter zuzufließen. Zwischen Riesler und Filter wird man bei starker Eisenausscheidung eine Vorkläranlage einschalten müssen. Der Durchfluß des Wassers im Riesler dauert 20—60 Sekunden, daher wirkt auch das Rieseln kräftiger als das Brausen, besonders auch wegen des Auftretens von Kontaktwirkungen an der mit Oker überzogenen Rieslerfüllung. Die Riesler besitzen eine Leistung von 3—5, bei vorhergehendem Regenfall von 15—20 cbm/qm in der Stunde. Sie werden periodisch gereinigt durch Spülung, indem man einen verstärkten Wasserstrom durch sie hindurchleitet. Die hierzu sowie für die Rieslerfüllung benötigte Wassermenge beläuft sich auf etwa

1—3 % der Gesamtwassermenge. Trotzdem verlagern sich auch die Riesler mit der Zeit und müssen von Grund aus gereinigt werden, dabei sind Ziegelsteine, Reißig, Holzhorden usw. leichter aus dem Riesler zu entfernen als Koks. Man stellt die Rieslertürme aus Mauerwerk oder bei kleineren Ausführungen aus Drahtnetzen her. Für sehr reichliche Lüftung, gegebenenfalls durch Schlitze in den Mauern ist Sorge zu tragen.

Statt der normalen Feinfilter von 10—15 cbm/qm Leistung können bei leicht zu enteisenden Wässern Grobfilter von 4—10 mm Korn verwendet werden, die sich durch Spülung (Aufreißen einer Klappe an der Filtersohle) leicht reinigen lassen. Bei Grobfiltern bildet sich keine Filterschutzschicht, sondern es findet eine vollkommene Erfüllung des Filters mit Eisenschlamm statt. Heute werden auch die gewöhnlichen Schnellfilter bei Enteisenungsanlagen viel verwendet. Hinter dem Filter liegt stets ein Reinwasserbehälter, welcher während kurzer Filterpausen, z. B. während den bei großen Anlagen etwa 30 Sekunden dauernden Filterspülpausen, den Pumpen Wasser zu liefern hat.

Bei dem Verfahren von Osten fällt das Wasser durch Brausen fein verteilt aus 2—3 m Höhe auf ein etwa 30 cm tiefes Filter von einerlei Korn herab, worin die Eisenflocken zurückgehalten werden. Die Anlage kann auch in eine Fallrohrleitung unterhalb eines Hochbehälters eingeschaltet werden. Das Filter wird durch Rückspülung gereinigt. Diese Methode setzt jedoch ein Wasser voraus, dessen Eisen leicht und rasch ausfällt, was in der Regel bei höherem Eisengehalt zutreffend ist.

Bei den geschlossenen Enteisenungsanlagen nach Breda besteht das Kontaktmaterial aus einer gebrannten und gekörnten tonartigen Masse, die sehr porös und scharfkantig ist. Der Apparat ist ein hoher eiserner Kessel, in welchem das durch einen Kompressor belüfete Wasser zuerst über das Kontaktmaterial geleitet und dann, nachdem die Luft entwichen ist, über ein feinkörniges Kiesfilter geschickt wird. Diese Anlagen werden für 1—300 cbm Stundenleistung bei 1—9 Atm. Leitungsdruck gebaut. Die zuzusetzende Luftmenge beträgt 5—50 % der Wassermenge. Die Waschung des organischen Kontaktmaterials erfolgt durch Rückspülung. Der Reibungswiderstand im Apparat kann von 0,1 bis auf 0,8 Atm. steigen, bis eine Reinigung notwendig wird, der Spülwasserverbrauch hierbei wird mit 1 % der Gesamtwassermenge angegeben.

Das Helsiussche Verfahren benutzt als Kontaktmaterial Braunstein und Raseneisenstein.

Eine weitere Methode zum Enteisen ist das Permutitverfahren. Wenn man ein Permutit mit einer Manganchloridlösung behandelt, so entsteht ein Manganpermutit, auf welchem man durch eine Lösung von Kaliumpermanganat ein sehr sauerstoffreiches Oxydationsprodukt des Mangans niederschlagen kann. Dieses Produkt wird zur Enteisenung und Entmanganung des Wassers benutzt und ist durch Zusatz von Kaliumpermutit ebenso regenerierbar wie Kaliumpermutit bei der Enthärtung; gleichzeitig übt das Verfahren eine desinfizierende Wirkung aus.

Es ist schon längere Zeit bekannt, daß Enteisenungsanlagen mit guter Lüftung und Filtration auch in nicht zu großen Mengen enthaltenes Mangan aus dem Wasser entfernen können. Es wurde nachgewiesen, daß insbesondere bei den leichter gebundenen kohlensauren Manganverbindungen und bei Verwendung mindestens 1 m hoher Filter aus gleichmäßigem scharfen Korn der Fall eintritt. Als Mangankarbonat kann das Mangan durch Lüftung und Filtration oder mittels kohlensauren Kalkes entfernt werden. Am besten sind Koksriesler von 3 m Höhe, durch welche die Filter mehr geschont werden als bei der Anwendung von Brausen. Die Filter werden durch Aufharken wieder betriebsfähig gemacht. Diese Anlagen vertragen starke Schwankungen im Mangangehalt des Wassers.

Nicht so große Schwierigkeiten wie in der Papierindustrie und in der Zellstoffindustrie machen in der Holzschleiferei, wenigstens in der Weißschleiferei, die Abwässer, in Braunschleifereien liegt der Fall schon etwas schwieriger. Bei den Abwässern der Weißschleifereien kommen sehr wenig gelöste Stoffe in Frage und die noch darin enthaltenen Fasern können restlos zurückgehalten werden. Ein schädigender Einfluß besonders auch auf die Fische kann also nicht eintreten, wie auch Belästigungen der Anlieger ausgeschlossen sind.

In einer modernen Holzschleiferei sind die Abwässer, soweit es sich nicht um Schmutz- und Spülwässer handelt, restlos wieder zu verwenden. Man spart dadurch nicht nur an Fabrikationswasser, entlastet also die Frischwasserpumpen und braucht weniger Kraft für diese, sondern gewinnt auch die im Abwasser noch enthaltenen Stoffasern restlos wieder, was einen großen Einfluß auf die Wirtschaftlichkeit des Betriebes hat. Das Abwasser der Entwässerungsmaschinen wird als Spritzwasser auf den Schleifern und als Verdünnungswasser im Splitterfänger bei den Sortiermaschinen und beim Raffineur verwendet. Es ist dann nur Spritzwasser zur Speisung der Spritzrohre in den Entwässerungsmaschinen und zum Reinigen der Filze nötig. Das Abwasser führt einen stetigen Kreislauf aus und wird durch das Spritzwasser wieder ergänzt. Bei diesem Verfahren läuft dann aber immer nahezu ebensoviel faserhaltiges Wasser in den Kanal, als die Spritzrohre bringen. Besser ist es daher, einen Klärbehälter aufzustellen. Die Arbeitsweise ist dabei folgende: Der Stoff fließt vom Schleifer nach dem Splitterfänger und wird durch eine Pumpe auf die Sortiermaschine gehoben. Der gute Stoff läuft von hier zur Entwässerungsmaschine, während der Grob-

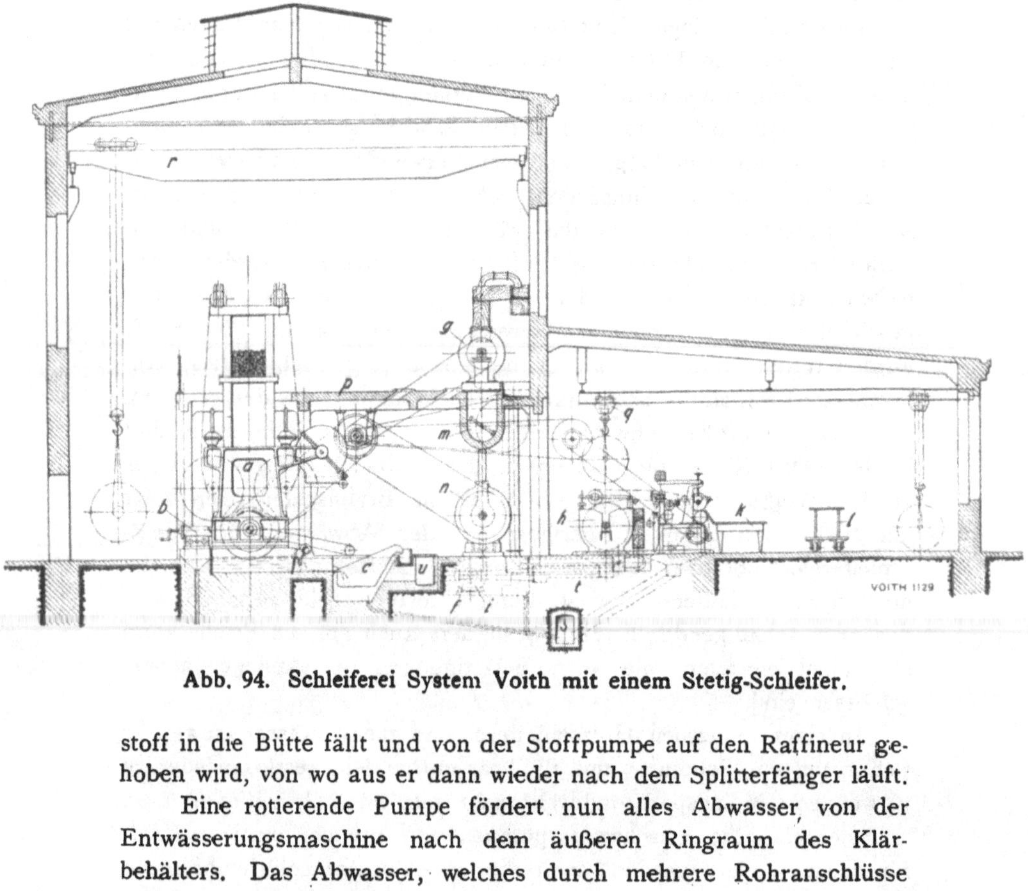

Abb. 94. Schleiferei System Voith mit einem Stetig-Schleifer.

stoff in die Bütte fällt und von der Stoffpumpe auf den Raffineur gehoben wird, von wo aus er dann wieder nach dem Splitterfänger läuft.

Eine rotierende Pumpe fördert nun alles Abwasser von der Entwässerungsmaschine nach dem äußeren Ringraum des Klärbehälters. Das Abwasser, welches durch mehrere Rohranschlüsse gleichmäßig zugeführt wird, senkt sich nach unten und der größere Teil wird von der Spitze des Trichters direkt den Schleifern, Raffineuren usw. wieder zugeführt. Der Ueberschuß steigt in dem durch den Mantel gebildeten mittleren Raum nach oben und fließt dort durch mehrere Ueberfallrinnen in den Flußlauf ab. Die im äußeren Ringraum langsam abfließende Wassersäule setzt dabei die Fasern ab und diese gehen mit der Hauptströmung nach unten zur Wiederverwendung. Von dem bei aa abfließenden Abwasser geht also der größte Teil bei d zur Wiederverwendung an b und nimmt dabei die sich aus dem überfließenden Ueberschuß absetzenden Fasern mit. Dadurch findet am Boden des Trichters eine so starke Strömung statt, daß keine schädigenden Stoffabsetzungen stattfinden können.

Nicht so harmlos sind die Abwässer der Braunholzfabriken, die viel gelöste Stoffe des Holzes, die sich beim Dämpfen oder Kochen umsetzen, mit sich führen. Was bei der Braunholzschleiferei die Faserrückgewinnung anbelangt, so ist dieselbe auf gleiche vollkommene Weise zu erreichen, wie oben erwähnt. Die gelösten Stoffe der Abwässer der Braunholzfabriken bestehen aus Humus- und Harzstoffen, und organischen Säuren. Die Farbe der Abwässer ist je nach dem angewendeten Verfahren hell- bis dunkelbraun. Die Kocherlaugen werden am besten dem Abwasser in ununterbrochenem Strahl zugesetzt, so daß sie genügend verdünnt in den Vorfluter gelangen. In besonderen Fällen kann man diese Kocherlaugen auch durch Aetzkalk neutralisieren und so die Humussäuren und Harzbestandteile durch Alaun fällen. Es macht sich dann nur noch ein Abklären durch Absetzenlassen in Becken nötig, ehe die Wässer in den Flußlauf gelassen werden können, sie sind dann allerdings ganz unschädlich.

Da aber in diesen Kocherlaugen die inkrustierenden Stoffe des Holzes gelöst sind, so liegt der Gedanke nahe, daß man diese auch wieder gewinnen will als Nebenprodukte durch geeignete und wirtschaftliche Verfahren. Man hat bereits verschiedene solcher Verfahren ausgearbeitet, die allerdings noch nicht im praktischen Betriebe erprobt sind. Diese Verfahren beruhen auf der Destillation der Ablaugen. Man kann dadurch nicht nur die zum Teil recht wertvollen Stoffe wiedergewinnen, sondern auch die ganze Abwasserfrage in Braunholzfabriken mit einem Male lösen.

*

DIE BETRIEBSKRAFT

Eine der wichtigsten wirtschaftlichen und betriebstechnischen Fragen ist auch bei modernen Holzschleifereianlagen die Frage der zweckmäßigsten Betriebskraft. Obwohl sich grundsätzlich natürlich alle sonst zur Anwendung kommenden Antriebsmotoren eignen, verdient das eine oder das andere System doch den Vorzug infolge besonderer Vorteile, die es für die Zwecke der Holzschleiferei bietet. Bei der Wahl der Kraftmaschinen kommt es in allen Fällen der Holzschleiferei darauf an, durch welches System man am billigsten die verlangte Arbeitsleistung erzielen kann. Es spielt also bei Wärmekraftmaschinen nicht nur der Ausnützungsgrad der Wärme, sondern auch ganz besonders der Preis des Brennstoffes eine Rolle. Es ist somit nicht gesagt, daß die Verbrennungsmaschinen (Dieselmotoren usw.) trotz ihres fast um das Doppelte höheren wirtschaftlichen Wirkungsgrades als die Dampfmaschinen auch für die Zwecke der Holzschleiferei die wirtschaftlichsten Antriebsmaschinen sein müssen. Gerade die Brennstoffe für diese Verbrennungskraftmaschinen sind im allgemeinen viel teurer als die Brennstoffe für Dampfmaschinen. Während man nun früher und zwar auch noch vor nicht zu langer Zeit den Standpunkt vertrat, daß für die Holzschleiferei eigentlich nur die Wasserkraft in Frage kommen könne, da sie die billigste ist und auch meistens in den holzreichen Gegenden, in denen sich die Schleifereien mit Vorliebe ansiedeln, in ausreichendem Maße vorhanden waren, ist man in letzter Zeit immer mehr dazu übergegangen, auch andere Kraftmaschinensysteme zu verwenden. Das wurde besonders dadurch begünstigt, daß sich viele Papierfabriken entschlossen, eigene Schleifereien anzulegen und diese auch unmittelbar mit den Papierfabriksbetrieben verbanden. In solchen Betrieben standen aber in den seltensten Fällen ausreichende Wasserkräfte zur Verfügung.

In erster Linie kommen nun für die Holzschleiferei als Kraftmaschinen folgende Systeme in Frage:

1. Die Wasserkraft.
2. Die Dampfkraft (Kolbenmaschine, Dampfturbine, Lokomobile).
3. Der Elektromotor.
4. Der Dieselmotor (Verbrennungskraftmaschine).

Da es sich in den Holzschleifereien meistens um schnellaufende Arbeitsmaschinen handelt, so ist es erforderlich, Kraftmaschinen zu wählen, bei denen eine hohe Umlaufszahl normal oder mindestens vorteilhaft ist, da man schon dadurch wesentliche Betriebsvorteile erzielen kann. Man erhält dadurch leichte Transmissionen, die nicht nur billiger in der Anschaffung sind, sondern auch infolge ihres geringeren Gewichtes und ihrer niedrigeren Zapfenreibung weniger Kraft und Schmiermaterial brauchen. Außerdem wird das ganze Triebwerk wesentlich einfacher, da Vorgelege und Uebersetzungen meist wegfallen können und die Uebertragungsverhältnisse sich günstiger gestalten, so daß die Antriebsriemen einer größeren Schonung unterliegen. Daß im allgemeinen schnellaufende Maschinen auch eine größere Gleichförmigkeit des Ganges aufweisen, sei nur nebenbei bemerkt.

In vielen Fällen wird man jedoch auch in der Holzschleiferei gezwungen sein, eine vorhandene Kraft auszunutzen. Gerade die Wasserkraft wird in den für die Holzschleiferei in Frage kommenden Gegenden vielfach vorhanden sein, während man an anderen Bezirken wieder vorteilhaft elektrische Energie beziehen kann. Sind dagegen Kohlengruben weit abgelegen, so daß für den Transport der Brennstoffe für Dampfkraftanlagen hohe Kosten aufzuwenden sind, dann ist der Betrieb mit Dieselmotore zu erwägen.

In erster Linie kommen aber für die Holzschleifereibetriebe die folgenden Kraftquellen in Betracht: die Wasserkraft, die Dampfkraft und die elektrische Energie. In letzter Zeit findet ja auch der Dieselmotor oder die Verbrennungskraftmaschine immer mehr Aufnahme und scheint sich auch zu bewähren, wenn die Verhältnisse entsprechend sind.

Die Wasserkraft läßt sich nun bekanntlich durch Wasserräder und Turbinen ausnutzen. Beide Arten von Kraftmaschinen können unter den gegebenen Verhältnissen wirtschaftlich sein, dennoch wird aber meist die Turbine den Vorzug verdienen, da sie gegenüber dem Wasserrad große betriebswirtschaftliche und betriebstechnische Vorteile bietet. Man ist allerdings leicht zu der Annahme geneigt, daß das Wasserrad keine Berechtigung mehr habe und durch die Turbine vollkommen verdrängt sei. Dem ist aber nicht so, die erhöhten Anforderungen haben auch wesentlich bessere Konstruktionen zur Folge gehabt, so daß die Wasserräder unter den bestimmten örtlichen Verhältnissen immer noch ihren Platz behaupten. Im allgemeinen kommen sie in Frage für Anlagen mit geringen Wassermengen oder sehr kleinen Gefällen mit starkem Wechsel des Staues, bei schwankender Wasserzufuhr. Während ältere Wasserräder eine recht unvollkommene Ausnutzung der zur Verfügung stehenden Rohkraft hatten, haben zeitgemäße Wasserräder Nutzeffekte, die denen der

Turbinen nur wenig nachstehen, so daß sie bei kleinen Gefällen und geringen Leistungen, schwankenden Wassermengen und stark verunreinigtem Wasser immer noch die Wasserräder den Vorzug verdienen.

Wenn z. B. die Turbinen bei hohen Gefällen und geringen Wassermengen kleine Raddurchmesser erhalten, so liegt die Gefahr vor, daß sie bei Kraftschwankungen nicht mehr gleichmäßig durchziehen, diese Schwankungen teilen sich dann dem ganzen Betriebe mit, wenn sie nicht durch automatische Regelung ausgeglichen werden, und haben ungleichmäßigen Gang der Holzschleifer zur Folge, was wieder seine Nachteile auf die Erzeugung ausübt. Andererseits wieder sind die Regulierapparate für die Wasserräder schwerfällig und umfangreich, ohne daß man mit ihnen eine so gute und rasche Regulierung erzielen kann, wie bei den Turbinen. Bei höheren Gefällen sind im allgemeinen die Turbinen vorzuziehen, die im großen und ganzen ja auch einen besseren Wirkungsgrad als die Wasserräder aufweisen, unter gewissen Verhältnissen aber von diesen erreicht werden können.

Bei den Wasserrädern unterscheidet man nun Schaufel- und Zellenräder, von denen die letzteren im allgemeinen einen höheren Wirkungsgrad haben als die ersteren. Die Beaufschlagung des Wassers ensprechend gibt es ober-, mittel-, rück- und unterschlächtige Wasserräder, je nachdem ob das Wasser nahezu am Scheitelpunkt, in der Höhe der Radachse oder am tiefsten Punkte des Rades die Schaufeln trifft.

In den Wasserrädern wirkt das Aufschlagwasser durch sein Gewicht bei den Turbinen hingegen durch die ihm innewohnende lebendige Kraft. Die Umdrehungszahlen der Wasserräder sind naturgemäß sehr niedrig und betragen im höchsten Falle 6—8 in der Minute, es machen sich demzufolge umständliche Uebertragungen durch Zahnräder nötig, die Kraft und Reparaturen beanspruchen, um eine brauchbare Geschwindigkeit der Transmissionen zu erhalten. Zu berücksichtigen ist ferner, daß die Reparaturen an Wasserrädern leichter zu bewerkstelligen sind als bei den Turbinen.

Wesentlich größer und allgemeiner ist die Anwendung der Turbinen, von denen heute für unsere deutschen Verhältnisse fast ausschließlich die Franzisturbinen zur Anwendung kommen, die von außen beaufschlagte Preßstrahlturbinen mit achsialem Wasseraustritt darstellen. Ein großer Vorteil der Franzisturbinen besteht darin, daß sie sowohl mit senkrechter als auch mit wagrechter Achse gebaut werden können und im letzteren Falle eine direkte

Kupplung mit der Transmission oder mit dem Schleifer ermöglichen, während die erste Anordnung das Zwischenschalten von Kegelrädern nötig macht. Sie eignen sich für alle Fälle von 0,8 m an aufwärts und für fast alle Wasserverhältnisse. Ihre Geschwindigkeit ist im Verhältnis zum Gefälle von allen Bauarten die größte, so daß sie für Holzschleifereibetriebe den Vorzug verdient.

Die Regulierung der Franzisturbinen ist verhältnismäßig einfach und läßt sich durch automatische Regler so vornehmen, daß Belastungsschwankungen kaum bemerkbar sind und sich auf eine praktisch vollkommen unschädliche Dauer beschränken lassen. Die Franzisturbine läßt sich ohne Schwierigkeiten bis zu den größten Einheiten ausführen. Ein großer Vorteil besteht noch darin, daß Rückstau im Unterwasser keinerlei schädigenden Einfluß auf Gang und Leistung der Maschine hat wie bei anderen Systemen, da im Betrieb die Laufradkanäle vollständig mit Wasser gefüllt sind und dieses durch ein Saugrohr abgeführt wird, so daß unter allen Umständen das volle Gefälle ausgenutzt werden kann.

Durch die Umformung des Laufrades der Franzisturbinen hat sich aus der ursprünglichen Form des Langsamläufers der Normal- und der Schnelläufer herausgebildet, zu denen in letzter Zeit noch der Oberschnelläufer getreten ist. Die Umlaufzahlen dieser Typen verhalten sich zueinander wie folgt:

Langsamläufer	n = 1
Normalläufer	n = 1,05
Schnelläufer	n = 1,15
Oberschnelläufer	n = 1,25.

Ueber diese Mittelwerte hinauszugehen, dürfte aber nicht ratsam sein, da mit der Steigerung der Geschwindigkeit die vom Laufrad verschluckte Wassermenge rasch zunimmt, der Wirkungsgrad bei nicht voller Beaufschlagung jedoch rasch fällt.

Durch die hohen Umlaufzahlen der modernen Turbinen ist die Forderung erfüllt, ein möglichst leichtes Triebwerk und durch dessen schnellen Lauf günstige Uebertragungsverhältnisse zu erzielen. Da der Wirkungsgrad der Turbine hoch ist, so stellt sie auch eine wirtschaftliche Kraftmaschine dar.

Wo Wasserkraft nicht zur Verfügung steht oder nicht ausreichend ist, kann die Dampfmaschine in Frage kommen, aber auch der Dieselmotor oder der Elektromotor können wirtschaftlich sein. Den Ausschlag geben die Gestehungskosten für die PS-Stunde, die für jedes System zu ermitteln und gegenseitig zum Vergleich zu stellen sind. Dabei ist jedoch zu berücksichtigen, daß jede Maschinenart ihre besonderen Vorteile hat, die unter Umständen ausschlaggebend sein können.

Zur Erzeugung der Dampfkraft stehen nun grundsätzlich mehrere Wege offen und zwar die Kolbenmaschinen und die Dampfturbinen. Bei den Kolbenmaschinen besteht wieder die Möglichkeit des Antriebes durch Dampfmaschinen mit getrennten Maschinen und Kesseln und Lokomobilen in Frage. Da heute eine äußerste Sparsamkeit im Kohlenverbrauch vonnöten ist, so kann nur ein Betrieb mit überhitztem Dampf in Frage kommen, der gegenüber dem Sattdampfbetrieb ohne Erschwerung der Bedienung eine Ersparnis an Kohle und an Wasser bis zu 40 % bedeutet. Diese Ersparnis wird dadurch erzielt, daß der Dampf beim Eintritt in den Zylinder und während der Expansion nicht kondensiert, wie das bei gesättigtem Dampf der Fall ist.

Bestimmend für die Wahl des Systems ist nun bei den Kolbenmaschinen die Größe der benötigten Kraft, denn die Lokomobilen kann man nur in Einheiten bis zu etwa 800—1000 PS bauen, während man bei den Maschinen des getrennten Systems wesentlich weiteren Grenzen unterworfen ist. Beide Maschinenarten haben den Vorteil der unmittelbaren Kupplung mit der Hauptwelle oder dem Schleifer für sich, so daß man in fast allen Großkraftschleifereien, die mit Dampf betrieben werden, heute fast ausschließlich diese Dampfkraftmaschinen findet. Erst in neuerer Zeit ist man dazu übergegangen, auch die Dampfturbine unmittelbar heranzuziehen und zwar nicht über den Weg der elektrischen Energie. Man muß dann allerdings Zahnradvorgelege verwenden, um die hohen Umlaufzahlen der Dampfturbinen auf solche Höhe zu bringen, wie sie für den Antrieb der Schleifer erforderlich ist. Die früher begreifliche Abneigung gegen solche Zahnradvorgelege ist heute aber grundlos, da diese jetzt so durchkonstruiert sind, daß sie nicht nur betriebssicher arbeiten, sondern auch einen hohen Wirkungsgrad von über 95 % aufweisen, also in dieser Beziehung sehr guten Triebwerken gleichkommen, ohne aber deren Nachteile aufzuweisen. Diese Zahnradvorgelege finden schon seit Jahren Anwendung bei Schiffsturbinen, so daß ihre Zuverlässigkeit ohne weiteres gewährleistet ist. Durch die Anwendung der Dampfturbine zur fast unmittelbaren Kupplung mit den Schleifern ist man in der Lage, auch sehr große Leistungen zu erzielen und zwar auf wirtschaftlichstem Wege, denn bei der Kolbenmaschine ist man mit der Größe der Maschinen immer gewissen Grenzen unterworfen, wobei dann noch die Wirtschaftlichkeit mit zunehmender Größe bei der Dampfturbine günstiger wird.

Die Vorteile des elektrischen Antriebes in Großkraftschleifereien sind bekannt und bereits durch eine größere Anzahl von Anlagen bewiesen. Aber auch für kleinere und mittlere Schleifereien, besonders für solche, die nur mit Wasserkraft arbeiten, sind große Vorzüge zu erwarten, so daß eine bedeutende Erhöhung der Wettbewerbsfähigkeit zu erwarten sein wird.

Durch den elektrischen Antrieb kann eine Zentralisierung der Kraftanlagen vorgenommen werden, wie sie eben keine andere Energie gestattet, da man die gesamte Kraft an einer Stelle gewinnen kann, die unabhängig von der Lage der kraftverbrauchenden Maschinen ist. Man kann dadurch auch vor allen Dingen verschiedene Wasserkräfte kleineren Umfanges in einer Schleiferei gegebenenfalls durch wirtschaftlich arbeitende Großkraftschleifer ausnutzen. Es würde dann nicht erforderlich sein, wie man es heute oft findet, daß mehrere kleinere Wasserschleifereien, die ein und demselben Besitzer gehören, an einem Flußlauf in kurzer Entfernung hintereinander liegen. Anstelle dieser Schleifereien würden sich dann, falls man nicht die einzelnen Wasserkräfte zusammenfassen kann, nur noch hydroelektrische Stationen nötig machen, die ihren Strom nach einer an einer günstigen Stelle gelegenen Holzschleiferei liefern. Alle kleinen und mit schlechtem Wirkungsgrad arbeitenden Maschinen fallen dann weg, die ganze Anlage wird einfacher und billiger im Betrieb, Unterhaltung und Wartung.

Die Wasserkräfte lassen sich dann mit der vollen, jeweils erreichbaren Höchstleistung ausnutzen, die erzeugte Energie wird dann der zentralliegenden Schleiferei zugeführt, in der man nur eine Reservemaschine aufzustellen braucht, deren Leistung der der Gesamtbetriebskraft jeweils fehlenden Energie entspricht.

Die Zuleitung der elektrsichen Energie von den einzelnen Erzeugungsstellen nach der Schleiferei macht keine Schwierigkeiten. Die Leitungen können an den Wänden, auf Masten oder im Erdboden durch blanke oder isolierte Kabel und Drähte verlegt werden. Der dabei auftretende Leitungsverlust ist so gering, daß er den daraus entstehenden Vorteilen gegenüber gar nicht ins Gewicht fällt und beträgt im schlimmsten Falle nur wenige Prozente der Gesamtleistung. Durch den elektrischen Antrieb fallen alle Transmissionen mit ihren Lagern, Riemen- und Seilscheiben, Kupplungen, Riemen, Seilen usw. weg, deren Reibungsverluste größer sind, als die Verluste beim elektrischen Antrieb. Beim Transmissionsantrieb muß, selbst wenn nur wenige Maschinen im Betrieb sind, stets die ganze, oft sehr ausgedehnte Transmission mitlaufen. Der Oelverbrauch und der Riemenverschleiß wird durch den elektrischen Antrieb auf das geringste Maß eingeschränkt. Bei Transmissionsantrieb muß man ferner stets damit rechnen, daß bei einem Defekte die ganze Anlage zum Stillstande kommt. Selbst wenn die Transmission nach modernen Gesichtspunkten angelegt ist, wenn sie also durch Kupplungen in einzelne, voneinander unabhängige Stränge geteilt wird, wird bei einem Defekt doch stets die ganze Gruppe außer Betrieb gesetzt. Aber gerade in den Holzschleifereianlagen findet man solche modernen Uebertragungsanlagen fast nie. Hat man jedoch elektrischen Einzelantrieb, dann wird stets nur die betreffende Maschine außer Betrieb gesetzt, deren Motor defekt ist. Man erreicht also eine ungleich größere Betriebssicherheit und eine Einschränkung der Betriebsstörungen.

Durch das Verschwinden der vielen verdunkelnden und raumverschwendenden Riemenscheiben und Riemen werden die Arbeitsräume heller und übersichtlicher. Das Aufwirbeln von Staub und die daraus erfolgenden Verunreinigungen des Stoffes und Belästigung der Bedienung, aber auch eine Gefahr für die gleitenden Teile der Maschinen wird vollkommen vermieden.

Beim Umbau älterer oder bei der Anlage neuer Schleifereien wird die Gebäudekonstruktion wesentlich vereinfacht. Die Gebäude können leichter und daher billiger ausgeführt werden, da sie nicht die schweren Triebwerke zu tragen haben. Beim Umbau der älteren Anlagen kann durch den Wegfall der besonders in Holzschleifereien oft umfangreichen Transmissionen der gewonnene Raum anderweitig verwendet werden, so daß sich oft bei Erweiterungen des Betriebes Neubauten vermeiden lassen.

Ein besonderer Vorteil besteht aber noch in der weit günstigeren Ausnützung des Raumes beim elektrischen Antrieb. Während man sich nämlich beim Transmissionsantrieb mit der Aufstellung der Maschinen so einrichten muß, daß man möglichst günstige Antriebe erhält, ist man beim elektrischen Einzelantrieb davon vollkommen unabhängig. Man kann vielmehr die Arbeitsmaschinen so anordnen, daß man die beste Raumausnützung erhält, und daß ihre Aufstellung so erfolgt, wie es für den Fabrikationsgang am vorteilhaftesten erscheint. Man vermeidet dadurch unnütze Transporte, Rohrleitungen und spart an Bedienung. Die Bedienung der Arbeitsmaschinen wird nicht durch die zu Unfällen Anlaß gebenden Riemen beeinträchtigt, da man den Antriebsmotor so aufstellen kann, daß er nur wenig Raum einnimmt und die Bedienung nicht behindert. Auch dadurch wird eine Vereinfachung und Verbilligung des Betriebes erreicht. Die Betriebssicherheit des elektrischen Antriebes ist, wie schon erwähnt, größer als bei anderen Antriebsarten, da man die Einrichtung so treffen kann, daß bei Unfällen, Defekten usw. die Motoren sofort von beliebig vielen Stellen aus durch Druckknopfsteuerung stillgelegt werden können.

Durch den Einbau der bei elektrischem Antrieb erforderlichen Meßinstrumente hat man eine genaue und dauernde Kontrolle des Kraftverbrauches der Arbeitsmaschinen in der Hand. Man kann also alle Unregelmäßigkeiten sofort entdecken, was beim Transmissionsantrieb, aber auch bei der direkten Kupplung mit anderen Kraftmaschinen nicht ohne weiteres möglich ist. Gerade dieser Punkt ist wichtig und wird in Holzschleifereien, soweit sie nicht gut geleiteten Papierfabriken angegliedert sind, gar nicht beachtet. Der Handelsschleifer weiß wenig oder nicht, ob er wirtschaftlich arbeitet. Er kümmert sich oft gar nicht um den Kraftverbrauch seiner Maschinen und weiß nicht, wieviel Kraft er zur Herstellung von 100 kg Stoff braucht. Bei den bisher üblichen Antriebsarten entzieht sich das auch seiner Kenntnis, wenn er es nicht von Zeit zu Zeit durch umständliche Versuche feststellen will, die er in der überwiegenden Mehrzahl der Fälle nicht einmal selbst vornehmen kann, da Indizierungen usw. der Kraftmaschinen nötig sind. Beim elektrischen Antrieb kann er sich dagegen stets von der Kraftaufnahme seiner Maschinen überzeugen, da er sie von den Meßapparaten ablesen kann.

Die Wahl der Stromart hängt nun von folgenden Gesichtspunkten ab:

1. Art des Stromverbrauchers (Motoren).
2. Beschaffenheit der Räumlichkeiten, in denen die Stromverbraucher aufgestellt werden sollen.
3. Entfernung von der Zentrale.

Man muß nun bei den Holzschleifereien in Betracht ziehen, daß die Räume infolge des Arbeitsvorganges nicht nur einen großen Feuchtigkeitsgehalt der Luft aufweisen, sondern daß man oft sogar mit Spritzwasser zu tun hat. Man muß also für die Motoren entweder einen besonderen Schutz vorsehen oder Spezialkonstruktionen verwenden, die den Einflüssen gewachsen sind.

In den Holzschleifereien kommen nun Motoren mit veränderlicher Umdrehungszahl zur Verwendung. Man muß also bei der Wahl der Stromart darauf achten, daß man ein Motorensystem verwendet, das betriebssicher ist, geringe Anforderungen an die Bedienung stellt und das infolge seiner Bauart auch Schutz gegen Feuchtigkeit und Nässe bietet. Am besten haben sich für diesen Zweck die normalen Asynchronmotoren bewährt. Da bei diesen Motoren der Kollektor wegfällt, so ist die Bedienung sehr einfach. Man hat sie durch den Einbau einer Schaltwalze noch weiter vereinfacht, so daß auch ungeschulte Leute damit umgehen können. Durch das Vermeiden vieler blanker Teile und durch die Art der Wicklung können die Motoren in den meisten Fällen ohne besondere Schutzvorrichtungen laufen, da sie eine besondere Imprägnierung der Wirkung besitzen, welche der Feuchtigkeit der Luft gut widersteht.

Ein ganz besonderer Vorteil zeigt sich bei der Verwendung des Drehstromes bei der Fortleitung der Energie auf größere Entfernungen, da hierbei verhältnismäßig hohe Spannungen gewählt werden können. Auf diese Weise spart man nicht nur an Leitungsmaterial und Energie, sondern der Spannungsverlust in den Leitungen wird auf ein Maß verringert, wie es für einen geordneten und einwandfreien Betrieb unerläßlich ist.

Man verwendet daher heute in den Holzschleifereien nur noch Drehstrommotoren. Bei kleineren und räumlich nicht ausgedehnten Betrieben beschränkt man sich auf Spannungen von 500 Volt, während bei Großkraftschleifereien, bei denen auch eine weitere Fortleitung der Energie in Frage kommen kann, Spannungen von 2000 bis 3000 Volt vorzuziehen sind.

In kleineren Schleifereien erfolgt der Antrieb der Schleifapparate durch Riemen. Bei Großkraftschleifereien hingegen wird stets die unmittelbare Kupplung des Elektromotors mit dem Schleifer angewendet. Ganz besonders vorteilhaft ist es dabei, auf jeder Seite des Motors einen Schleifer anzukuppeln. Abbildung 95 zeigt diese Anordnung bei zwei Voithschen Magazinschleifern mit automatischer Druckregulierung durch einen Dreiphasen-Wechselstrommotor von 1250 PS, 245 Umdrehungen in der Minute, 3000 Volt Spannung der Brown, Boverie & Cie. A.-G. in Mannheim.

Der Antrieb der Schleifer erfolgt dann durch Asynchronmotoren mit Schleifringanker, deren Bürsten nach erfolgtem Anlassen abgehoben werden. Zum Schutze gegen Feuchtigkeit erhalten die Motoren eine besondere Imprägnierung und Isolation, da beim Schleiferbetrieb die Nässe doch nicht vollkommen vom Motor ferngehalten werden kann.

Abb. 95

Um die Bedienung dieser Motoren möglichst einfach zu gestalten, ist es vorteilhaft, sie mit angebautem Schaltwalzenanlasser auszuführen, der auch eine Bedienung durch ungeschultes Personal ermöglicht. Je nach den örtlichen Verhältnissen kann dieser Schaltwalzenanlasser seitlich am Motorkörper oder am Lagerschild in achsialer Richtung angebracht werden. Die Bedienung des Schaltwalzenanlassers, sowie die Bürstenabhebevorrichtung erfolgt hierbei mit einem einzigen Handrad in richtiger Reihenfolge, so daß eine irrtümliche Bedienung ausgeschlossen ist. Außerdem kann man diesen Schaltwalzenanlasser auch mit einem Ampèremeter ausrüsten, an dem man jederzeit die Belastung des Motors ablesen kann.

Solche Motoren werden mit der Anlaßwalze auf einer Grundplatte aufgebaut, was den Vorteil hat, daß die Bürstenabhebevorrichtung in Abhängigkeit von der Anlaßwalze gebracht ist. Diese Anordnung sichert die stets richtige Aufeinanderfolge der Schaltbewegungen beim Aus- und Einschalten des Motors. Das Einschalten des Stromes, das Ausschalten des Anlaßwiderstandes, das Kurzschließen der Schleifringe und das Abheben der Bürsten erfolgt hierbei durch das Drehen eines einzigen Handrades, unabhängig von der Aufmerksamkeit des Personals, zwangläufig in der richtigen Reihenfolge. In gleicher Weise ist beim Abstellen des Motors Sicherheit gegeben, daß zuerst die Bürsten aufgelegt werden, darauf der Kurzschluß der Schleifringe aufgehoben und der Rotorwiderstand eingeschaltet wird. Störungen durch eine falsche Reihenfolge der Schaltungen können also selbst bei Bedienung des Motors von ungeübter Hand nicht stattfinden.

Der elektrische Antrieb der Holzschleifereien kann nun nach folgenden Gesichtspunkten erfolgen:

1. Die ganze Anlage wird elektrisch angetrieben und zwar:
   a) durch einen Hauptmotor,
   b) durch einen Hauptmotor und verschiedene Nebenmotore, je nach den gegebenen örtlichen Verhältnissen.
2. Sogenannter gemischter Hauptantrieb, d. h. die Anlage wird durch einen Hauptmotor in Verbindung mit einer anderen Kraftmaschine, z. B. einer Wasserturbine, betrieben, deren Kraft aber für die ganze Anlage nicht ausreicht, sodaß einzelne Maschinen durch Elektromotoren angetrieben werden müssen. Den Schleifer würde man also in diesem Falle mit der Turbine kuppeln und die anderen Hilfsmaschinen,

als Sortierer, Raffineure, Pappenmaschinen, Pumpen usw. durch einen oder mehrere Elektromotoren.

Man ist nun gerade beim elektrischen Antrieb in der Lage, die ganze Anlage in möglichst einfacher und zusammenfassender, dabei aber gut übersichtlicher Weise einzurichten, wobei unter allen Umständen eine gute Zugänglichkeit der einzelnen Teile gewahrt bleiben kann.

Im allgemeinen wird man ja den Antrieb nach 1 a einrichten, d. h. mit einem Hauptantriebsmotor, der die gesamte erforderliche Energie aufbringt. Dieser Motor treibt dann auf eine kurze Hauptwelle, von welcher aus wieder die verschiedenen kleineren Kraftverbraucher, also Sortierer, Raffineure, Pappmaschinen, Pumpen, Bütten usw. durch möglichst einfach gestaltete Riementriebe angetrieben werden. Für den Betrieb der Frischwasserpumpen dürfte aber stets Einzelantrieb und zwar nur durch unmittelbare Kupplung vorzuziehen sein.

Wenn aber durch die gegebenen Verhältnisse dieser Art des Antriebes zu große Hindernisse entgegenstehen, sodaß er zu umständlich wird, dann wird der Antrieb nach 1 b zu wählen sein, d. h. man wird alle oder einen Teil der Maschinen durch Einzelmotoren antreiben. Hat man eine mechanische Holzputzerei, dann wird es stets zu empfehlen sein, diese durch einen gesonderten Motor anzutreiben, und zwar entweder im Gruppenantrieb, indem man alle Maschinen an einen kurzen Wellenstrang hängt und diesen durch einen Elektromotor antreibt, oder durch Einzelantrieb, indem man jeder der Holzvorbereitungsmaschinen einen eigenen Elektromotor gibt. Besonders die Holzvorbereitungsmaschinen eignen sich infolge ihrer hohen Umlaufzahlen ganz besonders gut für die direkte Kupplung. Für die Holzvorbereitung ist der elektrische Antrieb stets vorzuziehen, da die Maschinen oft nur einige Stunden am Tage zu laufen haben, in der Nachtschicht aber meistens alle stehen. Hat man dann die Anlage an der Hauptwelle hängen, dann muß die dazu gehörige Transmission stets mitlaufen, wenn man nicht eine besondere Kupplung vorgesehen hat, die es ermöglicht, sie stille zu stellen.

Bei gemischtem Antrieb nach 2 arbeitet der Elektromotor und die andere in Frage kommende Kraftmaschine, z. B. eine Wasserturbine auf eine gemeinsame Hauptwelle. Diese Art setzt aber gute und zuverlässige Regulierungsvorschriften für die Turbinen voraus, die aber gerade in den Holzschleifereien oft fehlen.

Die Lieferung der Energie kann nun erfolgen:

1. Durch eine Kraftzentrale, an deren Netz die Schleiferei angeschlossen wird, also z. B. eine Ueberlandzentrale. Diese Art des Strombezuges wird aber selten oder gar nicht in Frage kommen können, da sie zu teuer ist. Höchstens, wenn billige Ueberschuß- oder Spitzenenergie zu beziehen ist, dann kann sie als alleinige Antriebskraft in Frage kommen, sonst nur als Zusatzkraft, um besonders bei Wasserturbinenantrieb, die durch die Verhältnisse bedingten Schwankungen im Betrieb auszugleichen, d. h. um die Kraft unverändert auf einer bestimmten Höhe zu halten.

2. Durch eine abseits liegende Wasserkraft, die

a) als alleinige Kraftquelle,

b) als Zusatzkraft in Frage kommen kann.

Diese Fälle können ebenfalls sehr oft eintreten. Man kann auf diese Weise mehrere kleine sonst unwirtschaftlich arbeitende Wasserkräft zusammenfassen und in einer großen Schleiferei billig ausnutzen. Diese Antriebsart ist das beste Mittel, um die billige Wasserkraft, die heute in vielen Fällen nicht mehr rationell arbeitet, wirtschaftlich ausnutzen zu können.

Man stand bisher auf dem Standpunkt, die Holzschleifereien an solchen Wasserläufen zu errichten, die inmitten von großen Waldungen lagen, um mit möglichst niedrigen Transportkosten für das Holz auszukommen. Man stellte infolgedessen in vielen kleinen und kleinsten Schleifereien den Holzschliff in Pappenform her und versandte ihn nach den Papierfabriken, wo er wieder durch besondere Auflöseverfahren in seinen ursprünglichen Zustand zurückversetzt wurde. Man hat aber erkannt, daß auf diese Weise ein wirtschaftlicher Betrieb nicht mehr zu erzielen ist, und sucht den Betrieb zu vereinfachen, indem man die Schleifereien den Papierfabriken angliedert. Damit kann aber dem Handelsschleifer nicht gedient sein, denn das bedeutet eine Bedrohung seiner Existenz.

Aber auch für ihn bietet der elektrische Antrieb eine Erhöhung der Wettbewerbsfähigkeit, indem man kleinere Wasserkräfte zusammenfassen und in einer frachtlich günstig gelegenen Holzschleiferei mit leistungsfähigen Maschinen ausnutzen kann. Daraus ergeben sich nicht nur wieder Ersparnisse an Personal und Erzeugungskosten, sondern auch eine große Unabhängigkeit von den Schwankungen der Wasserkräfte, oder mit anderen Worten, eine gleichmäßig hohe Produktion im ganzen Jahre bei geringeren Betriebskosten.

Gerade der elektrische Antrieb bietet nun aber außer diesen Vorteilen noch die Möglichkeit der besseren und leichteren Regulierbarkeit, die gerade zur Erzielung eines guten Holzschliffes von großer Bedeutung ist.

Ein Vorzug des elektrischen Antriebes verdient noch besonders hervorgehoben zu werden, und zwar die bequeme Ueberwachungs- und Regulierfähigkeit. Wenn man den vom Schleifermotor aufgenommenen Strom durch ein Ampèremeter mißt, ist man jederzeit in der Lage, sich ein Bild von der augenblicklichen Kraftaufnahme des Schleifers zu machen. Es ergibt sich hieraus weiterhin die Möglichkeit, die Schleiferarbeit in die gewünschten Bahnen zu lenken und vor allen Dingen schädliche Schwankungen in der Kraftaufnahme zu vermeiden, welche sonst sehr störende Rückwirkungen auf die Stromerzeugungsanlage ausüben können.

Der schon bereits kurz erwähnte Antrieb der Schleifer durch Dieselmotoren ist erst neueren Datums, sodaß langjährige Betriebsergebnisse, die ein klares Bild ermöglichen, noch nicht vorliegen. Es kann aber heute schon gesagt werden, daß das größte Bedenken, welches man gegen diese Antriebsart hatte, sich nicht gerechtfertigt hat. Man befürchtete nämlich, daß der Dieselmotor in Schleifereibetrieben nicht unter Vollast anläuft und daß Belastungsänderungen an den Schleifpressen den Motor ungünstig beeinflussen. Es kann aber heute schon gesagt werden, daß diese Bedenken ungerechtfertigt sind und daß in einer ganzen Anzahl im Betrieb befindlichen Schleifereianlagen, die mit diesen Antriebsmaschinen arbeiten, keine Anstände in dieser Beziehung zu verzeichnen gewesen sind.

Es ist daher wohl anzunehmen, daß sich der Dieselmotor auch auf diesem Gebiete ein neues Feld erobern wird. Der Dieselmotor hat in seiner Konstruktion als vollkommen durchgebildet zu gelten, sodaß er an Betriebssicherheit nichts mehr zu wünschen übrig läßt. Es unterliegt keinem Zweifel, daß er auf Grund der gemachten und noch zu machenden Erfahrungen ernstlich als Antriebsmaschine für Holzschleifereien selbst großer Leistung in Frage kommen kann und wird.

*

DIE ALLGEMEINE ANLAGE MODERNER HOLZSCHLEIFEREIEN.

Bei der allgemeinen Anlage der Holzschleifereien ist man nun in den letzten Jahren von der früher üblich gewesenen Anordnung der Maschinen abgegangen, bei der man die Schleifer am höchsten aufstellte und die anderen Maschinen der Reihenfolge des Arbeitsvorganges nach immer etwas tiefer, so daß der Stoff unter dem Einfluß der Schwerkraft der nächsten Maschine zufließen konnte. Wenn auch diese sogenannte Etagenaufstellung viel für sich hatte, solange die Größe der Maschinen, besonders aber der Schleifer in niedrigen Grenzen blieben, so ist sie heute bei modernen Anlagen nicht mehr vorteilhaft. Durch die zunehmende Größe der Schleifer würden bei der Etagenanordnung sich für die Schleiferböden ganz unverhältnismäßig schwere Decken erforderlich machen. Man führt daher moderne Schleifereien nur noch in der Parterreanordnung aus, wie sie sich aus den Abbildungen 96—98 ergibt. Diese Anordnung zeigt die großen Vorteile dieser Aufstellung, die besonders in Uebersichtlichkeit und bester Raumausnutzung bestehen. Gerade bei der Parterreanordnung ist man in der Lage, alle Antriebe so zu legen, daß sie in keiner Weise die Bedienung erschweren und daß sie zugänglich und übersichtlich sind, was bei der Etagenaufstellung bekanntlich immer einige Schwierigkeit machte, wenn nicht ganz undurchführbar war.

Abbildung 96 zeigt die typische Anordnung der Firma J. M. Voith, die in allen ihren Anlagen unverkennbar ist, sofern es nicht ganz besondere örtliche Verhältnisse anders bedingen. Alle Maschinen bis auf die Sortierer stehen auf einer Fußhöhe, sodaß alle Treppen usw. vermieden sind, die erfahrungsgemäß gerade in Holzschleifereien, in denen eine Nässe des Bodens nicht zu vermeiden ist, leicht Veranlassung zu Unfällen geben. Der Stoff geht vom Schleifer nach dem Splitterfänger, nachdem er durch Stoffwasser genügend verdünnt worden ist. Von hier geht er in eine punktiert angedeutete und in einer Grube stehende Zentrifugalpumpe nach den Sortierern, die auf der Grobstoffbütte aufgestellt sind. Diese Zentrifugalpumpe muß in einer Grube versenkt stehen, da ihr der Stoff zulaufen muß. Die Grobstoffbütte ist so kräftig ausgeführt, daß die Sortierer darauf aufgestellt werden können. Man hat dadurch den Vorteil, daß der feine sortierte Stoff unmittelbar den Entwässerungsmaschinen zulaufen kann, während der ausgeschiedene Grobstoff unter dem Einfluß des Schwergewichtes in die Grobstoff-

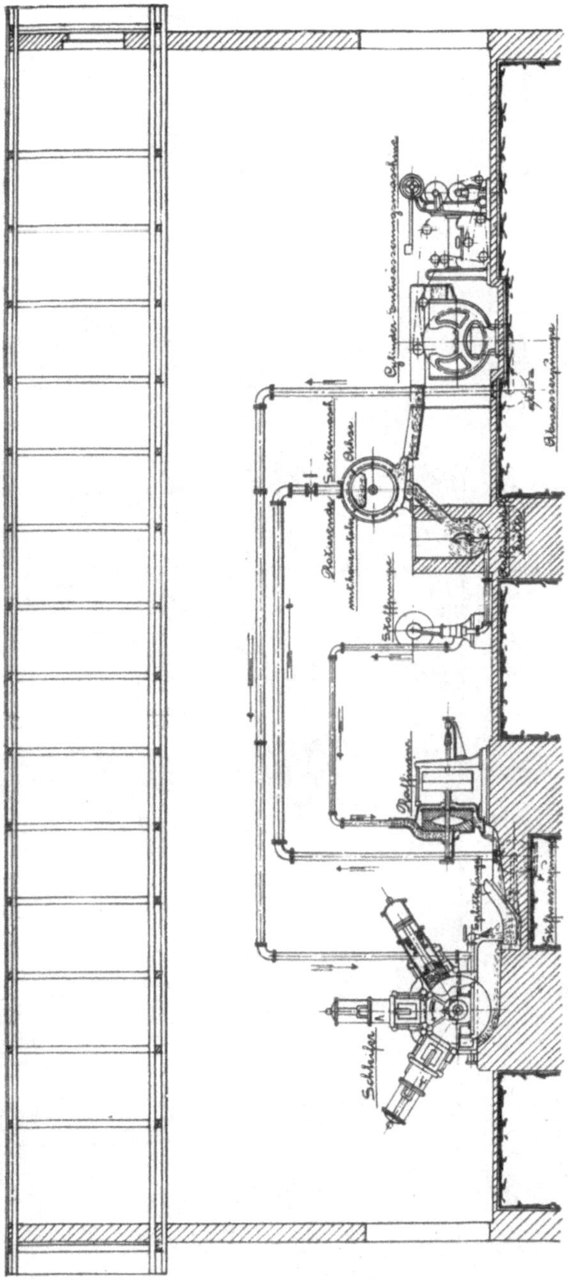

Abb. 96

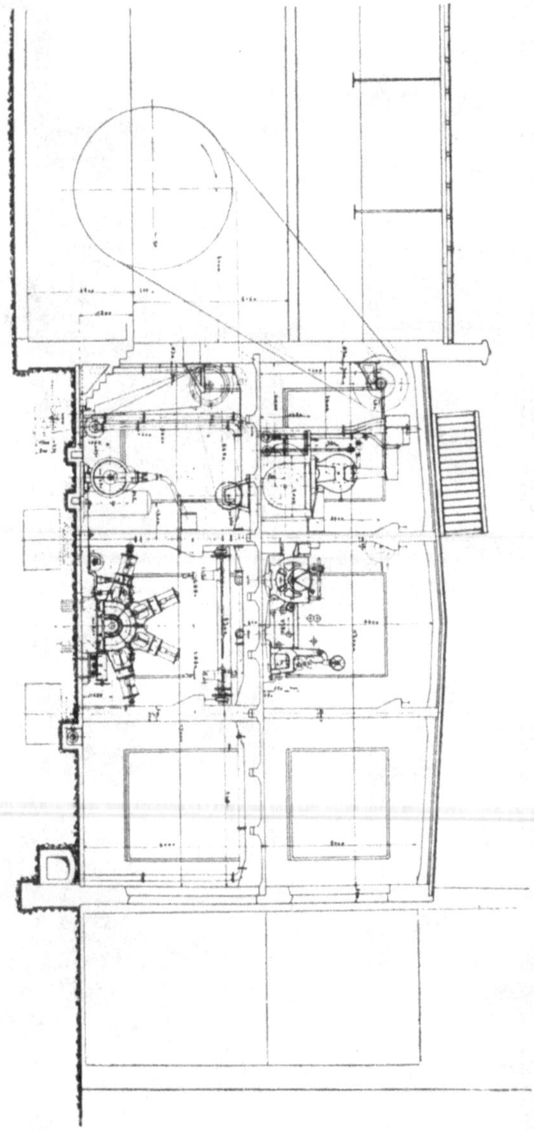

Abb. 97

bütte läuft. Von hier wird dieser Raffineurstoff durch eine Kolbenpumpe abgezogen und nach dem Raffineur gedrückt, von wo er wieder nach der Stoffwasserpumpe läuft und zur nochmaligen Sortierung auf den Sortierer kommt. Das Abwasser der Entwässerungsmaschine wird durch eine ebenfalls versenkt stehende und punktiert angedeutete Zentrifugalpumpe nach dem Schleifer und nach dem Sortierer als Verdünnungswasser zurückbefördert, falls

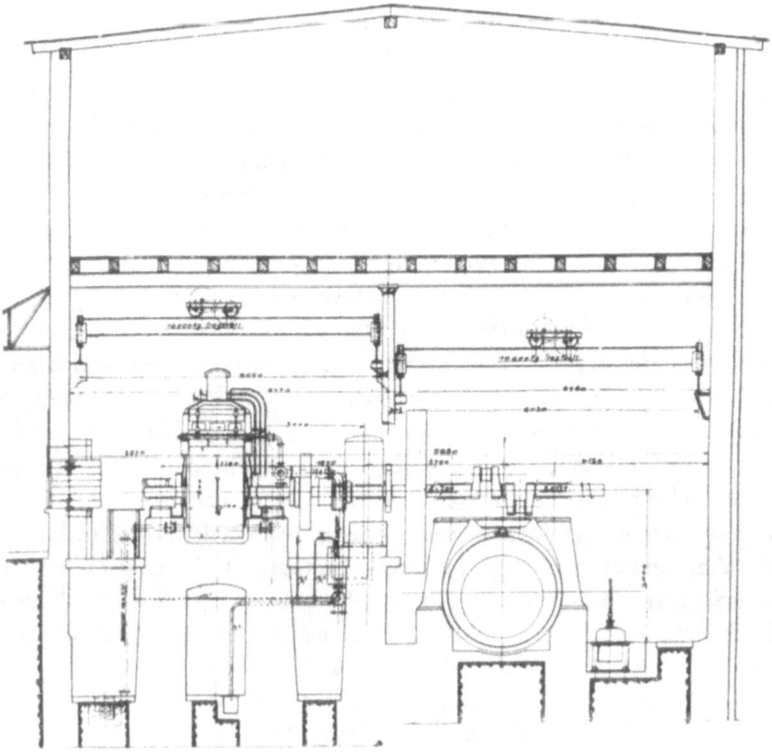

Abb. 98

man nicht, was allerdings vorzuziehen ist, eine Anordnung nach Abbildung 88 wählt.

Wenn diese Abbildung 97 eine mehr oder weniger schematische Anordnung zeigt, so ist in Abbildung 98 eine ausgeführte Holzschleifereianlage der Firma Linke-Hofmann, Lauchhammerwerk A.-G. Abt. Füllnerwerk in Warmbrunn in Schlesien gezeigt, die in der Papierfabrik in Czenstochau in Polen in Betrieb ist. Kennzeichnend ist bei dieser Anlage, daß die Schleifer im Parterre stehen und neben ihnen der Raffineur, während Sortierung, Grobstoffbütte und

Entwässerung im Stockwerk darüber Aufstellung gefunden haben. Diese Anordnung bietet vor allen Dingen den Vorteil einer großen Raumersparnis. Da die verhältnismäßig leichten Maschinen für Sortierung und Entwässerung im ersten Stockwerk Aufstellung gefunden haben, so genügen leichte Decken.

Die Abbildung 98 und 99 zeigt eine ausgeführte Anlage derselben Firma in der Cröllwitzer Aktienpapierfabrik zu Halle-Saale-Cröllwitz. Auch hier ist die Parterreaufstellung unverkennbar. Der Antrieb des vierpressigen Großkraftschleifers erfolgt durch unmittelbare Kupplung mit einer 700 PS-Lokomobile von 170 Umdrehungen in der Minute. Aus der Abbildung ergibt sich auch die Eignung der Lokomobile für die direkte Kupplung mit Holzschleifern. Die Lokomobile, die nach modernsten Gesichtspunkten gebaut ist, besitzt die Hauptlageranordnung der neuzeitlichen Heißdampflokomobilen, die darin besteht, daß die Kurbelwelle, die nur zweimal gelagert ist, in breiten Lagern auf seitlich vom Lokomobilkessel angeordneten Lagerböcken ruht, sodaß der Kessel vollständig von deren Gewicht entlastet ist. Die Kraftmaschine der Lokomobile, ganz besonders aber das Triebwerk, ist also nicht den Einflüssen der Kesseldehnung und Wärme ausgesetzt, die Kupplung der unveränderlich liegenden Welle kann infolgedessen auch ohne weiteres erfolgen, was bei der alten Lageranordnung der Lokomobilen bekanntlich nicht ohne gewisse Schwierigkeiten möglich war. Dieser Antrieb machte natürlich auch eine besondere Anordnung des Schleifers erforderlich, die aber immer noch als Parterreaufstellung zu bezeichnen ist, da der Schleifer nur ein besonders schweres und hohes Fundament erhalten hat. Sortierer, Raffineure und Entwässerungsmaschinen sind dabei noch tiefer wie der Schleifer aufgestellt.

Diese drei Beispiele sollen genügen, um zu zeigen, in welch vorteilhafter Weise sich die Aufstellung der Maschinen vornehmen läßt, daß diese einfachen Anordnungen leider nicht allgemeine geworden sind, zeigen neuere Ausführungen von Großkraftschleifereien, in ganz neu errichteten Papierfabriken, die so unglücklich gewählt sind, daß ein Bedienen der Maschinen nur sehr schwer möglich ist. In einem Falle befindet sich der Schleifer direkt unter der Decke und zwar aus dem Grunde, um ihn von der Haupttransmission der ganzen Papierfabrik durch Seile antreiben zu lassen. Wenn eine solche Anordnung in einer älteren Fabrik getroffen worden wäre, dann würde sie noch einigermaßen verständlich sein, in einer neuen Fabrik kann sie nur Kopfschütteln verursachen. Da gerade in dieser Fabrik der elektrische Antrieb teilweise durchgeführt wird,

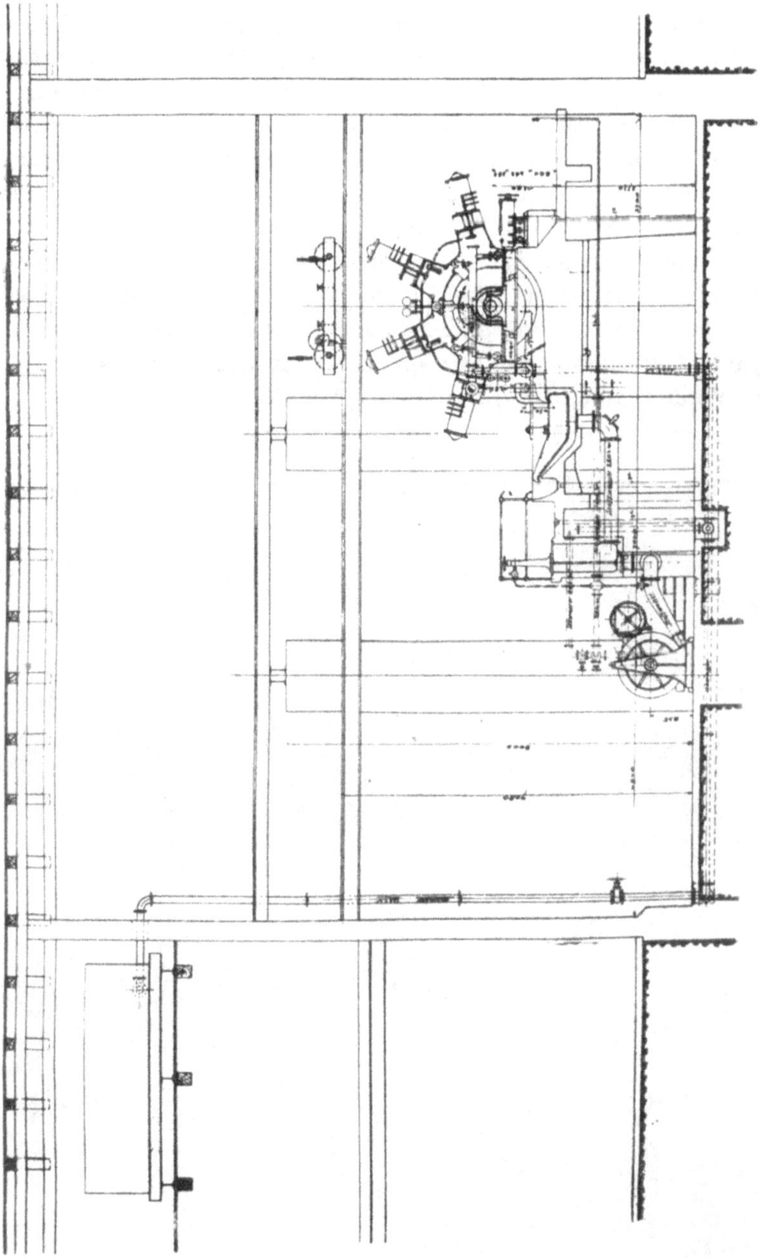

Abb. 99

und elektrische Energie in eigner Zentrale in ausreichender Menge erzeugt wird, so ist es einfach unerklärlich, wie man ein Beispiel einer Anlage schaffen konnte, wie sie nicht sein soll. Durch elektrischen Antrieb wäre hier eine vernünftige Anordnung der Maschinen und eine übersichtliche Aufstellung des Schleifers erzielt worden, und wahrscheinlich auch mit geringeren Kosten. Die Antriebverhältnisse wären glücklicher gewesen und eine Ueberlastung der Betriebsmaschine, die außer dem Schleifer noch die Holländer und die Kollergänge treibt, vermieden worden.

Es unterliegt keinem Zweifel, daß auch in älteren bestehenden Schleifereien, bei einem Umbau, der nach den oben aufgeführten Grundsätzen vorgenommen wird, sich viel Kosten, Kraft und Raum ersparen lassen und daß sich oft ein Neubau eines Gebäudes bei einer Vergrößerung der Anlage vermeiden läßt.

*

KALKULATION DES HOLZSCHLIFFES

Die Kalkulation des Holzschliffes ist nun verhältnismäßig einfach, da hierbei eine Mischung nicht stattfindet, sondern neuerdings stets nur ein und dieselbe Sorte von Stoff hergestellt wird. Früher stellte man wohl auch in den Holzschleifereien Weiß- und Braunschliff her, doch ist man von diesem Gebrauche abgekommen, da sich dieses Verfahren als unwirtschaftlich erwiesen hat und fabriziert nur noch die eine oder die andere Sorte. Die Fabrikationskosten setzen sich nun trotz der Einfachheit der Kalkulation aus verschiedenen Ausgabeposten zusammen. Man kann hierbei wie bei anderen Kalkulationen die Ausgaben für den Holzstoff, also das Holz, getrennt von denjenigen für die Regie halten. Wenn das auch nicht unbedingt erforderlich ist, so hat es doch manche Vorteile.

Das Holz wird nun bekanntlich nach Raum- oder Festmetern gekauft, es ist deshalb von Wichtigkeit, zu wissen, wieviel verkäuflichen Holzstoff man auf ein solches Einheitsmaß erhält. Am vorteilhaftesten und vollkommensten läßt sich eine solche Feststellung aus dem Jahresdurchschnitt machen, da man die der Wirklichkeit am nächsten kommenden Zahlen erhält. Je größer man einen solchen Zeitraum annimmt, desto genauer wird natürlich das Ergebnis werden. Nachstehende Zusammenstellung aus der Praxis erstreckt sich auf einen Zeitraum von zwei Jahren.

Man kann daraus ersehen, wie verschiedenartig das Ergebnis der beiden Jahrgänge sein kann. Das zweite Jahr, in dem bedeutend weniger Holz verschliffen wurde, war ein außerordentlich wasserarmes, woraus sich auch wieder die Richtigkeit von Reservekraftanlagen in reinen Wasserschleifereien ergibt, denn gerade in wasserarmen Zeiten pflegt erfahrungsgemäß der Preis des Holzschliffes anzuziehen und einen besseren Nutzen zu ergeben, als in anderen Jahren. Außerdem zeigt sich aus der Aufstellung, daß das Ergebnis auf den Raummeter Fichte und auch Kiefer zu Braunschliff im zweiten Jahre wesentlich geringer ausgefallen ist. Der Grund ist aber darin zu suchen, daß der Trockengehalt des Holzschliffes durch Verbesserungen in der Anlage erhöht wurde. Man kann also die Ergebnisse nicht direkt miteinander vergleichen, wie man auch den Durchschnitt der beiden Jahre nicht als unbedingt richtig anzunehmen braucht, sondern mußte die Zahlen entsprechend reduzieren.

Tabelle I

Monat	Verschliffen						Verschliffen					
	Fichte, weiß			Kiefer, braun			Fichte, weiß			Kiefer, braun		
	Rm.	Kilo Stoff p. 1 Rm.	Geld-wert Mk.	Rm.	Kilo Stoff p. 1 Rm	Geld-wert Mk.	Rm.	Kilo Stoff p. 1 Rm.	Geld-wert Mk.	Rm.	Kilo Stoff. p. 1 Rm.	Geld-wert Mk.
Juli . . .	450	850	3 150	166	750	660	272	758	1 108	169	751,5	802
August .	341	725	2 387	86	770	301	213	695	1 416	104	551	495
Sept. . .	375	860	2 580	87	665	350	150	985	997	35	625,5	166
Oktober	350	800	2 157	114	715	399	267	668	1 775	97	615	462
Novemb.	449	824,5	3 000	126	810	500	166	708	1 104	140	686	665
Dezemb.	518	835	4 350	232	769	835	244	806	1 622	197	740	935
Januar .	449	887,5	3 595	257	600	899	176	635	1 167	177	555	840
Februar	472	770	3 410	252	700	992	469	740,5	3 085	261	652	1 239
März . .	420	952	3 150	249	636	1182	455	872,5	3 238	261	652	1 933
April . .	406	915	2 900	290	634	1350	427	841,5	3 245	364	627	1 729
Mai . . .	444	818,5	2 952	250	694	1163	517	748,5	4 028	181	633	859
Juni . . .	353	885	2 348	178	640	560	275	804,5	1 884	11	641	52
	5027	843,5	35 979	2287	698,6	9191	3631	771,8	25 369	1 997	644,1	10 177

Jedenfalls genügt es aber, wenn man annimmt, nach dem Durchschnitt des ersten Jahres, daß

1 rm Fichtenholz = 843,5 kg Holzschliff von 32 % Trockengehalt ergibt, oder

1 rm Fichtenholz = 269,9 kg lufttrockenen Holzschliff

Nach Tabelle I ergibt sich für braunen Kiefernholzschliff, daß

1 rm Kiefernholz = 698,6 kg Holzschliff von 32 % Trockengehalt ergibt, oder

1 rm Kiefernholz = 223,5 kg lufttrockenen Krainschliff.

Die Regiekosten ergeben sich nach der Tabelle II, in der allerdings die Vorkriegspreise noch eingesetzt sind, für heutige Zeiten ist es nur erforderlich, die heute gezahlten und überall verschiedenen Kosten dafür einzusetzen.

Die Gesamtregiekosten ergeben sich also aus diesem Beispiele nach Zusammenzählung der einelnen Posten mit 112 590,— Mark, wobei für das Schleifen von weißem Holzschliff noch die Ausgaben für Kohlen in Höhe von 2788 Mark abzuziehen sind, da die Kohle zur Erzeugung des Dampfes diente, welcher zum Dämpfen des Kiefernholzes für braunen Holzschliff Verwendung fand. Diese

Tabelle II

Monat	Fuhrlohn	Frachten	Löhne	Versicherung	Pferde und Wagen	Utensilien	Kohlen	Materialien	Gehalte	Pacht	Geschäfts-Unkosten	Zinsen, Skonti, Reparaturen
Juli . . .	678	1 152	1 579	100	450	—	150	975	465	500	175	2 080
August .	589	1 362	1 997	100	305	—	250	791	465	500	29	2 080
Sept. . .	710	1 650	2 558	100	343	39	120	868	465	500	142	2 080
Oktober.	576	973	2 744	80	345	10	156	536	465	500	56	2 284
Novemb.	756	1 474	2 241	80	435	10	144	1 640	465	500	86	2 100
Dezemb.	903	1 809	2 345	80	362	10	270	1 000	865	500	486	2 132
Januar. .	693	1 636	2 580	80	124	10	276	1 193	465	500	89	2 105
Februar .	603	1 445	2 338	80	526	10	300	715	465	500	89	2 100
März . . .	495	1 407	2 892	80	387	10	324	597	465	500	346	2 156
April. . .	586	1 081	2 387	80	391	10	288	1 608	575	500	775	2 025
Mai. . . .	995	1 058	2 143	80	497	10	327	1 000	575	500	107	2 078
Juni . . .	803	703	2 119	80	323	10	183	782	575	500	228	2 062
	8387	15 750	27 923	1020	4488	129	2788	11 605	6310	6000	2908	25 282

Summe ist verhältnismäßig klein und hat auf die Gesamtregiekosten kaum einen großen Einfluß.

Aus der ersten Tabelle ergibt sich nun für das vorliegende Beispiel, daß in dem betreffenden Jahre 5027 rm Fichtenholz im Werte von 35 979 Mark verschliffen wurden, sowie 2287 rm Kiefernholz im Werte von 9191 Mark. Hieraus kann man nun die Selbstkostenberechnung machen, wenn der Holzpreis im Walde, ohne Fuhrlohn wie hier 7 Mark für 1 rm Fichte und 4,25 Mark für 1 rm Kiefer betrug. Durch Einsetzung der heute üblichen und gezahlten Preise erhält man Ergebnisse, die den heutigen entsprechen.

Im ganzen sind 7314 rm Holz verschliffen und ohne Kohle 109 802 Mark Regiekosten dafür ausgegeben worden, sodaß sich die Regiekosten für 1 rm Fichtenholz zu 15 Mark, dagegen die Regiekosten für 1 rm Braunholz zu 16,22 Mark berechnen, da auf die 2287 rm noch für 2788 Mark Kohlen verbraucht wurden.

Da nun aber der fertige Holzschliff nach dem Gewicht und zwar nach dem Trockengehalt verkauft wird, so kommt an dieser Stelle noch die Produktion in Frage. Diese betrug im angezogenen Jahre

Fichtenschliff	= 4 240 250 kg naß =	1 356 880 kg trocken
Braunschliff	= 1 527 600 kg naß =	488 832 kg trocken
	zusammen	1 845 712 kg trocken

Hiernach berechnet sich die Regie

für 100 kg trocknen Fichtenstoff zu 5,95 Mark

für 100 kg trocknen Braunschliff zu 6,52 Mark.

Aus dem Vorhergegangenen ist aber ersichtlich, daß 1 rm Fichtenholz 270 kg trocknen Stoff ergibt, dieser also 7 Mark kostet, dann ist der Preis für 100 kg trocknen Holzschliff = 2,59 Mark ohne Regie.

Die Selbstkosten für die Erzeugung von 100 kg trocknen Fichtenweißschliff stellen sich demnach für die im Beispiel angenommenen Verhältnisse auf

5,95 + 2,59 Mark = 8,54 Mark.

In gleicher Weise ist für braunen Stoff anzunehmen:

1 rm Kiefernholz = 223,5 kg trockner Stoff = 4,25 Mark

100 kg trockner Stoff = 1,90 Mark

+ Regie = 6,52 Mark

Selbstkosten = 8,42 Mark

Trotz des bedeutend billigeren Preises der Kiefer gegen die Fichte stellen sich hiernach die Selbstkosten des braunen Stoffes nur wenig niedriger als die des weißen Stoffes. Brauner Fichtenstoff ist unbedingt höher zu berechnen, doch sind die Gewichtsverluste beim Schälen nicht so groß, da die Rinde viel dünner ist, die Verluste der durch das Dämpfen verloren gehenden Inkristen usw. sind aber ebensogut wie bei der Kiefer vorhanden, allerdings nicht in dem Maße, da die Fichte weniger harzreich ist.

Wesentlich anders stellt sich ja nun die Kalkulation, wenn mit Dampf oder einer anderen Zusatzhilfskraft also z. B. Elektrizität, Dieselmotor, geschliffen wird.

Solche Anlagen, besonders wenn sie mit Dampf schleifen, können nur wirtschaftlich arbeiten, wenn es sich um ausgesprochene Großkraftschleifereien handelt und wenn der Bezug der Kohle billig ist oder wenn die Schleifereien unmittelbar an Papierfabriken angeschlossen sind. Es ist hier schwierig, ein allgemein gültiges Beispiel für die Kalkulation zu geben, da die Kosten nur von Fall zu Fall errechnet werden können.

Aehnlich liegt der Fall bei elektrischem Antrieb und beim Antrieb durch Dieselmotoren. Es könnten hier nur Beispiele gegeben werden, die für die Praxis keinen großen Wert haben würden. Andererseits wieder hat die Praxis erwiesen, daß diese Antriebsarten unter den gegebenen Verhältnissen sehr wirtschaftlich sein können. Diese Umstände sind aber so grundverschieden und werden von allerlei Nebenumständen beeinflußt, daß nicht damit gedient sein könnte, hier ein allgemeines Kalkulationsbeispiel zu geben, das noch nicht einmal den Vorteil haben würde, sich für die verschiedenen Fälle der Praxis umrechnen zu lassen.

*

UEBER SCHLEIFVERSUCHE

Um einen Ueberblick zu haben, ob man wirtschaftlich arbeitet und ob die Ausbeute der normalen entspricht, muß man nicht nur Aufzeichnungen über die tägliche Produktion, sondern auch über das Ergebnis einer jeden Schicht machen. An der Hand solcher Aufzeichnungen ist man in der Lage, Fehler zu finden und Abhilfe zu schaffen. Zu diesem Zwecke stellt man die sogenannten Schleifergebnisse fest.

Das Beispiel einer solchen Feststellung soll nachstehend gebracht werden:

1. Oktober

Schleifholzergebnis für September		
Fichte-Bestand am 1. September		1369 rm
Neue Anfuhr		—— rm
	zusammen	1369 rm
Bestand auf dem Holzplatz und in der Fabrik am 1. Oktober		1083 rm
	verbleiben	286 rm

Diese 286 rm sind demnach verschliffen und haben bei einem Kostenpreis von 7,60 M. für den Raummeter einen Wert von 2173,60 M.

Außerdem wurden verschliffen:

Kiefer	23 rm	je 4,75 M.	=	109,25 M.
Tanne	2 rm	je 7,30 M.	=	14,60 M.
Pappel	2 rm	je 4,— M.	=	8,— M.
insgesamt verschliffen	313 rm		=	2305,45 M.

Erzeugung von Weißschliff-Fichtenstoff 242 500 kg naß.

Ergebnis 816,5 kg auf 1 rm Schleifholz naß.

Weißer Fichtenstoff: Bestand am 1. Oktober 7200 kg.

Bestand am 1. September	14 450 kg
Erzeugung	242 500 kg
zusammen	256 950 kg
Verladen: 25 Waggons	250 000 kg
Sollgewicht	6 950 kg

In Wirklichkeit sind 7200 kg dagewesen, also ein Plus von 250 kg, was bei den großen Gewichtsmengen als genau stimmend angenommen werden kann.

Brauner Fichtenstoff-Bestand am 1. Oktober		— kg
Produktion		4850 kg
	zusammen	4850 kg
Verkauft		2600 kg
	Bestand	2250 kg
Kiefernholz: Bestand am 1. September		290 rm
Neu angefahren		4 rm
	zusammen	294 rm
Bestand am 1. Oktober	209 rm	
in der Fabrik gedämpft	62 rm	
zusammen	271 rm	271 rm
	Verschliffen zu Weiß	23 rm
Brauner Kiefernstoff: Bestand am 1. September		204 950 kg
Verladen: 45 000 kg gepreßt = 54 000 kg ungepreßt		
45 950 kg „		99 950 kg
	Bestand am 1. Oktober	105 000 kg
Weide und Pappel: Bestand am 1. September		26 rm
Bestand am 1. Oktober		22 rm
ins Brennholz		2 rm
Verschliffen		4 rm

Zur besseren Veranschaulichung soll noch ein zweiter Monat aufgeführt werden:

1. November, Schleifergebnis für Oktober, Fichte:

Bestand am 1. Oktober		1083 rm
Neu angefahren		63 rm
	zusammen	1146 rm
Bestand an Fichte am 1. November		768 rm
Gedämpft		8 rm
	zusammen	783 rm

Verschliffen:	1146 — 783 rm =	363 rm je 7,60 M. =	2758,80 M.
	Kiefer	25 rm je 4,75 M. =	118,75 M.
	Tanne	2 rm je 7,30 M. =	14,60 M.
		390 rm	2892,15 M.
	Zu Braun	31 rm	
	Zu Weiß verschl.	359 rm	

Produktion von Weiß: Fichtenstoff 267 250 kg naß. Ergebnis 744,4 kg auf 1 rm Holz.

Weißer Fichtenstoff: Bestand am 1. November		12 350 kg
Bestand am 1. Oktober	7 200 kg	
Produktion	267 250 kg	
	274 450 kg	
Verladen: 26 Waggons	260 000 kg	
Bestand: Sollgewicht	14 250 kg	
In Wirklichkeit	12 350 kg	
Fehlen	2 100 kg,	
weil 10 000 kg gepreßt verladen wurden.		
Brauner Fichtenstoff: Bestand am 1. November		2300 kg
Bestand am 1. Oktober	2 250 kg	
Produktion	20 050 kg	
	23 300 kg	
Verladen	20 000 kg	
Bestand am 1. November	2 300 kg	
Kiefernholz: Bestand am 1. Oktober		271 rm
Angefahren		180 rm
		451 rm
Bestand am 1. November	226 rm	
Außerdem gedämpft	100 rm	
	326 rm	326 rm
	Verschliffen	125 rm
	je 4,75 =	593,75 M.
Brauner Kiefernstoff: Bestand am 1. November		13 400 kg
Bestand am 1. Oktober	105 000 kg	
Produktion	87 500 kg	
	192 700 kg	
Verladen: 30 000 gepreßt = 36 000 ungepr.		
100 000 „	36 000 kg	
	56 700 kg	
Bestand am 1. November	43 400 kg	
	13 300 kg	
Schmutzigen Stoff umgeschliffen	5 150 kg	
	8 150 kg	Manko, das

durch Auspressen des Stoffes entstanden ist.

Die hier angegebenen Zahlen sollen nur ein Beispiel sein und entsprechen nicht der Wirklichkeit, sie würden auch keinen guten Durchschnitt ergeben, da sie nur zwei Monate umfassen.

Man bemerkt schon oberflächlich daraus, daß das Schleifholzergebnis für weißen Fichtenstoff 816,5 kg im September und 744,4 kg im Oktober, also durchschnittlich 777,1 kg auf 1 rm Holz beträgt. Der Jahresdurchschnitt wird natürlich noch genauer sein. Das gibt, wenn der Trockengehalt wie er damals war, nur zu 38 % angenommen wird, etwa 300 kg trockenen Stoff auf 1 rm Fichtenholz. Anders gestaltete sich das Ergebnis für das gedämpfte Kiefernholz, wo allerdings nur bei einem Monatsbetriebe 660 kg naß = 250 kg trocken herauskommen (bei 38 %). Jedenfalls ist der Ertrag des Holzes durch das Dämpfen, wie man sieht, bedeutend geringer geworden.

Der braune Fichtenholzstoff, wovon in den vorliegenden Monaten nur 4850 + 20 050 = 24 900 kg naß geschliffen wurden, ergibt nur 529,8 kg naß = 201,3 kg trockenen Stoff auf 1 rm Holz. Ein späterer Monat ergibt 239 kg trocken auf 1 rm. Diese Ergebnisse sind jedoch unbedingt zu klein; der Fehler rührt daher, weil der braune Fichtenstoff nur ausnahmsweise und in verhältnismäßig kleinen Mengen geschliffen wurde. In Wirklichkeit muß das Ergebnis zwischen 250 und 300 kg liegen, da bei Fichtenholz durch das Schälen nicht so viel abfällt wie beim Kiefernholz.

In nachstehendem soll noch das Beispiel eines Schleifversuches gebracht werden, der von Prof. E. Kirchner an einem hydraulischen Großkraftschleifer der Firma J. M. Voith in Heidenheim in der Schleiferei von E. Holtzmann & Co. in Weißenbach i. Murgthal gemacht wurde.

Die Anlage bestand aus einer Spiralturbine mit direkt gekuppeltem Großkraftschleifer von 1 m Arbeitsbreite nebst Splitterfänger von 1200 mm Breite und Stoffwasserpumpe. Der Stoffbrei wurde einem Zentrifugalsortierer der Firma J. M. Voith, Größe 2, zugepumpt. Nur die rotierende Stoffpumpe mit Splitterfänger und die Preßwasserpumpe für die hydraulische Belastung der Schleifer wurden von der Schleiferturbine angetrieben, während die weiteren Nebenmaschinen von einer besonderen Turbine in Bewegung gesetzt wurden.

Kaltschliffversuch; vorgenommen am 10. Dezember 1906 von morgens 7 Uhr bis mittags 1 Uhr. In Betrieb waren:

1. Die Spiralturbine mit voller Leitschaufelöffnung, 70 mm und 11,30 m Gefälle, 690 PS leistend;

2. der hydraulisch belastete Großkraftschleifer für 1 m breites Holz, 1225 mm Steindurchmesser, durchschnittliche Umdrehungszahlen = 253;

3. die Zentrifugalpumpe für das Heben des Stoffwassers auf den Sortierer, 25 PS beanspruchend;

4. der Splitterfänger, 3 PS beanspruchend;

5. eine rotierende Sortiermaschine, Größe 2, 1 mm Rundlochung;

6. sechs Stück dreisiebige Schüttler, 500 mm breit, im Betrieb von morgens 7 Uhr bis mittags 2 Uhr 10 Minuten;

7. vier Rundsiebentwässerungsmaschinen, 860 mm Zylinderdurchmesser, 1450 mm lang, in Betrieb von morgens 7 Uhr bis mittags 2 Uhr 10 Minuten, während eine Maschine insgesamt 1 Stunde und 20 Minuten im Betrieb war;

8. ein Raffineur „System Nacke", 100 mm Steindurchmesser, im Betrieb von morgens 8 Uhr bis mittags 2 Uhr 10 Minuten, mit Pumpe und Raffineurstoffbütte.

Die unter 5—8 angeführten Maschinen wurden von einer besonderen Turbine angetrieben.

Der Stein wird vor Beginn zur Hälfte geschärft, während die andere Hälfte nach dreistündigem Betriebe ebenfalls leicht geschärft wurde. Der regulierende Preßwasserdruck auf die Kolben betrug im Mittel 4,26 Atm.

Im ganzen wurden während des sechsstündigen Versuches 10,3 rm Holz (geschält gemessen) verschliffen, das ergibt in der Stunde:

$$\frac{10,3}{6} = 1,7166 \text{ rm.}$$

(Gesamtleistung auf 24 Stunden umgerechnet: $M = 24 \times 1,7166 = 41,2$ rm).

Als Spritzwasser auf den Schleifer kam Frischwasser von 2^0 zur Verwendung.

Das Gesamtgewicht des wirklich verschliffenen Holzes betrug: $10,3 \times 406,4 = 4186$ kg.

Die erreichte Produktion an Schabstoff in Rollen, naß gewogen, betrug 10 513 kg. Der durchschnittliche Trockengehalt desselben betrug nach Untersuchung der Fabrik 30,54 %.

Dic Produktion an lufttrockenem Stoff von 88 % in 6 Stunden demnach $0,3054 \times 10\,513 = 3210,67$ kg.

Diese Menge lufttrockenen Stoffes würde demnach eine Ausbeute auf 1 rm geschältes Holz von

$$\frac{3210,67}{10,301} = 311,7 \text{ kg}$$

ergeben.

Durch die gute Stoff-Fanganlage wurden noch (geschätzt) 4 % Stoff zurückgewonnen, die ebenfalls noch dem Schleifer zugute gerechnet werden müssen. Mit diesem Fangstoffe ergibt sich also eine Ausbeute auf 1 rm von 311,7 und etwa 4 % = etwa 324,16 kg.

Die tatsächliche, durch den Versuch nachgewiesene Produktion an lufttrockenem Stoff in 24 Stunden betrug ohne den obenerwähnten Fangstoff

$$4 \times 3210,67 = 12\,842,7 \text{ kg}$$
$$+ 4\% \text{ Fangstoff} = 13\,356,4 \text{ kg}$$

Für den Betrieb der Stoffpumpe 25 PS und des Spänefängers 3 PS an der Leistung der Turbine abgezogen, ergeben für den Schleifer einen Nettokraftverbrauch von 66,2 PS.

Hieraus ergibt sich für die Erzeugung von 100 kg lufttrockenen Holzstoffes in 24 die erforderliche Anzahl von Pferdestärken aus

$$\frac{662 \text{ PS} . 100}{\text{reine Schleifkraft } 13\,356,6 = \text{rd. } 5 \text{ PS}} = 4,958 \text{ PS}$$

ohne Nebenmaschinen und Transmissionsverlust.

Die während des Versuches angefallenen Splitter vom Splitterfänger und von den Schüttlern wogen naß 100 kg.

Hiernach sind für 100 kg lufttrockenen weißen Holzschliff, für gutes Rotationspapier vorzüglich geeignet, rund 5 PS gebraucht. Es stand engringig gewachsenes Schleifholz von 10/25 cm zur Verfügung.

Ein weiterer Sechsstundenversuch am 11. Dezember bei Zugabe von wenig Wasser und in dickem Stoffe watendem Stein (Warmschliff), bei sonst ganz gleichbleibenden Verhältnissen, ergab etwa 20 % höheren Kraftverbrauch für 100 kg Stoff, aber noch feinere, schmierigere Fasern.

*

DIE UNTERSUCHUNG DES HOLZSCHLIFFES UND DIE TROCKENGEHALTSPRUEFUNG

Da der Holzschliff fast nur in nassem Zustande geliefert wird, aber natürlich nur das Trockengewicht bezahlt wird, so kommt es selbstverständlich darauf an, dieses Trockengewicht mit möglichster Genauigkeit festzustellen. Dabei kommt aber nicht die absolute Trockenheit in Frage, sondern der Zustand, in dem sich der Stoff bei normaler Luftbeschaffenheit befindet, aus der er, wenn er absolut trocken war, bei längerem Lagern wieder 12 % Feuchtigkeit anzieht, da er sehr hygroskopisch ist. Trotzdem der Holzstoff nun bei der Fabrikation scheinbar ganz gleichmäßig über die Apparate hinweggeführt und das Wasser mit stets gleichem Druck ausgepreßt wird, so ist wohl eine allgemeine äußere Gleichmäßigkeit vorhanden, aber die einzelnen Tafeln und Rollen stimmen niemals ganz genau in ihrem Feuchtigkeitsgehalte überein. Es kommen dazu noch andere Ursachen, welche diese Unterschiede noch größer machen, z. B. geschieht die Aufstapelung des Stoffes vor der Verladung, die immer in größeren Mengen erfolgt, in hohen Stößen und hierbei zieht sich das im Stoffe enthaltene Wasser nach unten, so daß der Stoff in der Nähe des Bodens, besonders bei längerem Lagern, stets feuchter ist als oben. Andererseits trocknet die Wärme und die Luft oder etwaiger Zug die Stoffstapel an der äußeren Seite mehr als im Inneren aus. Dasselbe geschieht in erhöhtem Maße, wenn der Stoff auf Wagen verladen, oft stundenweit nach dem Bahnhof oder nach der Verbrauchsstelle gefahren wird. Sonne und Luft wirken da noch mehr ein und andererseits wird Regen direkt oder indirekt dazu beitragen, den Feuchtigkeitsgehalt zu vermehren. Keinesfalls wird jemals eine Ladung Holzschliff in allen ihren Teilen einen gleichmäßigen Trockengehalt haben, und es würde nun Zufall sein, wenn die vom Käufer genommenen Proben genau mit den vom Verkäufer erhaltenen Ergebnisse übereinstimmen. Eine andere Frage freilich ist es, ob jeder wegen unvermeidlicher kleiner Unterschiede einen Streit mit dem Lieferanten anfangen wird. Glücklicherweise ist das auch nicht der Fall, wenn die beiden Geschäftsfirmen von sich gegenseitig überzeugt sind, daß die Trockengehaltsprüfungen regelmäßig und nach bestem Wissen und Gewissen stattfinden. Es gibt aber leider auch Abnehmer, die nur das von ihnen gefundene Ergebnis als das allein richtige anerkennen wollen und diese Ansicht auch mit allen ihnen zu Gebote stehenden Mitteln durchzufechten suchen, so daß der Aerger kein Ende hat. Aus diesem Grunde schon sollte die Prüfung regelmäßig und möglichst genau erfolgen. Das kann aber nur geschehen, wenn möglichst viele Proben auch aus dem Inneren der Ballen genommen werden.

Die einfachste und weitverbreitetste Art dieser Trockengehaltsermittlungen besteht nun darin, daß man von möglichst verschiedenen Rollen große Stücke, 1/4—1/2 qm groß, abreißt, jedes Stück genau wiegt und die gefundene Zahl mit Blaustift direkt auf das Blatt schreibt. Dann stellt, legt oder hängt man diese Proben auf den Dom eines Dampfkessels oder auf ein Dampfrohr und läßt sie so lange dort, bis sie absolut trocken sind, d. h. bis keine Gewichtsabnahme mehr festzustellen ist. Das dauert verschieden lange Zeit. Aus dem Anfangs- und Endgewicht läßt sich dann leicht der absolute Trockengehalt berechnen, denn wenn z. B. eine Probe naß 2043 g wog und absolut trocken 612 g wiegt, so ist der absolute Trockengehalt 29,96 %. Erfahrungsgemäß sind 12 % hinzuzufügen, so daß in diesem Falle der lufttrockene Holzstoff zu 35,55 % zu berechnen ist. Rechnet man diese 12 % Zuschlag den 612 g zu, was 685,4 g ergibt, so hat man gegen 2043 g Naßgewicht ebenfalls einen Trockengehalt von 35,55 %. Selbstverständlich wird jede der einzelnen Proben ein etwas verschiedenes Resultat ergeben, so daß dann der Durchschnitt aus den 10—12 Proben ein annähernd richtiges Ergebnis zeigen muß.

Genau genommen, ist diese Berechnungsweise nicht richtig, denn wenn man zu dem absoluten Trockengewicht = 100 % die 12 % hinzuschlägt, so haben diese 112 Teile lufttrockenes Gewicht nicht 12 % Feuchtigkeit, sondern nur 10,714 %. Deswegen ist es neuerdings anders eingeführt, denn es haben 100 Teile lufttrockener Stoff in Wirklichkeit 12 Teile an Feuchtigkeit und 88 Teile absolut trockenen Stoff, gleich 100 Teile lufttrockenen Stoff. Man rechnet daher 88 Teile absolut = 100 Teile lufttrocken, dies wären z. B. bei 29,96 % absolut nicht 33,55 %, sondern nur 34,05 % lufttrockener Stoff.

Diese einfache Art der Trockengehaltsermittlung steht nun aber nicht etwa wesentlich gegen die später aufgekommenen komplizierten Arten zurück, besonders wenn von jeder Verladung eine genügende Anzahl von Proben genommen wurde. Der Vorteil liegt darin, daß die zu untersuchenden Stoffstücke groß sind und so gewissermaßen jedes einzelne schon einen Durchschnitt einer Anzahl kleinerer Proben darstellt, denn wie schon erwähnt, ist der Trockengehalt einer Tafel Holzstoff nicht an allen Stellen gleich groß. Jedenfalls ist es zu empfehlen, auch da, wo man mit eigentlichen Trockenöfen arbeitet, noch diese oder die zunächst zu beschreibende Art beizubehalten, um jederzeit eine Kontrolle zu haben, die Anzahl der Untersuchungen zu vermehren und so der Wirklichkeit immer näher zu kommen.

Eine schon seit vielen Jahren angewendete Art besteht darin, einen großen aus Holz oder aus Eisenblech angefertigten Kasten zu benutzen, welcher im Innern Abteilungen hat, und mittels eines hindurchgehenden Dampfrohres beliebig geheizt werden kann. Auch in diesem Falle kann man ziemlich große Proben benutzen, die einzelnen genau abgewogenen Stücke auf Drahtgewebe legen, zugleich viele Trocknungsversuche auf einmal ausführen und hat nur darauf zu sehen, daß durch ein Loch oder Abzugsrohr der sich beim Trocknen entwickelnde Dampf abziehen kann, damit er sich nicht an den Wandungen wieder kondensiert und den Stoff von neuem anfeuchtet. Dadurch, daß man den Kasten abschließen kann, ist noch der Vorteil gegeben, daß die Proben vor jedem Eingriff Unberufener geschützt sind, eine absichtliche oder unabsichtliche Veränderung desselben ausgeschlossen ist und daher die Trockengehaltsergebnisse Anspruch auf größte Sicherheit haben, wenn die damit betraute Person auch mit der erforderlichen Gewissenhaftigkeit und Genauigkeit verfährt.

Da nun aber in vielen Holzschleifereien Dampf überhaupt nicht vorhanden ist, so sind verschiedene Trockenapparate gebaut worden, bei welchen die notwendige Heizung nicht durch Dampf, sondern durch Spiritus, Gas, Petroleum oder auch Elektrizität ausgeführt wird, wobei man natürlich auf das Trocknen sehr großer Proben verzichten muß. Man muß nur aus möglichst vielen Pappen kleine Stücke herausnehmen, diese in noch kleinere Teile zerzupfen, das ganze zusammen wiegen und dann die Trocknung vornehmen.

In Abbildung **100** ist ein derartiger Apparat schematisch gezeigt, und zwar im Durchschnitt, während Abbildung **101** die Draufsicht zeigt. Er besteht in der Hauptsache aus einem aus Eisenblech gefertigten Zylinder c, der gegen zu schnelle Abkühlung äußerlich durch einen dicken Stoffüberzug geschützt ist. Von oben durch das Abzugsrohr r füllt man Wasser ein, dessen Höhestand durch ein Wasserstandsglas von außen kontrolliert wird und welches durch eine Gasflamme oder Petroleumlampe unter dem Zylinder erhitzt, bzw. in kochenden Zustand versetzt werden kann. Damit die vom Wasser ausgehende Wärme den zu trocknenden Stoff von allen Seiten leicht durchdringen kann und die Stofflage nicht zu dick wird, ist dem eigentlichen Trockenraume eine ringförmige Gestalt gegeben, die aus der Draufsicht (Abbildung 94), siehe a, ersichtlich ist. In diesen ringförmigen Raum hinein paßt ein aus Drahtgeflecht gefertigter und aus zwei Teilen bestehender Korb, der den klar zerzupften und zu trocknenden Holzstoff aufnehmen soll und welcher durch eine Oese an das kurze Ende eines Wagebalkens gehängt

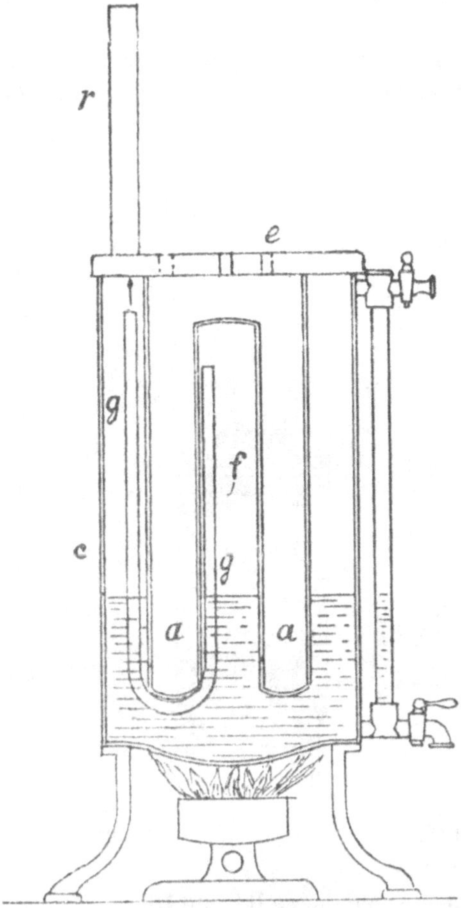

Abb. 100

und auf dem längeren Hebel durch verschiebbare Gewichte ausbalanziert werden kann, so daß ein eigentliches Abwiegen weder im nassen noch im getrockneten Zustande des Holzstoffes notwendig ist. Hierbei bietet das abgedrehte Abzugsrohr r die Stütze für den Wagebalken w und seine Zunge, indem durch eine in Abbildung 87 ersichtliche Klemmvorrichtung k dieser Balken je nach Bedarf höher oder tiefer eingestellt werden kann. Man hat es zugleich in der Hand, auch den Aufhängepunkt des Korbes genau zentral einzustellen, damit sich der letztere in dem ringförmigen Raum a leicht auf und nieder bewegen kann, ohne anzustoßen. Dieses Anstoßen muß vermieden werden, da es Reibung erzeugt und das genaue Resultat der Trockengehaltsergebnisse beeinträchtigen kann.

Der besseren Deutlichkeit wegen ist diese Aufhängevorrichtung bzw. Wiegevorrichtung in der Abbildung 102 und 103 besonders ge-

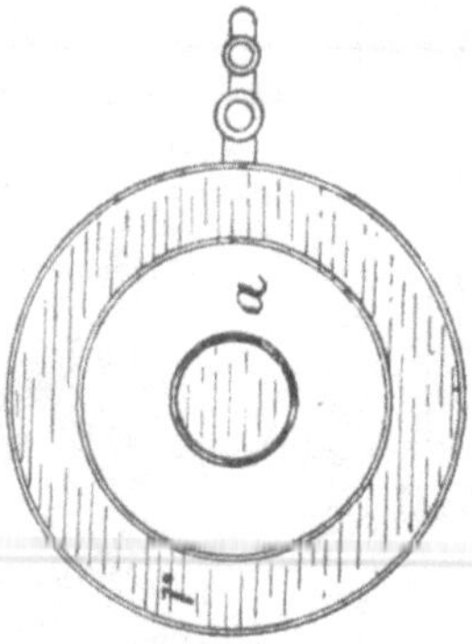

Abb. 101

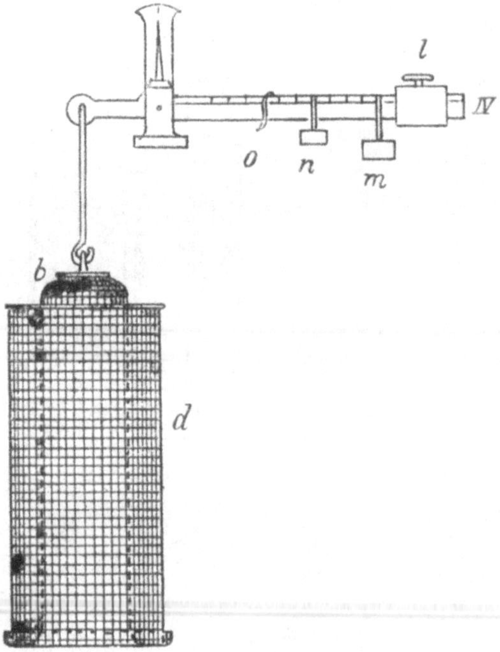

Abb. 102

zeichnet und in den Abbildungen 100 und 101 weggelassen. Man ersieht aus der Zeichnung, wie die erwähnte Verschiebung erfolgen kann.

Soll nun mit dem Apparat gearbeitet werden, so wird zunächst das Wasser eingefüllt, der Deckel e abgenommen und die Wage so hoch geschraubt, daß der Korb d frei über dem Zylinder c hängt, wenigstens so weit er hervorragt, daß man den Korb bequem beschicken kann. Dann schiebt man zunächst das Laufgewicht l so weit an das äußere Ende des Hebels, bis der am kurzen Hebel hängende Korb genau ausbalanziert ist, d. h. der Hebel horizontal steht und die senkrechte Zunge genau mit der angegebenen Marke übereinstimmt. Der lange Hebel ist durch die Einkerbungen in zehn gleiche Teile geteilt, außerdem sind drei verschiedene Gewichte vorhanden, welche durch kleine Haken in die Kerbe eingehängt werden können und von denen das größte etwa 300 g ausbalanzieren kann, wenn es in die zehnte, d. h. äußerste Kerbe eingehängt wird. Ist dies geschehen, so wird so viel klein zerzupfter Holzschliff in den ringförmigen Korb getan, bis die Zunge den normalen senkrechten Stand erreicht hat. Der Korb wird wieder so tief in den Zylinder c gesenkt, daß der Deckel auf demselben festgeschraubt werden kann, wobei aber die Wagevorrichtung noch leicht auf und nieder spielen muß. Nun kann

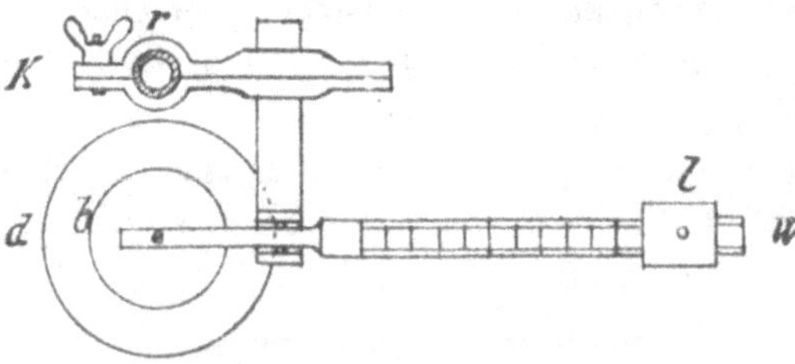

Abb. 103

mit der Erhitzung des Wassers im Zylinder begonnen werden. Während des Anfanges der Trocknung braucht der Korb nicht an der Wage zu hängen, sondern kann abgenommen werden. Sobald das Wasser ins Sieden geraten ist, wird sich natürlich etwas Dampf entwickeln, der durch das Abzugsrohr r entweichen kann. Damit der im Hohlraum f entstehende Dampf nicht etwa einen Druck ausübt, sondern ebenfalls abzieht, dient das Knierohr gg, welches jede Ansammlung unmöglich macht. Damit überhaupt jede unnötige Dampfentwicklung fortfällt, dreht man die Heizflamme soweit nieder, daß nur ein schwacher Nebel aus dem Rohr r hervorquillt. Das im Holzstoff vorhanden gewesene Wasser entweicht als Dampf durch Löcher, welche sich im Deckel befinden, nötigenfalls aber auch verschlossen werden können. Nähert sich nach drei bis vier Stunden die Trocknung ihrem Ende, wird der Korb wieder angehängt, der jetzt leichter geworden ist, und das Gewicht m wird soweit vorgeschoben, bis der Korb wieder ausbalanziert ist. Mit den beiden nächsten Gewichten n und o kann man am Ende der Trocknung diese Ausgleichung aufs genaueste vollziehen, nachdem festgestellt worden ist, daß eine Gewichtsabnahme überhaupt nicht mehr stattfindet. Zugleich gibt diese Stellung der Gewichte den gefundenen Trockengehalt in Prozenten an, da das Gewicht n genau der zehnte Teil von m und o wieder der zehnte Teil von n oder der hundertste Teil von m ist.

Es ist also, wie schon erwähnt, eine eigentliche Wägung weder in nassem noch in trockenem Zustande erforderlich, sondern nur eine Ablesung von der Skala des langen Hebels, welche ergibt, der wievielte Teil das absolute Trockengewicht von dem Naßgewichte ist. Da die Gewichte im Verhältnis zu 10 zueinander stehen und auch die Skala zehnteilig angenommen wurde, ist der ermittelte absolute Trockengehalt in Prozenten und Bruchteilen davon abzulesen.

Das ist am besten an einem Beispiel zu ersehen. Steht nämlich das Gewicht m auf Kerbe 4,n auf 1,o auf 5, so ist der gefundene Trockengehalt 41,5 % oder, wenn m auf 2,n, auf 9 und o auf 8 steht, so ist der Trockengehalt 29,8 %. Diesen Trockengehalt muß man dann auf Lufttrockengehalt umrechnen, und zwar zu dem heute üblichen Verhältnisse 88:100.

Um aber nötigenfalls auch gleichzeitig eine größere Anzahl von Proben vornehmen zu können, wird der Apparat auch so gebaut, daß in einem gleich hohen aber weitem Zylinder 4—6 der jetzt beschriebenen Apparate eingesetzt und durch eine einzige größere Flamme geheizt werden können. Das ist in größeren Betrieben erforderlich.

Einen ähnlichen und in hunderte von Ausführungen verbreiteten Apparat zur Ermittlung des Trockengehaltes hat Prof. Kirchner konstruiert und zwar in mehreren größeren Ausführungen. Es ist das ein dreimanteliger Apparat mit Wasserbad, der durch verschiedene Wärmequellen geheizt werden kann. Eine genaue Beschreibung findet sich in Kirchners bekannter Technologie III A Seite 159.

Dieser Apparat hat eine tassenähnliche Form und enthält im Inneren Siebe, auf welche das abgewogene Trockengut gelegt wird. In diesem eigentlichen Trockenraum ist durch eine Hülse von außen ein Thermometer gesteckt, mittels welchem man die darinnen herrschende Temperatur stets ablesen kann. Diese schwankt allerdings nicht wesentlich, da die Hitze durch ein Wasserbad, wie auch beim vorbeschriebenen und bei ähnlichen Apparaten, immer auf nahezu 100° C gehalten wird. Der Raum ist durch einen doppelten Deckel abgeschlossen, durch welchen ein hohes Luft- und Dampfabzugrohr hindurchgeht, wodurch noch eine das Trocknen beschleunigende

Luftzirkulation hervorgerufen wird. Das innere Gefäß umgibt ein Mantel, der Zwischenraum wird mit Wasser ausgefüllt, welches durch eine darunter befindliche Wärmequelle zum Sieden gebracht wird. Der dritte Mantel dient dazu, die heißen Verbrennungsgase aufzunehmen, das Wassergefäß dadurch an den Seitenwandungen zu erwärmen und zugleich auch die Luft anzuwärmen, welche den inneren Trockenraum durchstreichen soll. Bei den mit Dampf gegeheizten Apparaten wird der Dampf bis wenig unter eine Atmosphäre abgedrosselt. An einem Manometer kann man den Druck ablesen und kontrollieren.

*

DIE REINIGUNG DER ABWAESSER

Wenn auch der Reinigung der Abwässer heute in modernen Holzschleifereien bei weitem nicht mehr die Bedeutung zukommt, wie etwa noch vor 15—20 Jahren, da infolge der immer mehr zur Einführung gelangenden restlosen Wiederverwendung des Stoffwassers, wie sie schon beschrieben wurde, so gut wie gar keine Fasern mehr in den Vorfluter gelangen, so soll doch über diesen Punkt hier noch einiges gesagt werden, da ältere Schleifereien eben oft noch nicht eine Stoffwasserwiederverwendung haben. Ganz abgesehen von der wirtschaftlichen Seite besteht für den Holzschleifer aber noch die Verpflichtung der Abwasserreinigung.

Das Gesetz bezweckt, die in neuerer Zeit immer rücksichtslosere Verunreinigung der Wasserläufe durch die Abwässer der fraglichen Fabriken einzuschränken und verbietet daher das direkte Einleiten dieser Abwässer in die Flüsse und Bäche. Obwohl an großen Flüssen und in weniger industriereichen Gegenden dieser Punkt früher jahrelang nicht sehr streng gehandhabt wurde, so kann man doch jetzt wohl annehmen, daß dieses Verbot strenger durchgeführt wird, so daß eine Erwähnung doch von einer gewissen Bedeutung sein dürfte.

Es unterliegt keinem Zweifel, daß in industriereichen Gegenden, besonders durch Färbereien, chemische Fabriken usw., oft ein Zustand in den Flußläufen hervorgerufen wird, der schon im Interesse der Allgemeinheit unbedingt Abhilfe verlangte. Die Holzschliff-fabrikation verursacht nun allerdings nur eine mechanische Verunreinigung der Flußläufe und auch nicht in allen Fällen, da bei der modernen Stoffwasserwiederverwendung höchstens einmal beim Abstellen und beim Waschen geringe Mengen Fasern mit in den Vorfluter gelangen. Durch diese feinen Fasern, die durch die Siebüberzüge der Entwässerungsmaschinen mit hindurchgehen, entsteht nur eine ganz schwache Trübung des Wassers. Man hat nun wohl nicht mit Unrecht befürchtet, daß sich diese Fasern selbst bei nur geringen Mengen in den Kiemen der Fische festsetzen und so deren Tod herbeiführen. Tatsache ist ja auch, daß der Fischbestand unserer Bergflüsse usw. bedeutend vermindert ist. Ob nun daran allein die Holzschleifereien die Schuld haben, mag dahingestellt bleiben.

Um nun die feinen Fasern, die auch von den Stoffängern mitunter nicht vollkommen zurückgehalten werden können, dennoch aus dem Flußlauf fernzuhalten, muß man ihnen Gelegenheit geben, sich abzusetzen. Man legt zu diesem Zwecke vorteilhaft sogenannte Klärteiche an. Wenn der Inhalt dieser Klärteiche groß genug ist, dann steht das Wasser darin fast still, so daß sich alle darin suspendierten Teile, also auch die feinsten Faserchen absetzen, so daß das Wasser am Ende vollkommen geklärt abfließt.

Wie gesagt, braucht man diesem Punkte aber heute, wenn man eine gute Stoffwasserwiederverwendungsanlage besitzt, keine sehr große Bedeutung beizumessen, da eben der Gehalt an Fasern in diesem Falle sehr gering ist und keinen Schaden verursachen kann. Eine gut wirkende Faserrückgewinnung liegt im wirtschaftlichen Interesse jeden Holzschleifers, so daß er sie unter allen Umständen einrichten sollte, zumal das mit geringen Mitteln und auf einfachste Weise geschehen kann.

*

INHALTSVERZEICHNIS

SACHREGISTER

FSC
www.fsc.org
MIX
Papier | Fördert gute Waldnutzung
FSC® C083411

Kolibri 360 GmbH
Ferdinand-Jühlke-Straße 7
99095 Erfurt, Deutschland
produktsicherheit@kolibri360.de